Kohlhammer

Jens Müller

Menschenführung in Feuerwehr, Polizei und Rettungsdienst

Ein persönliches Arbeitsbuch

Verlag W. Kohlhammer

Die Bilder stammen – soweit nicht anders angegeben – vom Autor.

1. Auflage 2025

Gesamtherstellung: W. Kohlhammer GmbH, Stuttgart

Print:
ISBN 978-3-17-042290-2

E-Book-Formate:
pdf: ISBN 978-3-17-042292-6
epub: ISBN 978-3-17-042293-3

Inhaltsverzeichnis

Vorwort des Autors

Nicht alles, was gedruckt und gebunden wird, ist ein Buch … Wir lernen nicht viel aus gelehrten Büchern, wohl aber aus wahren, aufrichtigen, menschlichen Büchern, aus offenen und ehrlichen Lebensbeschreibungen.
Henry David Thoreau

Und über diese hinaus, lass dich warnen, mein Sohn! Des vielen Büchermachens ist kein Ende, und viel Studieren ermüdet den Leib.
Die Bibel, Prediger 12,12

Liebe Leserin, lieber Leser,

Sie sind bereits Führungskraft, wollen oder sollen eine werden? Was darf ich Ihnen dazu aussprechen – meinen Glückwunsch oder mein Beileid? Ich selbst bin seit vielen Jahren in Ihrer Lage, zumeist im Einsatzdienst der Feuerwehr und schule seit Jahren Führungskräfte der Feuerwehr, des Rettungsdienstes, des Katastrophenschutzes und auch der Polizei. Immer wieder einmal kommt mir dabei der Spruch in den Sinn: »Wenn du Führungskraft hast, danke Gott; wenn du Führungskraft bist, gnade dir Gott.« Führungsarbeit ist ganz offensichtlich kein einfaches »Geschäft«, wenn man es ernst meint und seine Arbeit ordentlich machen will. Bei meiner Arbeit erschrecken mich regelmäßig drei Dinge:

1. Wie viele Führungskräfte – meistens im Ehrenamt – ohne eigenes Wollen in diese Rolle gedrängt werden (»Die haben einen Dummen gesucht.«).
2. Wie viele Führungskräfte im Hauptamt dazu eigentlich nicht berufen oder geeignet sind (»Ich habe mich halt beworben.«).
3. Wie stabil unsere Persönlichkeiten sind und wie langsam wir lernen.

Aus diesen Gründen sind es ganz oft die falschen Adressaten, die in Schulungen und Unterrichten zum Thema dieses Buches sitzen. Diejenigen, die eine Fortbildung zum Thema Menschenführung bitter nötig hätten, entziehen sich gekonnt und selbstgerecht der eigenen Hinterfragung und nehmen die Herausforderungen gar nicht erst an. Auf den unteren Führungsebenen und Dienstgraden bleibt dann häufig das resignierte Urteil: »Der Unterricht war gut, aber das müsste mein Vorgesetzter mal hören!«

Das ist bei Ihnen offenbar anders (sonst hätten Sie das Buch nicht gekauft). Und es hilft nun nichts: Sie haben dieses Werk in den Händen oder auf dem Tisch und wollen sich offenbar mit dem Thema »Menschenführung« intensiv auseinandersetzen. Wenn Sie den Inhalt erfolgreich durcharbeiten, profitieren nicht nur Sie selbst. Auch und vielleicht vor allem Ihre Kameraden und Kollegen werden einen Nutzen daraus ziehen, indem sie in Ihnen eine bessere Führungskraft vor Augen gestellt bekommen. Ich finde, das ist die Sache wert. Wir alle wissen aus Erfahrung, dass gute Führung unglaublich viel gewinnen kann. Ich selbst bin wegen eines guten Vorbilds als Kind zur (Jugend-)Feuerwehr gekommen und hatte das große Vorrecht, viele echte Vorbilder im Bereich der Polizei, des Rettungsdienstes und der Feuerwehr kennenlernen zu dürfen. Umgekehrt kann miserable Führung Menschen (die Geführten) herunterziehen, demotivieren und viel Engagement und Idealismus zerstören, der doch für die Arbeit in unseren Organisationen unabdingbar ist. Es lässt sich der Schaden nicht beziffern, den schlechte Führungskräfte in Feuerwehr, Polizei und Rettungsdienst im zwischenmenschlichen Bereich tagtäglich anrichten.

Es läuft also auf die einfache Frage hinaus: Was sind Sie selbst (und Sie zuerst und Sie allein) bereit, in dieses Thema zu investieren? Welchen Preis wollen und können Sie für gute Führungsarbeit bezahlen? Hand aufs Herz: Sind Sie bereit, mehr in diese Welt hineinzugeben (an Zeit und Kraft), als Sie herausbekommen (an Lohn und Anerkennung)?

Lassen Sie mich in diesem Vorwort noch eine weitere, ganz grundsätzliche Frage ansprechen, der sich jeder Buchautor stellen muss: Warum sollte angesichts der oben aufgeführten Schwierigkeiten überhaupt jemand Bücher schreiben? Es gibt tausend Gründe, es nicht zu tun und seine knappe Freizeit stattdessen mit anderen Dingen auszufüllen.

Als jemand, der im Bereich der Aus- und Fortbildung tätig ist, weiß man um die geringe Halbwertszeit von Wissen. Wie viel nehmen wir in unserem Berufsleben und im Ehrenamt über die Jahre auf – wie wenig davon bleibt hängen; wie wenig wird letztlich mit Leben gefüllt und in die Praxis umgesetzt? Wie viel Geld und Zeit werden für teure Seminare ausgegeben? Wie viele Ordner von Lehrgängen und Ausbildungen stehen verstaubt in unseren Schränken? Wie viele gute Vorsätze fassen wir und wie oft fallen wir zurück in alte Muster und Gewohnheiten? Wir alle sind spätestens seit unserer Jugendzeit ganz stabile Persönlichkeiten und gefestigte Charaktere (auch schon in jungen Jahren und durchaus auch im negativen Sinne). Es ist ernüchternd und erschreckend zugleich. Weniger wäre also mehr. Die besten Bücher sind wahrscheinlich alle schon geschrieben.

Ein zweiter und dritter demotivierender Grund: Man erreicht mit ernsthaften Büchern einen zahlenmäßig vergleichsweise beschränkten Personenkreis und reich wird man beim Schreiben schon gar nicht, es sei denn, man ist ein erfolgreicher Romanautor und schafft es in die Bestsellerlisten. Um noch einen Grund draufzusetzen: Eine ganze Generation scheint überhaupt nicht mehr zu lesen und ist stattdessen andauernd in den schnelllebigen sozialen Medien unterwegs. Aber die Informationen dort, ohne einen größeren Kontext und ganz oft ohne einen Bezug zum realen Leben, werden unter günstigen Umständen zu brauchbarem Wissen, niemals zu Bildung oder gar Weisheit. Schlimmstenfalls hat man seine Zeit mit Datenmüll vertrödelt; man ist »in der Sache« keinen Schritt weitergekommen.

Wenn es denn so ist, wie ich es beschrieben habe: Was treibt Bücherschreiber also heute an? – In meinem Fall ist es der ehrliche Wunsch, etwas Gutes und Wertvolles, hoffentlich etwas Bleibendes zu meiner Branche in der Gefahrenabwehr in Beruf und Ehrenamt beizutragen. Das stiftet Sinn und macht Hoffnung in einem Arbeitsumfeld, das für alle von uns sehr häufig sehr frustrierend sein kann. Überhaupt ist das Erleben von Sinnhaftigkeit eine grundlegend wichtige Erfahrung für jeden Menschen und hat einen höheren Stellenwert als Karrierechancen und optimale Arbeitsbedingungen. Davon wird im Buch noch die Rede sein.

Zweitens hilft Schreiben einem selbst bei der Auseinandersetzung und beim Aufarbeiten von Erlebtem. Es ist wissenschaftlich erwiesen: Dinge aufzuschreiben fördert die körperliche und seelische Gesundheit, auch das Denkvermögen. Wir leben für unsere Ziele – Schreiben hilft, diesen Zielen näherzukommen. Warum sollen die Früchte dieser Tätigkeit nicht für andere gewinnbringend sein? Vielleicht kann jemand anders die eigenen gemachten Fehler vermeiden? Ich habe es bei mir selbst erlebt: Manchmal sind es kleine Dinge, einzelne Wörter und Sätze von einem wohlmeinenden Mitmenschen, manchmal jahrzehntealt, die einem anderen Menschen eine positive Richtung vorgeben. Manchmal helfen kleine Ratschläge oder eine andere Perspektive, den eigenen Tunnelblick aufzuweiten und den Wald vor lauter Bäumen oder die einzelnen Bäume vor lauter Wald wieder wahrzunehmen.

Beim Lesen und Nachdenken werden Sie merken, dass dieses Buch mit Herzblut geschrieben ist. Ich habe selbst an den Themen meine Freude gehabt und auch hinlänglich daran gelitten. Ich habe die Themen gekaut, verdaut und gelebt und verstehe alle Kolleginnen und Kollegen, Kameradinnen und Kameraden, denen es ähnlich ergeht. Dabei betrachte ich trotz mancher Unterschiede die Feuerwehrleute, Polizisten, Rettungsdienstler und Katastrophenschützer als große Familie, die ich oft erleben durfte. Und diese Familienbande umfassen auch das Haupt- und Nebenamt.

Ob Sie es glauben oder nicht: Nach so vielen Jahren im Beruf und im Ehrenamt freue ich mich immer noch (wenigstens ab und zu und ausreichend oft genug, um ein Buch zu schreiben) mit Ihnen den besten Beruf und das interessanteste Ehrenamt der Welt zu teilen und wünsche Ihnen auf Ihrem eigenen Weg maximale Erfolge! Ganz in diesem Sinne wünsche ich eine anregende, etwas anstrengende, möglichst lebensverändernde Lektüre. Wir leben in herausfordernden Zeiten und brauchen begründete Standpunkte und Orientierung.

Eine kleine Anleitung, wie mit diesem Buch möglichst nutzbringend umgegangen werden soll, liefert das nächste Kapitel der Einleitung.

Dr. Jens Müller

Hinweis:

Im Buch wird im Sinne der Lesbarkeit teilweise die männliche Form der handelnden Personen genannt. Das Buch richtet sich aber gleichermaßen an alle Angehörigen der Feuerwehr, der Polizei und des Rettungsdienstes sowie grundsätzlich an alle interessierten Leserinnen und Leser.

Wie dieses Buch benutzt werden soll

Jahrzehnte empirischer Forschung haben die Annahme gerechtfertigt, dass das Setzen und Anstreben von Zielen zu einer wesentlichen Verbesserung bei der Erledigung von Aufgaben führt.
Jordan B. Peterson

Sie haben sich mit diesem Buch für ein Arbeitsbuch entschieden. Es ist kein reines Lesebuch, kein Roman, auch kein Nachschlagewerk oder Lexikon und schon gar keine »leichte Kost«. Sie können und sollen von den Inhalten dieses Buches selbstgewählte, gut verdauliche Portionen abbeißen, gründlich kauen und verdauen. Das kostet Sie täglich vielleicht fünfzehn bis dreißig Minuten Beschäftigung über einen Zeitraum Ihrer Wahl. Ob Sie das Buch in Ihrer Dienstzeit, Freizeit oder im Urlaub durcharbeiten, ist Ihnen selbst überlassen.

Die Reihenfolge, in der Sie die Kapitel dieses Buches konsumieren, liegt ebenfalls ganz in Ihrem Ermessen. Es hängt vor allem davon ab, ob Sie Hauptamtlicher oder Ehrenamtler sind und wie stark Sie in Ihrem Beruf oder Ehrenamt und nebenher in Ihren täglichen Pflichten beansprucht sind. Als Urlaubslektüre ist es auch geeignet, aber dafür ist der Urlaub nicht gedacht. Wenn Sie schnell sein wollen, können Sie das Buch in einem Monat durchnehmen und sich jeden Tag eine Einheit vornehmen. Klüger wäre es allerdings, sich nicht unter Druck zu setzen. Wichtige Dinge werden nie »mal eben schnell« erledigt. Deshalb können Sie auch jede Woche eine Lektion bearbeiten, vielleicht am Abend bevor Sie in Ihrer Feuerwehr, als Polizist oder in Ihrer Hilfsorganisation zum Dienst gehen. Dann kann ich Ihnen garantieren: Wenn Sie das Ganze ernsthaft betreiben, wird Ihr Führungsstil nach dieser Zeit nicht mehr derselbe sein. Sie werden Menschen besser einschätzen können, ganz neue Erfahrungen machen und vielleicht ab und an ins Staunen kommen.

Ein paar praktische Tipps zum Schluss: Lassen Sie sich von der Materialfülle nicht entmutigen und gehen Sie Schritt für Schritt vor. Man überschätzt in der Regel das, was man in einer Woche schaffen kann und unterschätzt deutlich, was man in einem Jahr erledigt. Manche Menschen lesen Bücher auch zweimal: Zuerst, um einen Überblick zu erhalten und den Inhalt als Ganzes zu erfassen und ein zweites Mal, um sich mit dem Buch anzufreunden und es in den Alltag zu integrieren.

Wenn Ihnen danach ist, teilen Sie Ihre Erkenntnisse und Erlebnisse aus und mit diesem Werk mit Ihrem (Ehe-)Partner. Lassen Sie befreundete Kollegen und Kameraden teilhaben – oder auch mich. Manche der bisherigen Leserinnen und Leser haben das Buch einem Bekannten zum Lesen gegeben, der nicht aus einem

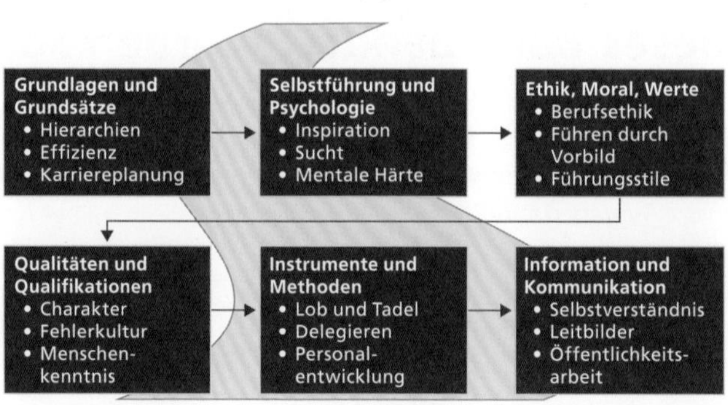

Bild 1: ***Der Weg durch das Buch***

»Blaulichtberuf« bzw. einer Einsatzorganisation kam, aber ebenso Führungsverantwortung hatte, mit dem Ergebnis eines sehr fruchtbaren Austausches. Ich erwarte nicht, dass Sie mit allem einverstanden sind. Schreiben Sie mir in diesem Fall eine E-Mail an menschenfuehrung@gmx.de. Keine Anstandsfloskel: Ich lege großen Wert auf Ihre Meinung, Ihre Anregung, Ihre Kritik.

Vielleicht wollen Sie auch Ihre eigenen Erkenntnisse und Erfahrungen mit diesem Buch in Zusammenhang bringen. Sie können nebenher ein Notizheft führen, lose Blätter in das Buch hineinlegen oder Klebezettel einheften. Sie können eine Mindmap erstellen (Anleitungen gibt es im Internet) oder ein Poster oder eine Wissenslandkarte, wenn Ihnen das liegt und Sie Ihre geistige Reise dokumentieren wollen. Sie können für sich selbst nebenher einen markanten Satz aus jedem Kapitel aufschreiben oder eine Serie von Lebensregeln entwickeln. Das ist wie Dreisatzrechnen: Sie gehen von meiner »erlebten Geschichte« an jedem Kapitelanfang zu einem allgemeinen Prinzip und dann zu Ihrem Alltag. Sie setzen alles ins Verhältnis, Sie suchen den kleinsten gemeinsamen Nenner, Sie brechen es für sich herunter.

Das Extrahieren von allgemeinen, leicht verständlichen Regeln scheint übrigens eine bewährte Methode für das Verinnerlichen komplexer Zusammenhänge zu sein. (In der bekannten Serie Navy-CSI Miami legt der Held der Serie, Leroy Jethro Gibbs, eine Reihe seiner eigenen Lebensregeln offen, die im Internet abrufbar sind und bei den Anhängern der Serie eine Art Kultstatus erlangt haben. Der kanadische Psychologe Jordan B. Peterson ist unter anderem wegen seines Buches »12 Rules for Life« weltberühmt geworden.)

Der leichteren Lesbarkeit wegen beginnt jedes Kapitel mit hilfreichen Zitaten und einer erlebten Geschichte aus einer Blaulicht-Organisation. Alle Begebenheiten haben einen realen Hintergrund und handeln von echten, mir bekannten Personen und Dienststellen. Sie sind schonungslos ehrlich, hoffentlich ohne anstößig zu sein.

Bild 2: ***Wissenslandkarte***

Wegen der Echtheit der Geschichten wurden aber alle Personen und Dienststellen soweit verfremdet, dass eine Wiedererkennung ausgeschlossen sein sollte.

Ein kleiner Selbsttest im nächsten Kapitel soll Sie zur ehrlichen Auseinandersetzung mit den Inhalten dieses Buches zwingen. An jedem Kapitelanfang sind weitere Fragen enthalten, die denselben Zweck verfolgen, aber mehr auf das jeweilige Kapitel gemünzt sind. Es ist zunächst interessant und wichtig, was Sie selbst zu den Themen denken, bevor Sie eine andere Perspektive einnehmen. – Fangen wir an!

Zum Aufwärmen – ein kleiner Selbsttest

Sie halten ein Arbeitsbuch in den Händen, daher können und sollen Sie zu Anfang gleich selbst tätig werden. Die folgenden Fragen sind zur Einstimmung auf die Inhalte dieses Buches gedacht. Diese Fragen können jeweils mit »Ja«, »Nein« oder »Weiß nicht« beantwortet werden. Es kommt dabei allein auf Ihre Meinung und Einschätzung an. Blättern Sie nicht nach hinten; Sie werden keine Auflösung finden. Hier geht es nicht um Richtig oder Falsch. Hier geht es um Ihre eigene Auffassung zu den Themen dieses Buches. Sie haben schließlich bereits selbst in Ihrem bisherigen Leben einen Schatz von Erfahrungen gesammelt, auch wenn Sie noch nicht in einer Führungsfunktion gewesen sind und bestimmt haben Sie eine eigene Meinung zu den angeschnittenen Themen. Über manche Themen haben Sie andererseits vielleicht noch nie nachgedacht – nicht schlimm! Sie können diese Fragen gerne auch jeweils mit Ihrer Partnerin/Ihrem Partner gemeinsam beantworten, weil Sie für sich allein und zu sich selbst möglicherweise nicht ganz ehrlich sind. Vielleicht ergeben sich auch »aus dem Stand heraus« neue Fragen und interessante Diskussionen zu den Themen, die darauffolgen. Wenn Sie ein ungeduldiger Leistungsträger sind und die Themen der folgenden Kapitel beackern und verschlingen möchten, zwingen Sie sich bitte trotzdem zur Beantwortung.

Tabelle 1: ***Selbsttest 1***

Nr.	Frage	Ja / Nein / Weiß nicht
1	Sind Sie zufrieden mit Ihrem aktuellen Wissensstand bei dem Thema Menschenführung?	
2	Sind Sie zufrieden mit sich selbst bei Ihrer Führungsarbeit; halten Sie sich selbst für eine gute Führungskraft?	
3	Liegen Sie manchmal nachts wach und grübeln über Erlebnisse aus dem Dienst nach?	
4	Gibt es Themen und Fragen in Ihrer Führungsarbeit, auf die Sie vermutlich niemals eine Antwort haben werden?	
5	Haben Sie sich selbst für Ihre Führungsfunktion entschieden und haben Sie die Verantwortung bewusst gesucht?	
6	Glauben Sie, dass manche Führungskräfte »fertig« sind in Ihrer Entwicklung und nichts mehr lernen müssten?	

Tabelle 1: ***Selbsttest 1 (Fortsetzung)***

Nr.	Frage	Ja / Nein / Weiß nicht
7	Wird man als Mensch zur Führungskraft geboren; gibt es »geborene« Führungspersönlichkeiten?	
8	Gibt es bestimmte Menschen, die am besten niemals Führungskräfte werden sollten oder hätten werden sollen?	
9	Gibt es Erfolgsrezepte oder Erfolgsgeheimnisse, die jemanden zu einer guten Führungskraft machen?	
10	Kann man lernen (v. a. durch Schulungen/Seminare), eine gute Führungskraft zu sein?	
11	Wurden Sie in Ihrer Ausbildung ausreichend auf die Herausforderungen als Führungskraft vorbereitet?	
12	Sind Sie freiwillig in Ihre derzeitige Führungsposition hineingekommen?	
13	Haben Sie momentan den Eindruck, dass Sie sich selbst als Führungskraft weiterentwickeln?	
14	Wissen Sie, was es Ihnen ermöglicht, als Führungskraft dazuzulernen und sich selbst weiterzuentwickeln?	
15	Lassen Sie es zu, dass Ihnen Unterstellte auch einmal offen die Meinung sagen?	
16	Haben Sie wohlmeinende Menschen um sich herum, die Sie in Ihrer Führungsrolle unterstützen?	
17	Arbeiten Sie in einem Klima und Umfeld, wo Sie ausreichend Unterstützung für Ihre Tätigkeit erfahren?	
18	Haben Sie »Rückendeckung« von Ihren Vorgesetzten und können sich im Dienst entsprechend entfalten?	
19	Haben Sie einen Ausgleich zu Ihrer Führungsarbeit (v. a. ein Hobby), wo Sie richtiggehend abschalten können?	
20	Wissen Sie, wie Sie außerhalb des Dienstes wieder auftanken können und was Ihnen immer neu Kraft gibt?	

Dankeschön für Ihre Antworten! Hoffentlich haben Sie sich ausreichend Zeit bei der Beantwortung gelassen. Ganz sicher werden die einzelnen Kapitel dieses Buches Ihre Gedanken ergänzen, weiterführen und Ihnen neue Perspektiven eröffnen. Vielleicht haben Sie auch einige »blinde Flecken« ausgemacht, auf die Sie noch nie einen Gedanken verschwendet haben.

Ganz am Ende Ihres Trainings oder nach dem Durcharbeiten eines Kapitels können Sie diese Seiten mit den von Ihnen angekreuzten Feldern noch einmal aufschlagen und sehen, ob, und wenn ja, wie sich Ihr Verständnis von Führung gewandelt hat. Das erhöht die Wahrscheinlichkeit, dass Sie ein paar »eingefahrene Gleise« verlassen und neue Erkenntnisse über sich selbst, Ihren Kollegen- oder Kameradenkreis und Ihren eigenen Führungsstil erhalten werden.

1 Grundlagen und Grundsätze

1.1 Fragen zur Selbstreflexion

Tabelle 2: *Fragen zur Selbstreflexion 1 – Grundlagen und Grundsätze*

Nr.	Frage	Ja / Nein / Weiß nicht
1	Ist Ihrer Meinung nach das Thema Menschenführung Moden, Trends und dem Zeitgeist unterworfen?	
2	Gibt es bei dem Thema des Buches dauerhaft gültige Wahrheiten und zeitlose Grundsätze, die niemals veralten?	
3	Haben Sie schon einmal Management-Literatur gekauft und sich mit den Grundsätzen darin intensiv beschäftigt?	
4	Sind Sie davon überzeugt, dass es menschliche Hierarchien braucht, um gemeinsam etwas zu erreichen?	
5	Glauben Sie, dass es in hierarchischen Organisationen feste Regeln für das eigene Vorwärtskommen gibt?	
6	Sagt Ihre Erfahrung, dass in Hierarchien meistens die Fleißigen und Tüchtigen auch vorwärtskommen?	
7	Würden Sie zustimmen, dass in hierarchischen Organisationen Fortbildung der Schlüssel zum eigenen Erfolg ist?	
8	Ist es für Sie ein erstrebenswertes Ziel, ganz oben auf der Karriereleiter anzukommen?	
9	Haben Sie schon einmal darüber nachgedacht, welchen Preis Sie dafür bereit sind zu zahlen?	
10	Sehen Sie für sich selbst in Ihrer jetzigen Position Aufstiegschancen und setzen Sie sich neue Ziele?	
11	Haben Sie eine klare Vorstellung, welche Prioritäten Beruf, Ehrenamt, Familie und Freizeit in Ihrem Leben haben?	
12	Wissen Sie, warum manche Menschen effizienter arbeiten und mehr erreichen als andere?	
13	Kennen Sie den Unterschied zwischen Effizienz und Effektivität und könnten Sie diesen erklären?	

1.2 Der Stand der Dinge – Aus- und Fortbildung zum Thema Menschenführung

Zielsetzung der Einheit

Die erste Hauptüberschrift dieses Buches heißt »Grundlagen und Grundsätze« und eröffnet mit einigen ganz fundamentalen Gedanken. Dieses erste Kapitel soll Orientierung geben in einer außerordentlich komplexen Materie und einstimmen auf die weiteren Inhalte des Buches. In diesem ersten Unterkapitel wird allgemein erklärt, wie es um das Thema Menschenführung in der Aus- und Fortbildung in der Welt von Feuerwehr, Polizei und Rettungsdienst bestellt ist. Schließlich sind die meisten Kolleginnen und Kollegen erstmalig in ihrer Ausbildung überhaupt mit dem Thema in Berührung gekommen. (Der Begriff Menschenführung meint hier den Gegenpart zur »Einsatzführung«. Außerdem ist Menschenführung hier ein deutlich weiter gefasster Begriff als »Personalführung«.) Es geht zu Anfang um das Dilemma, dass wir hier ein existenziell wichtiges Thema beackern, das aber in den Aus- und Fortbildungen von Feuerwehrleuten, Rettungsdienstlern und Polizisten im Vergleich zu den reinen, »harten« Fachthemen eher unterrepräsentiert ist. Das Kapitel soll einige wichtige Grundsätze aufzeigen, wie man sich trotzdem auf diesem ungeliebten Feld bewegen, fortbewegen und fortbilden kann.

Alle Dinge sind schwierig, bevor sie einfach werden.
Unbekannt

Zeitgeist! Unter allen Verbindungen und Ehen, welche die deutsche Sprache gestiftet hat, ist keine so unpassend und unglücklich ausgefallen wie die Vermählung der Zeit mit dem Geist.
Moritz Gottlieb Saphir

Erlebte Geschichte aus der Polizei

Es war Samstagabend; sie saß gedankenversunken in ihrer Schreibecke über den Aufgaben von der Hochschule der Polizei für das Selbststudium im Fachbereich Einsatzlehre. Neben ihr türmten sich die Vorlesungsskripte des letzten halben Jahres und dahinter drei halb verdorrte Grünpflanzen, die ganz eindeutig nach besserer Pflege verlangten. Die Aufgaben waren komplex; nichts, was man aus dem Ärmel schüttelt. Ihr Mann konnte es sich hingegen leisten, sich im Wohnzimmer mit seinem Tablet zu beschäftigen. Als junge Polizeihauptmeisterin wusste sie, dass ihr Wechsel in die nächste Laufbahnebene nicht einfach werden würde. Die Ausbildung machte ihr aber Freude; schließlich liebte sie ihren Beruf und hatte sich bis heute ganz wacker geschlagen. Mit ihrem Team im Polizeirevier war sie bislang gut ausgekommen. Sie hatte sich durch ihre Gründlichkeit und ihren Fleiß Respekt verdient und hatte mittlerweile fast ihren gesamten Freundeskreis innerhalb der Polizei. Während der Ausbildung hatte sie ihren späteren Ehemann kennengelernt, der bei der Kriminalpolizei in der benachbarten Großstadt eine abwechslungsreiche Arbeit auf einem gut bezahlten Dienstposten gefunden hatte. Beide hatten sich schon in relativ jungen Jahren ein kleines Häuschen leisten können und das Angebot der Aufstiegsausbildung passte auch ganz gut in ihrer beiden Lebensplanung. Was ihr jetzt Kopfzerbrechen machte, waren weniger die Aufgaben aus dem Vorlesungsskript, die waren schaffbar. Schließlich konnte man auch bei den Vorgängerjahrgängen nachfragen oder Dienstvorschriften und Dienstanweisungen wälzen. Was ihre Gedanken kreisen ließ, waren die Spannungsfelder ihres späteren Dienstes, die sie in ihrer bisherigen Laufbahn noch nicht so sehr betroffen hatten. Sie kannte bereits die »Minenfelder« aus den Diskussionen im Kollegenkreis, hatte sich aber dazu nicht weiter positionieren müssen und manche Konflikte gekonnt umschiffen können. Das würde sich spätestens in einem Jahr ändern. Je weiter sie sich in ihre Zukunft hineindachte, desto mehr Problemfälle kamen ihr in den Sinn: die Auseinandersetzungen mit dem Personalrat, ihr älterer Kollege mit dem offenkundigen Motivationsproblem, die schwelenden Konflikte mit der Führung und die vorprogrammierte Überlastung, wollte man seine Arbeit gründlich erledigen. Schließlich wurden viele Probleme gar nicht mehr angesprochen, auch im Freundeskreis nicht. Mit ihrem Mann konnte und wollte sie auch nicht ständig über die Arbeit sprechen. Wie sie fand, kam man bei diesen Gesprächen keinen Schritt voran; es ging bei jeder Diskussion viel zu schnell um die große Politik, man war allgemein dünnhäutiger geworden und manche hatten schlicht Angst, als politisch unkorrekt zu gelten. Das zog sich durch ihre Welt wie ein roter Faden. Auch in den Lehrveranstaltungen kamen manche Dinge nicht zur Sprache, weil man sich offenbar scheute, heiße Eisen anzufassen oder Fragen aufzuwerfen, auf die es ohnehin keine Antwort gab. – Aber auf welcher Grundlage würde sie später entscheiden? Gäbe es neben den Dienstvorschriften noch andere Maßstäbe für die tausend Einzel- und Zweifelsfälle des täglichen Dienstes? Was, wenn von ihr Dinge verlangt würden, die gegen ihre innersten Überzeugungen gingen? Eine Art Musterhandbuch oder einen Telefonjoker müsste es geben für die Millionen Fragwürdigkeiten des Dienstalltags… – Für heute hatte sie sich gründlich satt. Etwas zu schwungvoll klappte sie den Laptop zu. Sie ahnte aber, dass sie früher oder später den praktischen Fragen der Mitarbeiterführung nicht würde ausweichen können. Sie würde nicht umhinkommen, sich eine eigene Meinung zu bilden, ohne dass ihr irgendjemand dabei helfen könnte oder ihr die Entscheidung abgenommen würde.

Theoretische Grundlagen

Ganz sicher besteht Einigkeit darüber, dass das Thema »Menschenführung« für alle Führungskräfte in den Blaulicht-Organisationen ein fundamental wichtiges ist. Trotzdem scheint es ein Missverhältnis zu geben zwischen den Erfordernissen des Dienstalltags und der Präsenz des Themas in der Aus- und Fortbildung. »Menschenführung« scheint ein ewiges Stiefkind zu sein, eine Randerscheinung, ein Anhängsel an den wichtigen, den fachlichen Dingen. Wenn es überhaupt in den Lehrplänen unserer Bildungseinrichtungen (den Feuerwehr-, Rettungsdienst-, Polizeischulen und Hochschulen) vorkommt, wird es häufig nur oberflächlich, zu pragmatisch, zu bruchstückhaft und auszugsweise behandelt. Die Schwerpunktsetzung erscheint manchmal praxisfern und wenig greifbar. Viele Stunden stehen in den Unterrichtsplänen der Aus- und Fortbildungseinrichtungen dafür jedenfalls nicht zur Verfügung. Dabei ist dieses Thema dasjenige, wo später im Berufsleben die Schlachten geschlagen werden und wo man als Führungskraft am ehesten scheitern kann. Kaum jemand stirbt als Feuerwehrmann, Rettungsdienstler oder Polizist an fachlichen Problemen ab; hier kann man sich Hilfe besorgen, auswendig lernen und nachschlagen. Wir arbeiten schließlich immer im Team! Aber beim Zwischenmenschlichen, im persönlichen Umgang mit den Geführten und mit anderen Führungskräften trennt sich die Spreu vom Weizen. Hier kann man als Vorgesetzter ganz schnell ganz viel gutmachen, oder auch kläglich scheitern. – Warum also dann diese verschwiegene, unbewusste Geringschätzung dieses bedeutenden Themas?

Ganz oft liegt es am zwangsläufig beschränkten Wissenshorizont des Lehrpersonals, wenn zu wenige praktische Aspekte dieses großen Themenfeldes in Lehrveranstaltungen überhaupt zur Sprache kommen. Man kann auf zwei Seiten vom Pferd fallen: Wird der Unterricht in Menschenführung von Fachleuten (Feuerwehrleuten, Polizisten, Rettungsdienstlern) gestaltet, fehlt es meist an soliden psychologischen Grundlagen. Man hat das Thema »aufgedrückt« bekommen oder vom Vorgänger geerbt und musste sich das nötige Hintergrundwissen nebenher und autodidaktisch aneignen. Es gibt wenige Menschen unter dem Lehrpersonal, die selbst lange Zeit im Berufsleben gestanden haben, dabei bewusst die Themen reflektiert haben und nun in der glücklichen Lage sind, diesen Erfahrungsschatz mit einer nachkommenden Generation zu teilen und die zusätzlich noch für dieses Thema ganz und gar »aufgehen«, sich dafür begeistern können. Auf der anderen Seite steht an den Bildungseinrichtungen die Option, dass man sich Lehrpersonal »einkauft«, dass man den Themenbereich in fremde Hände gibt, ihn von vermeintlichen oder echten Fachleuten auf dem Gebiet der Führung unterrichten lässt. Hier kann sich ein anderes Problem ergeben: Nicht wenige Trainer, Psychologen oder sogar Geistliche haben ein Akzeptanzproblem bei den Lernenden. Man schmort nur im eigenen Saft, man kennt nur die eigene Welt, spricht nicht dieselbe Sprache und findet keinen Draht zu den »besonderen« Berufsständen in der Gefahrenabwehr. Die Lernenden sitzen – zumindest geistig – mit verschränkten Armen und sprechen – zumindest für sich – »Was kannst du uns schon beibringen?«

Was sind die tieferen Ursachen dafür und wie kann man dem Problem möglicherweise abhelfen? Dazu müssen wir das Problem zunächst einmal anerkennen und wollen zugutehalten, dass es niemandes böser Wille ist, dass man sich so wenig um Menschenführung kümmert. Schließlich sollen die Schülerinnen und Schüler, die Anwärterinnen und Anwärter, die Auszubildenden erstmal gründlich ihr Handwerk lernen, bevor sie in die höheren Künste eingeweiht werden – oder?

Es gibt mindestens drei Gründe, warum die Dinge sind, wie sie sind: Erstens sind wir Menschen schon als Einzelne außerordentlich komplexe Wesen. Treffen zwei oder mehr Menschen im Alltag, in Hierarchien aufeinander, erhöht sich die Komplexität exponentiell. Die zwischenmenschlichen Vorgänge sind derart vielschichtig, dass eine Erfassung und Beschreibung derselben ein fast aussichtsloses Unterfangen ist. Es gelingt einem ja kaum in der eigenen Beziehung, in einer Freundschaft oder Ehe, einem vorhandenen Problem wirklich auf den Grund zu gehen, geschweige denn eine für alle gesunde und gleichermaßen akzeptable Lösung zu finden. Ein Großteil dessen, was wir von Anderen wissen oder zu wissen meinen, liegt im Un- oder Unterbewussten. Darum grübeln wir den Problemen hinterher, ohne auf eine Lösung oder mit dem Gegenüber auf einen gemeinsamen Nenner zu kommen. Auch der Wissenschaft (bspw. der Psychologie) gelingt es bestenfalls ansatzweise, die menschliche Natur und ihr Zusammenspiel in sozialen Bezügen für einen ausgewählten Zweck befriedigend zu beschreiben.

Zweitens kommt erschwerend hinzu: Es braucht immer andere Menschen, Außenstehende und Dritte, um die eigene Lebenswirklichkeit objektiv zu erfassen. Was einen selbst angeht, ist man auf einem Auge blind, man hat selbst gehörige Defizite, man lebt mit zahlreichen Verdrängungsmechanismen und vielleicht sogar »Störungen«, man hat einen Tunnelblick und sieht »den Wald vor lauter Bäumen nicht«. Wir sind darum unglaublich auf die Reflexion von anderen Menschen auf unser Verhalten angewiesen. Diese Rückmeldungen nehmen wir aber nur an, wenn wir selbst eine gewisse seelische bzw. geistige Reife erlangt haben und wenn unser Gegenüber es gut mit uns meint und sein Wissen über uns nicht für unlautere Zwecke ausnutzt. Auch aus diesem Grund ist es gut, wenn man nicht in allzu jungen Jahren in allzu hohe Ämter katapultiert wird.

Und drittens kommt das Thema Menschenführung in der Lehre eher unattraktiv daher. Mit ethischen Fragestellungen (als Teilgebiet der Menschenführung) beschäftigt sich kaum einer gern; das Fach wurde in der Schule von vielen als lästige Pflicht angesehen und vielfach nicht ganz ernst genommen. Lehrende auf diesem Feld brauchen ein hohes Frustrationspotenzial, denn ob bei den Lernenden etwas »hängen bleibt«, lässt sich kaum nachweisen. Es geht in diesen Fächern nicht um Faktenwissen, nicht um Auswendiglernen, sondern um Zusammenhänge des realen Lebens und deren Anwendung, die erst Jahre später, vielleicht in einer anderen Lebensphase einmal aktuell werden können. Das bedeutet, dass bei den Lernenden eine Begeisterung für dieses Thema überhaupt erst geweckt werden muss, die späterhin von ihnen selbst, in einem fordernden Alltag auch noch am Leben erhalten werden muss.

Mit diesem etwas sperrigen Einstieg sollte verdeutlicht werden, warum das Thema Menschenführung in der Fachwelt teilweise so stiefmütterlich behandelt wird. Man behilft sich nun eben damit, dass man in Aus- und Fortbildung das Thema entweder weitgehend ignoriert oder in der Lehre nur ausgewählte Teilaspekte behandelt. Nicht schlimm, wenn Unterrichtsstunden oder -tage ausfallen, es ist ja nicht prüfungsrelevant. Solche ausgewählten Teilfragen können nun einzelne Felder im Dienstalltag sein: Wie teile ich meine Arbeit ein? Wie löse ich Konflikte? Wie delegiere ich richtig? Wie kommuniziere ich erfolgreich? Das sind aber lediglich Einzelaspekte und ausgewählte Kompetenzen; die grundlegenderen Fragen bleiben unerwähnt und im Dunkeln. Solche fundamentalen Fragen sind zum Beispiel: Wie finde ich Sinn in meiner Arbeit? Wie erhalte ich meine eigene Motivation, wenn die Dinge nicht nach Plan laufen? Wie gehe ich mit fiesen Chefs und faulen Kollegen um? Es geht um weitaus tiefere Themen und die Abgründe der menschlichen Existenz; teilweise brutale, existenzielle Fragen, die wir so gerne ausblenden. Es geht um Glück und Unglück, um Segen und Fluch, um echte Freude und echtes Leid.

Für diese großen Themen (auch im Zusammenhang mit Menschenführung) kann man in jeder drittklassigen Bahnhofsbuchhandlung Druckerzeugnisse kaufen, deren Titel zuerst ganz verlockend klingen. Im allgemeinen Managementbereich sind das Titel, die sinngemäß so heißen: »In einer Woche eine Million Dollar verdienen« oder »Die drei Geheimnisse des Erfolgs«. Oder man hat ein Rezept oder eine bahnbrechende Managementstrategie gefunden, wie man mit den neuesten Erkenntnissen aus der Hirnforschung oder der Quantenmechanik das langweilige Manager-Dasein in einer Verwaltung zu einem lebensverändernden Abenteuer werden lassen kann und ganz nebenher die Karriereleiter nach oben sprinten kann. Es geht meist um (Erfolg-)Reichwerden prinzipiell für Jeden, mit wenig Aufwand und in sehr kurzer Zeit. Verkauft wird eigentlich kein Buch, sondern ein Heilsversprechen oder der

»amerikanische Traum«. Daher sind diese Art Bücher meist auch schlechte Übersetzungen aus dem Englischen. Das einzige, was diese Druckerzeugnisse in der Realität erreichen, ist das Geld von meiner Tasche in die des Autors und des Verlages wandern zu lassen. Nach dem Lesen dieser Art von Lektüre bleibt ein schaler Nachgeschmack, weil man schon im Vorhinein hätte erahnen können, dass die Welt so einfach nicht funktioniert und die einfachen Rezepte sich nicht mit dem Alltag vertragen. Es muss dann wohl letztendlich an mir selbst liegen, wenn die plausiblen Strategien nicht aufgehen. Bei jemandem anders hat es offenbar schließlich funktioniert – oder?

Was in diesem Zusammenhang hellhörig werden lassen sollte: Bemerkenswerterweise erreichen Bücher, die das Selbstwertgefühl steigern sollen (meist durch positives Denken) und auch für eine bessere »Performance« im »Job« sorgen sollen, ebenso hohe Verkaufszahlen. Hier gibt es einen interessanten Zusammenhang, den man unbedingt kennen sollte: Wenn das unhaltbare Heilsversprechen des amerikanischen Traums, die Ersatzreligion des positiven Denkens an den Mann oder die Frau gebracht wird, muss man als Normalsterblicher, als Durchschnittsmensch zwangsläufig auf der Strecke bleiben. Nicht jeder wird schön, reich, glücklich und erfolgreich im Beruf; schon gar nicht innerhalb einer Woche oder nach dem Lesen und Umsetzen eines billigen Erfolgsrezepts. Zwangsläufig bleibt dann beim Lesen ein schlechtes Gewissen übrig und es muss dann wohl an mir liegen, wenn mein eigenes Leben allzu alltäglich aussieht, meine Arbeitsstelle mich frustriert und ich es gerade so schaffe, den Lebensunterhalt für meine Familie zu verdienen; wenn am Ende des Geldes noch so viel Monat übrigbleibt. Daher die vielen Bücher zum Wiederaufpolieren meines angeschlagenen Selbst. Ähnlicher Grundgedanke – derselbe Blödsinn. Vergessen wir also das Ganze und wenden uns realistischeren Zielen zu. Lassen wir den Amerikanern ihren ungetrübten Optimismus und den Schönen und Reichen ihre Erfolgsrezepte. Wir haben genug vor der eigenen Haustür zu kehren.

Hier stehen wir wiederum in der Gefahr, auf der anderen Seite vom Pferd zu fallen: In der deutschen Literatur für Führungskräfte gibt es ebenfalls einige »blinde Flecken«, wenn das Thema nicht gänzlich totgeschwiegen wird. Wo unsere amerikanischen Freunde zu überschwänglich sind, sind wir zu pragmatisch, zu technokratisch, zu unspektakulär, zu wissenschaftslastig. Das gehört scheinbar momentan zum Zeitgeist; wir beäugen das Thema Führung sehr kritisch, eingedenk unserer problematischen, schuldhaften deutschen Geschichte. Wir konzentrieren uns ganz auf die Sache, auf das Fachliche und ignorieren alles, was nach höheren Werten und Zielen klingt. Wir sind skeptisch und zucken sofort zusammen, wenn von Ehre und Gewissen, von Sinn und Ziel die Rede ist. Ganze Wortgruppen sind mit einem Tabu belegt und klingen irgendwie nach unguter Vergangenheit: Werkstolz, Berufsehre,

Zucht und Ordnung. Wir sind bis aufs Messer pragmatisch und sogar die Konservativen eher mit linken Werten unterwegs. Schließlich ist alles relativ; gemeinsame Grundwerte sind problematisch und wer weiß, ob durch die Einigung und Einigkeit in der Organisation jemand ausgeschlossen oder gar diskriminiert wird?

Abschließend sei also die Frage erlaubt, ob es in unseren Berufszweigen hier nicht einen Kompromiss, eine gütliche Einigung, einen goldenen Mittelweg geben kann. Können wir uns auf etwas einigen, was uns alle weiterbringt; können wir die »heißen Eisen« anfassen? Können wir uns unvoreingenommen mit den Problemen beschäftigen, differenziert denken und uns wohlwollend »auseinander-setzen«? Auch auf diese Fragen soll dieses Buch Antworten geben. Im Bereich der Aus- und Fortbildung derweil ist es nicht nur wünschenswert, sondern dringend geboten, das Thema Menschenführung intensiver zu bedienen und die tieferen Fragen wieder auf den Tisch zu bringen. Ignorieren hilft nicht, die Probleme sind ja vorhanden.

Aufgabenstellung

Das Kapitel hat mit der Forderung nach mehr Beachtung für das Thema dieses Buches geschlossen. Wie lässt sich diese praktisch erfüllen? Nur wenige Führungskräfte in Feuerwehr, Rettungsdienst und Polizei können auf die Unterrichtsgestaltung an den Bildungseinrichtungen Einfluss nehmen. Aber über die Inhalte der regelmäßigen Fortbildung können die meisten durchaus entscheiden. Warum also nicht einmal selbst eine Fortbildung zu dem Thema organisieren? Vielleicht lässt sich vierteljährlich ein Themenbereich (bspw. Umgang mit Konflikten, Führungsstile, Berufsethik) in den Plan aufnehmen? Vielleicht lässt sich eine Schulung mit einer »teambildenden Maßnahme« verbinden? Folgende didaktische Grundsätze sollten beherzigt werden, egal ob man das Thema an einer Schule, Akademie oder auf der Führungsebene in der Dienststelle gestalten will oder soll:

1. Interesse lässt sich dadurch wecken, dass man Bezüge zum eigenen Leben und zum Alltag herstellt. Beispiel: Waren die Mängel bei der Abwicklung des letzten großen Einsatzes auf Fehler oder Schwächen bei der Führung/ auf mangelnde Kommunikation zurückzuführen?
2. Man kann die Bedeutung des Themas nachvollziehbar darstellen, indem man vom Besonderen zum Allgemeinen geht. Beispiel: Wenn wir als Dienststelle ein Problem mit einem zu hohen Krankenstand und mangelnder Einsatzbereitschaft haben, kann es sein, dass die Ursachen tiefer liegen?
3. Man muss dem Teilnehmerkreis die Notwendigkeit des »Dranbleibens« an der Thematik erläutern. Grundlegende Probleme verschwinden nicht, weil eine einmalige Fortbildung stattgefunden hat. Man sollte interaktiv

schulen und das Thema zu einem Dauerthema über einen mehrjährigen Zeithorizont machen.

4. Man soll es mit didaktischem Geschick ermöglichen, dass jeder aus den »gesammelten Weisheiten« in den Schulungen für sich selbst wesentliche Kernpunkte destilliert und vielleicht als Grafik mitnimmt.

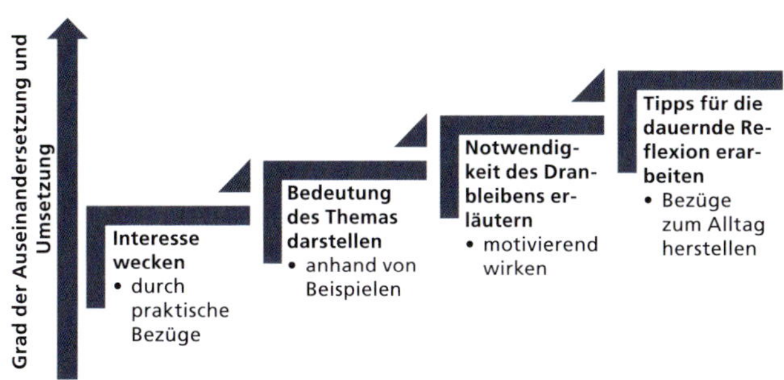

Bild 3: ***Lernerfolg beim Thema Menschenführung***

Alles zusammengenommen und diese Tipps beherzigt, sollte sich ein Lernerfolg im Sinne einer Verhaltensänderung bei den Meisten einstellen. Die folgenden Kapitel lassen diese eher abstrakten Dinge praktischer werden.

1.3 Die Zeiten ändern sich – Führungsarbeit im Wandel der Zeiten

Zielsetzung der Einheit

Wie im vorangegangenen Kapitel behandelt auch dieses ganz grundsätzliche Fragen im Themenfeld Menschenführung. Bevor wir in den nächsten Kapiteln zu eher praktischen Fragen der Führungslehre kommen, beschäftigen wir uns in dieser Einheit v. a. mit dem eigenen Verständnis von Führung: Wir alle richten uns ständig an anderen Menschen aus und orientieren uns so in der Gesellschaft. Wer dabei nur auf anderer Leute Meinungen hört und angewiesen ist und sich nur nach dem Zeitgeist richtet, wird schnell zum Spielball der Moden und Vorlieben seiner Zeit. Daher wird in diesem Teil vermittelt, dass es dauerhaft gültige Grundsätze gibt, an denen Führungskräfte festhalten sollten. Demgegenüber gibt es zeitlich veränderliche Grundsätze, die wir getrost »entsorgen« können. In Ihrem Führungsalltag sollten Sie das eine vom anderen unterscheiden und in konkreten Situationen entsprechend reagieren können.

Es ist nicht die stärkste Spezies die überlebt, auch nicht die intelligenteste, es ist diejenige, die sich am ehesten dem Wandel anpassen kann.
Charles Darwin

Umstände sollten niemals Grundsätze verändern.
Oscar Wilde

Erlebte Geschichte aus der Feuerwehr
Der Moderator war erstklassig. Als Führungskräfte-Trainer hatte er jahrzehntelange Erfahrung mit Menschen und Organisationen und weil er selbst nicht aus der Feuerwehr kam, hatte er einen halbwegs objektiven Blick von außen auf das »System«. Man hatte einen gemütlichen Landgasthof gemietet und auch etwas »Geld in die Hand genommen«, um den Ehrenamtlern für die Tagung einen angenehmen Rahmen zu bieten. Schließlich hatten sie einen ganzen Samstag für die Veranstaltung geopfert. Die Ergebnisse der einzelnen Workshops wurden auf gut gemachten Flipcharts festgehalten. Die Veranstaltung nannte sich »Zukunfts-Workshop« und war eine Idee des Kreisfeuerwehrverbandes. Die angestauten Probleme müssten endlich einmal mutig angegangen werden! Auslöser waren einige Einsätze im Kreisgebiet gewesen, bei denen manche Feuerwehren an die Grenzen ihrer Leistungsfähigkeit gekommen waren. Man wusste außerdem von einigen zwischenmenschlichen Querelen, die drohten, ganze Feuerwehren zu spalten und nach außen hin dem Ansehen des Ehrenamts zu schaden. Bei dem Workshop hatte man die Problemfelder eingegrenzt, die Teilnehmer hatten sich in ihren Heimat-Feuerwehren auf das Ereignis vorbereitet und die Arbeitsatmosphäre war gut. Die Leute hatten sich eingebracht, man war lernbereit und offen. Nach dem Mittagessen sollten die Ergebnisse der Arbeitsgruppen ausgewertet und zusammengefasst werden; es sollten Leitlinien für die Zukunft aufgeschrieben werden. Hier kam der Schwung des Vormittags etwas ins Stocken. Man hatte eine Reihe von »Systemfehlern« aufgedeckt, an denen man ohnehin nichts ändern könne, weil sie nicht von den betroffenen Feuerwehren beeinflusst werden könnten. Man hatte einige »Denkverbote« ausgemacht, die einige betagte Führungskräfte und Kommunalpolitiker nicht angesprochen haben wollten. Und man hatte herausgefunden, dass es bei der »Engpass-Ressource« Personal keine befriedigenden Lösungsansätze gab. So hatte man sich bei den Workshops nur um die Fragen gekümmert, auf die man eine Antwort geben konnte. Ernüchtert mussten die Teilnehmer nun feststellen, dass das nicht die entscheidenden Fragen gewesen waren. Damit erschöpfte sich das »Zukunftspapier« auf einige kosmetische Maßnahmen und die Fachleute verließen die Veranstaltung mit einem schalen Gefühl der Resignation. Daran würde auch das

positive Fazit des Kreisbrandmeisters in den Lokalmedien nichts ändern können. Von den Altgedienten kam der abgedroschene Hinweis, dass früher sowieso manches besser funktioniert hatte und das ganz selbstverständlich und von selbst und ganz ohne neumodischen Workshop. In der Presse wurde die Veranstaltung in den höchsten Tönen gelobt und auch der Landrat zog am Montag darauf vor den Medienvertretern eine »durchweg positive Bilanz«.

Theoretische Grundlagen

Zukunftsgestaltung ist eine Führungsaufgabe. Insofern ist die Idee und der Vorsatz aus der einleitenden Geschichte eine gute Sache. Das bloße Verwalten des Status quo kann eigentlich nicht als Führung bezeichnet werden, sondern fällt eher in den Bereich »Management«. Je weiter man in der Hierarchie aufsteigt, einen desto größeren Anteil nimmt diese Aufgabe im Arbeitsalltag ein. Insofern ist echte Führung ausgesprochen anspruchsvoll, verlangt Erfahrung und Einsicht und den Mut, Probleme zu erkennen, beim Namen zu nennen und diese dann mit Hartnäckigkeit anzugehen. Erfolgreich im Sinne von »Erreichen positiver Veränderungen« wird man als Führungskraft nur sein, wenn einem bei diesen Gestaltungsprozessen genügend Gestaltungsspielraum bleibt. Und genau hier liegen die Probleme in allen starren, tradierten, hierarchischen Systemen. Zu diesen gehören unsere Organisationen nun einmal; allen voran die Feuerwehren, dann auch die Polizei und in mancher Hinsicht, aber vergleichsweise weniger ausgeprägt, auch die Hilfsorganisationen.

Ständig werden aber unsere Blaulicht-Organisationen zur Anpassung an veränderte Gegebenheiten gezwungen, weil das gesellschaftliche Umfeld immerwährend im Fluss ist. Ständig gibt es neue Problemstellungen, Rechtslagen, Fachfragen und Herausforderungen. Ganz allgemein gesprochen nehmen in unserer Welt Dynamik und Komplexität immer mehr zu.

Etwas einfacher ausgedrückt: Die Welt wird ständig komplizierter und dreht sich scheinbar immer schneller. Was gestern noch als richtig und wichtig galt, ist heute immer schneller überholt. In der Führungsarbeit muss daher heute mehr denn je unterschieden werden zwischen allezeit Gültigem und zeitlich Veränderlichem, zwischen Konstanten und Variablen. Die Meinungen über das, was es zu bewahren gilt (Tradition) und die Dinge, die angepasst oder sogar aufgegeben werden müssen (Moderne), können schon einmal weit auseinandergehen.

Eines ist jedenfalls sicher: Wer seine Organisation, seine Behörde, seine Dienststelle (beispielsweise seine Polizei-, Rettungs- oder Feuerwache) auf die Art und Weise führen will, wie noch vor 20 oder 40 Jahren, wird einiges falsch machen. Die zweite schlechte Nachricht für die Erfahrenen und Altgedienten: Erfahrung an sich ist immer noch Gold wert, aber längst nicht alles. Um es noch provokanter zu formulieren:

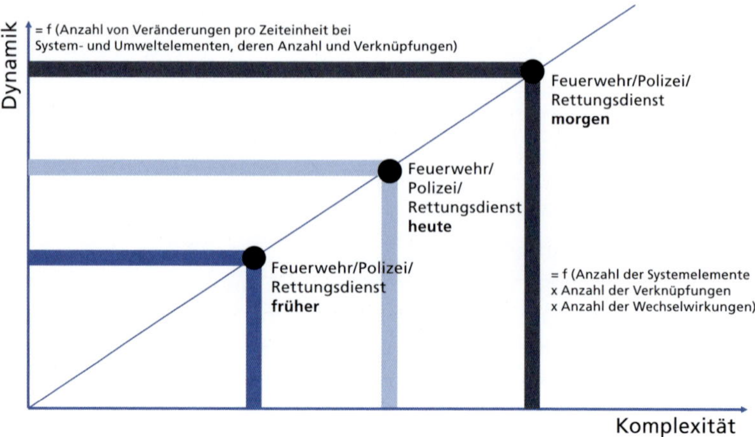

Bild 4: ***Dynamik und Komplexität***

Erfahrung im Leben und/oder im Dienst kann auch ein Lernhindernis sein. Man kann auf der persönlichen Ebene seine Sache auch 30 Jahre lang schlecht machen. Aus dem Dienstalter leitet sich darum auch nicht automatisch ein Herrschaftsanspruch über die nachfolgende Generation an Führungskräften ab. Die Aufforderung an die Jugend lautet wiederum: »Erst mal besser machen.« Und das Leitmotiv für alle Generationen auf allen Führungsebenen: »Bescheiden, selbstkritisch und lernfähig bleiben.« Auf diese Art lassen sich die beiden Pole vereinigen, die sich gerne in dem bekannten Witz die erfundenen Dienstvorschriften an den Kopf werfen, die jede Veränderung unterbinden und Innovationen im Keim ersticken: Die eine mit dem Titel »Das haben wir schon immer so gemacht.«; die andere mit dem Titel »Das haben wir noch nie so gemacht.«

Wie Sie sicher bereits bemerkt haben, werden in diesem Buch eine ganze Reihe sprachlicher Bilder verwendet. Damit lassen sich sehr gut komplexe Zusammenhänge verdeutlichen und schwierige Gedankengänge auf den Punkt bringen. In diesem Kapitel kann man die gesellschaftlichen Entwicklungen und Trends, die von außen auf unsere Organisationen einwirken, mit Eisenbahnzügen vergleichen. Als gute Führungskraft sollten Sie alle diese Entwicklungen kritisch betrachten und sich ab und zu einige Fragen stellen, die weit über Ihr tägliches Dienstgeschäft hinausgehen: Zu welchem Ziel sind diese Züge eigentlich unterwegs; was kommt am Ende dabei heraus? Wohin führen die Gleise, die von Politik und Wirtschaft gerade gelegt werden? In welchen Zug sollte man einsteigen, auf welchen im Nachhinein aufspringen? Wer sind die Lokomotivführer, die Protagonisten, die Antreiber? (Wenn die letzte Frage beantwortet ist, ergibt sich die Antwort auf die Frage nach dem Einsteigen oft ganz von selbst.) Keine Angst vor zu viel geistiger Mühe: Wie so häufig steckt die Antwort schon in der Fragestellung. Solche grundlegenden Fragen müssten – so glaube ich – jede Führungskraft von Zeit zu Zeit beschäftigen. Das bringt zwangsläufig auch die eine oder andere schlaflose Nacht mit sich.

Einem solchen Zug, der meines Erachtens für unsere Organisationen, die eine ehrenamtliche Basis haben, in eine ungute Richtung fährt, kann man das Etikett »Kommerzialisierung« aufkleben. Dieser gesellschaftliche Megatrend ist vor dem Hintergrund der Krise des Ehrenamts im Allgemeinen und der Freiwilligen Feuerwehren in Deutschland im Besonderen ausgesprochen fatal. Kommerzialisierung meint: Nahezu alle Bereiche unserer Gesellschaft werden zuerst unter kommerziellen und monetären Gesichtspunkten betrachtet. Jeder Dienst, jedwede Leistung wird mit Geld aufgewogen und abgegolten. Geld regiert schon immer die Welt, jedoch scheint in unseren Tagen eine Menge Idealismus den Finanzzwängen zum Opfer zu fallen. Was geschähe in Sport und Kultur, in Politik und Medien, in Kirchen und Vereinen, wenn der Geldfluss aus irgendeinem Grund versiegen würde? Vermutlich würde in mehr Abteilen unseres imaginären Zuges das Licht ausgehen, als man annehmen kann und will. Vor diesem Hintergrund kann man den Freiwilligen Feuerwehrmann, den Ehrenamtlichen im Rettungsdienst und den Hauptamtlichen mit einem Rest von Berufsehre und der Bereitschaft für eine Mehrleistung im Beruf getrost als »Dinosaurier« betiteln. Daher auch der ungeheure Kraftakt, das Ehrenamt (wiederum mit Hilfe von Geld und Werbung) in modernen Zeiten attraktiv zu machen und zu halten.

Es gibt noch eine Menge weiterer Züge, die ebenfalls in eine ungute Richtung unterwegs sind. Ihnen könnte man die Etiketten »Individualisierung«, »Professionalisierung/Spezialistentum« und »Globalisierung« aufkleben. Allesamt keine guten Vorzeichen für ehrenamtsbasierte Organisationen. Auch keine verheißungsvollen Zeiten für Idealisten, Gemeinwohlorientierte und Menschen mit einer bestimmten Vorstellung von Berufsethik oder sogar Berufsehre. Ganz allgemein gesprochen, ist man durchaus auch heute noch bereit, im gesellschaftlichen Rahmen zu helfen, aber nicht mit Durchhaltevermögen, Pflichtbewusstsein und Ausdauer. Um weiter im Bild zu bleiben: Mit Sicherheit kann niemand diese Züge aufhalten oder gänzlich umlenken, schon gar nicht, indem sich jemand opfert und auf die Gleise wirft. Es wird jedoch auch keine Führungskraft dazu gezwungen, diese Züge noch zu beschleunigen und noch eine Extraportion Kohlen in den Kessel der Lokomotive zu schaufeln. Aber genau dies tun viele führende Köpfe in Berufsfeuerwehren, Hilfsorganisationen, Landratsämtern und Ministerien. Damit ist auch das Gerede vom »Dienstleistungsunternehmen« gemeint, was bei nicht wenigen Führungskräften ihre Sichtweise auf die Organisation Feuerwehr darstellt und die Abwesenheit jeglichen Sinnes für Kameradschaft und Verbundenheit über das Dienstliche hinaus bedeutet, die das besondere Berufsethos in unseren Organisationen ausmacht.

Als Führungskraft sollte man sich also gelegentlich fragen, welche Züge unterwegs sind, in welchen wir uns hineinsetzen sollten, ob der Zug nicht in einem Sackbahnhof endet, wann es Zeit ist auszusteigen oder sogar abzuspringen und wer unsere Lokführer sind. Gehen Sie als verantwortliche Führungskraft davon aus, dass es eine Unzahl von Menschen gibt, die sich diesen Überblick nicht verschaffen (können), die nur mitfahren, weil sie als Führungskraft eingestiegen sind und denen der Mut fehlt, aus einem falschen Zug auszusteigen. Das sind auch Ihre Kameraden und Kollegen, die nicht darüber nachdenken oder sagen können, warum genau sie im Ehrenamt »dabei« sind, oder genau diesen Beruf ergriffen haben; die (noch) nichts gestalten wollen, die sich aber an Ihnen als Führungskraft orientieren und Ihnen folgen und nachts meistens ruhiger schlafen als Sie. Gehen Sie auch davon aus, dass sich in unserer Welt regelmäßig die Falschen die Lokführermütze aufsetzen, dass gezinkte Fahrpläne aushängen, in den besten Zügen nicht die meisten Leute mitfahren und nicht jeder ein Schaffner ist, der Ihre Fahrkarte sehen will.

Aufgabenstellung

Wenn Sie bewusst Nachrichten schauen oder Zeitung lesen, beobachten Sie automatisch Trends und Entwicklungen in unserer Gesellschaft (v. a. den demografischen Wandel, den Klimawandel, Neuerungen im Gesundheitswesen oder die Auswirkungen der EU-Bürokratie). Nehmen Sie die letzte Tageszeitung zur Hand (gerne auch online), hören Sie beim Autofahren Deutschland-Funk oder schauen Sie eine Nachrichtensendung im Fernsehen. Schärfen Sie Ihre Sinne. Beobachten Sie Klima und nicht Wetter. Fragen Sie nach Hintergründen und Auswirkungen. Gehen Sie dann auf Abstand von den Tagesnachrichten und stellen Sie sich bei allem, was Sie da beobachten, folgende Fragen:

1. In welche Richtung führen uns diese Entwicklungen als Gesellschaft?
2. Welche Kräfte treiben diese Entwicklungen voran und wem nützen sie?
3. Welche Auswirkungen haben die Entwicklungen auf meinen Beruf/mein Ehrenamt?
4. Welche Konflikte zeichnen sich am Horizont ab?
5. Sollten wir auf diesen Zug aufspringen?

Teilen Sie mehr oder weniger regelmäßig Ihre Überlegungen und Gedanken im Kollegenkreis, mit befreundeten Führungskräften (auch in anderen Organisationen), an Ihrem Stammtisch (wenn Sie einen besuchen) oder mit Freunden. Stoßen Sie (v. a. mit einer provokativen Frage) eine Diskussion an.

Wichtige Ergänzung

Ein Beispiel für eine lohnenswerte Diskussion ist die Frage nach den Auswirkungen des Wertewandels in unserer Gesellschaft auf das Arbeitsklima in Polizei, Feuerwehr und Rettungsdienst: Seit jeher sind unsere Organisationen bekannt für ihren guten Zusammenhalt unter Kollegen bzw. Kameraden. Dieser Zusammenhalt hat einen ungeheuren Wert und hilft unter anderem, erlebtes Leid und Elend zu verkraften und zu verarbeiten. Zu diesem Thema Zusammenhalt, wahlweise Kameradschaft habe ich ein wunderbares Zitat gefunden. Im Handbuch für den Ausbilder in Freiwilligen Feuerwehren von W. Edward Buchanan Jr. steht folgendes Statement eines amerikanischen Feuerwehrmannes (Buchanan, 2003):

»Die Kameradschaft bedeutet für mich mehr als ein Aufkleber an der Windschutzscheibe meines Autos. Es bedeutet, man hilft sich, wenn die Kinder krank sind. Man hilft sich, wenn man Geldprobleme hat. Wenn du umziehst, fahren wir den Umzug. Wenn du ein neues Dach brauchst, decken wir es. Es bedeutet auch: Man lässt sich in einem brennenden Haus niemals im Stich. Eher würde ich mir die Ohren vom Kopf brennen lassen.«

Ist diese Einstellung, dieser Kameradschaftsgeist bei uns (noch) zu finden?

Wollen wir diese Einstellung noch haben oder sind andere Motive in den Vordergrund getreten? Wenn nein, warum haben wir sie nicht mehr?

Was ist uns die Sache wert? Sind wir am Ende selbst schuld, wenn das zwischenmenschliche Klima in unseren Reihen schlechter wird?

Warum habe ich 300 »Freunde« auf Facebook, finde aber keinen Draht zu den eigenen Kameraden und merke nicht, wenn jemand auf der Arbeit Probleme hat?

Wer hat etwas davon, wenn der Zusammenhalt schlechter wird? Zieht gar jemand Nutzen daraus, wenn es im Dienst unkollegial zugeht?

Was können wir tun, um unseren Zusammenhalt wieder zu stärken? Gibt es diesbezüglich einen konkreten Vorsatz oder ein festes Ziel, das wir ins Auge fassen können?

1.4 Das Peter-Prinzip – Spielregeln in Hierarchien

Zielsetzung der Einheit

In dieser Einheit geht der Fokus vom eigenen Verständnis der Führungsarbeit hin zu der Hierarchie, in die man als Führungskraft wortwörtlich »eingebunden« ist. Diese

Einbindung ist nicht anders denkbar und ein lebenslanger Zustand, auch wenn man die höchsten Führungsebenen erreicht hat. Alle Hierarchien der Welt funktionieren nach ganz eigenen, festgefügten und historisch gewachsenen Regeln, die größtenteils in Dienstvorschriften niedergelegt sind. In dieser Einheit lernen Sie einige der ungeschriebenen Gesetze kennen, die so ausdrücklich in keiner Vorschrift zu finden sind. Diese Regeln gelten in allen großen menschlichen Organisationen, egal ob es sich um eine Behörde, einen Konzern oder eine große Kirche handelt. Mit diesen Kenntnissen sollte es Ihnen besser als bisher möglich sein, sich in dieser Hierarchie zu bewegen und darin etwas zu bewegen. Außerdem sollten Sie diese Regeln verstanden haben, wenn Sie sich selbst in Ihrem Beruf oder im Ehrenamt weiter entwickeln wollen. Diese Einheit kann ein »Augenöffner« sein und ist auch geeignet, engagierte Führungskräfte vor mancher Enttäuschung zu bewahren.

Wer ist ein unbrauchbarer Mann? Der nicht befehlen und auch nicht gehorchen kann.
Johann Wolfgang von Goethe

Der Ehrgeiz treibt die Menschen oft, die niedrigsten Dienste zu tun; so geschieht das Klettern in derselben Haltung wie das Kriechen.
Jonathan Swift

Erlebte Geschichte aus dem Rettungsdienst

Als Student war er finanziell zwangsläufig etwas eingeschränkt, verfügte dafür aber über relativ viel Zeit, zumal er im Moment noch ungebunden war. Während seine Mitstudenten ihre Hirnmasse mit hochprozentigen Getränken auf diversen Partys aufweichten, verbrachte er jede freie Minute in der Zentrale des Kreisverbands seiner Hilfsorganisation in der kleinen Kreisstadt, in der er auch aufgewachsen war. Es war ihm bisher in allen Semesterferien gelungen, einen Lehrgang oder wenigstens einen Online-Kurs an einer Rettungsdienst- oder Feuerwehrschule zu bekommen. Das Ganze machte ihm einfach Freude; Rettungsdienst war genau sein Ding. Dazugekommen war er, weil ein Nachbar ihm von seiner Arbeit erzählt hatte und ihn für ein Schülerpraktikum in die Wache mitgenommen hatte. Unter der Führungsausbildung, die er im letzten Jahr besucht hatte, hatte sein Grundlagenwissen nicht gelitten. Er kannte die Bestückungen aller Fahrzeuge auswendig, alle Medikamente auf den Fahrzeugen, die meisten Vorschriften, Algorithmen und Schemata und auch die kleinen Tricks der Rettungsdienstpraxis. Solange er als Sanitäter eingesetzt war, war die Führungsetage seiner Organisation stets dankbar für seinen Einsatz. Immer war er verfügbar, auch an den Wochenenden. Mancher Hauptamtliche verdankte ihm ein freies Wochenende mit der Familie. Als er aber anfing, sein Wissen in einer Führungsfunktion bei der Absicherung einer Großveranstaltung selbstbewusst anzuwenden, begannen die Probleme. Eigentlich hatte er alles nur so gehandhabt, wie es auf der Rettungsdienstschule gelehrt wurde. Ob er seine Kompetenzen eigentlich kenne, gleich Rettungswachenleiter oder Chefarzt werden wolle und ob er wegen seiner vielen Lehrgänge schon auf eine Auszeichnung spekuliere, waren die durchaus ernstgemeinten Sticheleien seiner beiden Vorgesetzten. Insbesondere der Vorsitzende seines Kreisverbands war auf ihn aufmerksam geworden und hatte ihn zum Gespräch einbestellt. Der stand hinter seinen beiden Chefs – eine Krähe hackt der anderen kein Auge aus. Er selbst verstand nicht so recht, was hier überhaupt vor sich ging. Woher kamen die Angriffe? Er wollte doch nur das Beste für seine Organisation, war kollegial, sah sich selbst auch als gutes Aushängeschild. Warum dann die Angriffe seitens seiner Vorgesetzten? Warum um alles in der Welt dieser ganze Ärger? Sein Idealismus hatte Schiffbruch erlitten und er hatte Mühe, das Erlebte für sich zu verarbeiten.

Theoretische Grundlagen

Hierarchien sind aus unserem Leben nicht wegzudenken und entstehen, wo immer sich Menschen für einen bestimmten Zweck organisieren müssen. Der Begriff ist synonym mit Rangfolge, Rangordnung oder sogar Hackordnung (ein Begriff aus dem Tierreich). Das Gegenstück zur Hierarchie ist die Heterarchie oder das Netzwerk. Jeder, der in eine Hierarchie hineingerät (freiwillig oder gezwungenermaßen, als Teil der Hierarchie oder von extern), lernt früher oder später ihre ehernen Gesetze kennen. Diese Gesetze sind innewohnende Regeln, die scheinbar universell gelten, wie die Gesetze der Physik. Dieser Kennenlernprozess kann im Einzelfall sehr schmerzhaft ausfallen. Eine der ernüchterndsten und enttäuschendsten Spielregeln in Hierarchien ist die, dass an der Spitze der Pyramide nicht zwangsläufig (oder sogar nur ausnahmsweise) die dafür geeignetsten Leute sitzen. Ein gewisser Mangel an sozialer oder emotionaler Kompetenz oder ein bestimmtes charakterliches Defizit scheinen für manche Führungsfunktionen geradezu Voraussetzung, oder zumindest ganz hilfreich zu sein. Dieser unschöne Umstand hat bei nachkommenden, kritischeren Generationen immer wieder dafür gesorgt, Hierarchien ganz und gar zu verachten und ihre Existenz an sich in Frage zu stellen. Bei lebensälteren Menschen führen diese Tatsachen zumindest zu einer Ernüchterung, nicht selten auch zu Zynismus und Sarkasmus.

Aber gibt es eine Alternative? Braucht es wirklich menschliche Hierarchien mit allen Schwächen und Fehlern oder könnten wir uns auch anders organisieren, zum Beispiel in Netzwerken? Zu allen Zeiten in der Menschheitsgeschichte und überall auf der Welt, wo Menschen Bedeutendes erreichen, geschieht dies durch Hierarchien als Mittel zum Zweck. Die herausragenden Einzelleistungen, die netzwerkenden Genies, die großen Erfindungen von Einzelkämpfern in der Wissenschaft, der Wirtschaft, in der Politik sind leider die Ausnahme und nicht die Regel. Viele Unternehmen versuchen einen Spagat und wollen hin zu »flachen Hierarchien« oder zu Netzwerken, v. a. im Rahmen von Projektarbeiten.

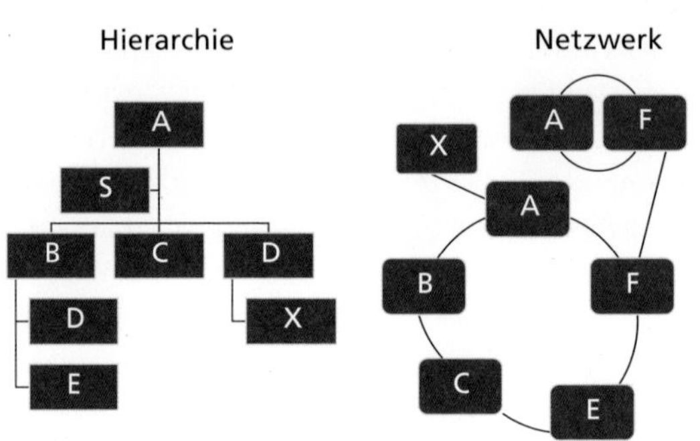

Bild 5: ***Hierarchie und Netzwerk***

Aber das sind die Ausnahmen von der Regel; ganz ohne eine Hierarchie-Pyramide funktioniert es nirgends. Sie sichern das stabile, tägliche Miteinander in Gesellschaften, von der Kleinfamilie bis zum Automobilkonzern, vom Handwerksbetrieb bis zur Bundeswehr. Wirkliche Gleichberechtigung in Reinform findet sich tatsächlich nirgends. Die meisten Menschen wissen das, stellen diese Tatsache nie in Frage und haben auch kein Problem damit. Vor allem, wenn Autorität von der Führungsspitze in Verantwortung ausgeübt wird, werden Rangordnungen kaum in Frage gestellt. Kaum einer bestreitet den Nutzwert von hierarchischen Systemen, wenn etwas Wichtiges erreicht werden soll. So bleibt die Fundamentaltkritik an großen Organisationen den Phantasten und einigen naiven Gutmenschen vorbehalten.

Dass aber in den bestehenden Hierarchien nicht alles zum Besten steht, sondern vielmehr Vieles gewaltig schiefläuft, ist wiederum auch ein offenes Geheimnis. Das Versagen in und von Hierarchien ist bekanntermaßen Alltag und das war schon immer so in der Menschheitsgeschichte, mindestens seit dem Turmbau zu Babel. Das ist aber kein Grund, Rangfolgen an sich schlechtzureden und »das Kind mit dem Bade auszuschütten«. Trotz der Fehler und Schwächen läuft vieles auch erstaunlich gut und immer noch und immer wieder finden auch »die richtigen Leute« einen Platz weit oben in den Rangordnungen unserer Welt.

Nur wenige Menschen wissen, dass sich bereits vor Jahrzehnten zwei Autoren (Lawrence J. Peter und Raymond Hull) dieses Themas angenommen haben. Weil Sie so wenig Zeit zum Lesen haben, habe ich die wichtigsten Regeln aus deren relativ dünnem Buch »Das Peter-Prinzip, oder die Hierarchie der Unfähigen« für Sie zusammengeschrieben und auf Rettungsdienst, Feuerwehr und Polizei bezogen. Diese Regeln gelten mit Sicherheit für alle Bereiche der öffentlichen Verwaltung und für große Konzerne (v. a. für die in den vergangenen Jahrzehnten wirtschaftlich erfolgreichen). Für alle neuerdings erfolgreichen Firmen, junge Unternehmen und große Netzwerke gelten diese Regeln nicht oder sehr eingeschränkt, da die Hierarchien hier vergleichsweise flach sind. Gute Führungskräfte achten deshalb darauf, dass (soweit sie das beeinflussen können) Hierarchien so flach wie möglich gehalten werden, damit die unten genannten Regeln nicht so sehr zum Tragen kommen können. Nehmen Sie sich also ein paar Minuten Zeit, lassen Sie sich die Regeln auf der Zunge zergehen und machen Sie die Augen auf, wenn Sie das nächste Mal durch Ihr Amt, Ihre Behörde oder Ihre Organisation gehen. Lesen Sie nicht schnell darüber hinweg. Jeder einzelne Satz ist wichtig und wird Ihnen helfen, in Ihrer Funktion besser zurecht zu kommen:

»In einer Hierarchie neigt jeder Beschäftigte dazu, bis zu seiner Stufe der Unfähigkeit aufzusteigen. …« (Peter/Hull,1972) – Diese sogenannte »Stufe der Unfähigkeit« gibt es früher oder später grundsätzlich für jeden Mitarbeiter, Kameraden und Kollegen. Ein Beispiel aus der Feuerwehr: Ein guter Berufsfeuerwehrmann wird aufgrund der im Beamtenrecht vorgegebenen Kriterien Eignung, Leistung und Befähigung zum Oberbrandmeister befördert. Auf dieser Stelle macht er sich ebenfalls gut, bewährt sich auf seiner Planstelle als Maschinist und wird relativ bald, ein paar Jahre später zum Hauptbrandmeister befördert. Auch dort bewährt er sich in seiner Funktion als Gruppenführer; die wenige Verwaltungsarbeit im Rahmen seiner täglichen Arbeit nimmt er zwangsläufig in Kauf. Er hat nun wiederum an einem Auswahlverfahren teilgenommen und gut abgeschnitten. Die Amtsleitung der Berufsfeuerwehr entscheidet sich daher, ihn für die nächste Laufbahnebene zu qualifizieren. Dort ist er (natürlich nur in unserem Beispiel) seiner neuen Aufgabe nicht mehr so gut gewachsen. Er verzweifelt an der ständig anfallenden Verwaltungsarbeit, heult sich regelmäßig bei seiner ehemaligen Wachschicht aus, wird irgendwann von der Amtsleitung als unfähig eingeschätzt und versagt schließlich als Führungskraft. Im Einsatz kommt er vom »Gruppenführer-Denken« nicht los, redet den altgedienten Einheitsführern in ihr »Handwerk« und verliert dabei den Überblick an der Einsatzstelle, den er als Einsatzleiter eigentlich behalten müsste. Damit hat er das Ende seiner »Fahnenstange« erreicht und wird von da an nicht mehr weiterbefördert. Er hat seine »Stufe der Unfähigkeit« erreicht. Diese liegt allerdings für jeden Menschen auf einer anderen Ebene und manifestiert sich zu einem anderen Zeitpunkt. Manchmal wird diese Stufe schon zu Anfang des Berufslebens erreicht, manchmal erst kurz vor der Pensionierung. Die nachfolgenden Prinzipien ergeben sich nun zwangsläufig aus dem zuerst beschriebenen:

»Nach einer gewissen Zeit wird jede Position von einem Mitarbeiter besetzt, der unfähig ist, seine Aufgabe zu erfüllen. …« (Peter/Hull,1972) – Das ist die logische Konsequenz aus der oben beschriebenen Grundregel. Zu Ende gedacht würde das bedeuten, dass in der gesamten »befallenen« Hierarchie nichts Bedeutsames, Zukunftsweisendes oder zumindest Vernünftiges mehr zustande gebracht wird. Die Organisation existiert nur noch um ihrer selbst willen und Kreativität und Innovation befinden sich auf dem Nullpunkt. Nur noch das Unumgängliche und Unvermeidliche wird irgendwie erledigt. Obwohl das in manchen Hierarchien sehr zum Bedauern tatsächlich der Fall ist, hilft das dritte Prinzip aus der Situation heraus:

»Die Arbeit wird von den Mitarbeitern erledigt, die ihre Stufe der Inkompetenz noch nicht erreicht haben. …« (Peter/Hull,1972) – Dieser Fakt ist auch allgemein zu beobachten und sorgt regelmäßig für Unmut und Unzufriedenheit bei den Leistungsträgern, da die Fähigen weiter unten in der Hierarchie schließlich nicht dafür bezahlt werden, die Unfähigkeiten der Vorgesetzten zu kompensieren. Besonders frustrierend ist es, wenn alle kreativen, zukunftsweisenden Zuarbeiten, Fachkonzepte und Vorgaben von Unterstellten erarbeitet werden, aber die Unfähigen in der Führung neben den fachlichen auch noch Charaktermängel aufweisen und für die Leistungen der Unterstellten die Lorbeeren einheimsen. Zum Thema »Fähigkeit« haben die Autoren auch etwas zu sagen:

»Mit der Fähigkeit ist es genauso wie mit der Wahrheit, der Schönheit oder mit Kontaktlinsen – jeder Betrachter sieht sie mit anderen Augen. …« (Peter/Hull,1972) – Diese etwas volkstümlich formulierte Erkenntnis wird verstärkt und verschärft durch andere Erkenntnisse aus der forschenden Beschäftigung mit dem Phänomen Inkompetenz und menschliche Dummheit: Ganz allgemein unterschätzen unfähige Menschen nämlich ihre eigene Inkompetenz und gleichzeitig die tatsächliche Intelligenz der Fähigen (Dunning-Kruger-Effekt). Kurz ausgedrückt: Durch Inkompetente wird der Abstand zwischen den eigenen Fähigkeiten und den Fähigkeiten der fähigen Kollegen deutlich kleiner wahrgenommen, als er in der Realität ist. Das Umgekehrte gilt für wirklich Intelligente und (zusätzlich charakterlich) Gebildete: Sie können die Abgründe der geistigen Dürftigkeit bei anderen nicht ermessen und gehen beim geistigen Anspruch immer wieder fälschlich von sich selbst aus. Hier liegt der Grund, warum dumme Menschen oft vor Selbstbewusstsein strotzen und intelligente Menschen oft an sich selbst zweifeln und entsprechend schüchtern durchs Leben gehen. Die beschriebene Eigenheit unfähiger oder überforderter Menschen, die irgendwie in Führungsfunktionen geraten sind, führt zu folgender Grundregel, in der gleich zwei wichtige Wahrheiten enthalten sind:

»Diese Fälle zeigen, dass in den meisten Hierarchien Super-Kompetenz anstößiger ist als Inkompetenz. ... Sie verletzt dadurch das oberste Gebot des hierarchischen Lebens: Die Hierarchie muss erhalten bleiben. ...« (Peter/Hull,1972) – Dieses Gebot gilt umso mehr, je größer eine Hierarchie-Pyramide ist und je zuverlässiger sie funktionieren muss. Daher sind große Behörden und Organisationen Musterbeispiele für diesen Grundsatz. Und weil die Unfähigen die hierarchische Pyramide nicht in Frage stellen und die Welt damit scheinbar in Ordnung ist, gilt der nächste Grundsatz:

»Die Angehörigen einer Hierarchie stören sich nicht an der Unfähigkeit. ...« (Peter/Hull,1972) – Unfähigkeit bedeutet zwar Mehrarbeit für die Klugen und Fleißigen, weil sie irgendwie kompensiert werden muss, stellt jedoch die Hierarchie nicht in Frage.

Diese bis jetzt gelisteten Erkenntnisse führen zwangsläufig zu der Frage, wie ambitionierte, echte Leistungsträger in einer Hierarchie dann nach oben gelangen können, um etwas zu bewegen und ihr Potenzial zum Nutzen der Organisation entfalten können. Wie der nächste Absatz zeigt, muss man sich in dieser Sache vor einem übersteigerten Vertrauen in die eigenen Verdienste und inhaltlichen Leistungen hüten:

»Meine Untersuchungen haben gezeigt, dass die hemmende Wirkung des Dienstalterprinzips den aufstiegsfördernden Effekt des Ehrgeizes neutralisiert. ...« »Studium und Fortbildung können damit sogar einen negativen Effekt haben. Das ist dann der Fall, wenn die gesteigerten Fähigkeiten dazu führen, dass der Mitarbeiter zusätzliche Stufen nehmen muss, bevor er schließlich die Ebene seiner Unfähigkeit erreicht. ...« (Peter/Hull,1972) – Das wäre zum Beispiel der Fall, wenn ein ambitionierter Praxisanleiter im Rettungsdienst in der Rettungswache die Ausbildung aller Praktikanten selbst übernimmt, als Desinfektor und Medizinprodukte-Beauftragter engagiert ist und noch Etliches mehr tut, sich damit unentbehrlich macht, aber dann ein Kollege ohne Extraqualifikation und Zusatzaufgaben Wachenleiter wird, weil man auf diesen im Schichtdienst leichter verzichten kann.

Damit solche Ungerechtigkeiten möglichst verhindert bzw. etwas abgemildert werden, schließen wir die Sammlung der Prinzipien mit einem Hinweis an alle Fähigen und Strebsamen: »Wir sollten [...] lernen, dass Diskretion das A und O des Ehrgeizes ist. ...« (Peter/Hull,1972). – Wie bei dem Thema Kommunikation lässt sich für alle Führungskräfte der eiserne Grundsatz ableiten: »Wisse immer, was du sagst aber sage nicht immer, was du weißt.«

Das alles zusammen ist für Leistungsträger und »High Performer« schrecklich bitter. Zum Trost muss man noch anfügen: Wenn Sie an den o. g. Punkten ankommen und scheitern, muss das nicht an Ihnen selbst liegen. Sie sind einfach an die Grenzen Ihres hierarchischen Systems gestoßen. Es bleiben Ihnen zwei

Möglichkeiten: Entweder Sie verlassen und/oder wechseln möglichst beizeiten das System oder Sie arrangieren sich damit und suchen sich eine »Nische der persönlichen Erfüllung«. Diese liegt günstigenfalls innerhalb des Berufs oder in einem entsprechenden Ehrenamt oder eben ganz außerhalb im Bereich Nebentätigkeit/Freizeit/Hobby. Vielleicht bringen Sie es dort zur Exzellenz und werden für Ihre Leistungen geschätzt und anerkannt. Mit einer Illusion möchte ich aber aufräumen: Es wird Ihnen nicht gelingen, die allgemeinen Spielregeln in Organisationen neu zu schreiben, selbst wenn Sie es eines Tages bis an die Spitze ihrer Pyramide schaffen sollten. Das geschieht in Ihrem Fall hoffentlich, bevor Sie Ihre Stufe der Unfähigkeit erreicht haben.

Aufgabenstellung

Die geschilderten Prinzipien können Ihnen helfen, dem einen oder anderen Problem in Ihrer Organisation auf den Grund zu gehen. Lassen Sie vor Ihrem inneren Auge Ihre Arbeitsstelle und Ihre Kollegen/Kameraden erscheinen. Zeichnen Sie ein Organigramm Ihrer Dienststelle oder besorgen Sie sich ein Fertiges. Suchen Sie Beispiele für jedes der oben genannten Prinzipien.

Teilen Sie Ihre Belegschaft bzw. Ihre Organisation gedanklich in zwei Lager: Spalte 1 enthält diejenigen, die die »Stufe ihrer Unfähigkeit« noch nicht erreicht haben. Spalte 2 enthält diejenigen, die diesen Punkt bereits erreicht haben. Versuchen Sie, daraus Grundsätze für den Umgang mit den Betreffenden abzuleiten. Schreiben Sie hinter jeden Namen ein Schlagwort für den Umgang mit der Person, v. a. »mehr fördern«, »mehr kontrollieren«, »Problem X ansprechen« usw.

Denken Sie auch über sich selbst nach. Zeichnen Sie Ihre Position im Organigramm ein und auf welchem Weg Sie dorthin gelangt sind. Beantworten Sie ganz für sich und ganz ehrlich folgende Fragen: Haben Sie Ihre »Stufe der Unfähigkeit« bereits erreicht? Was bedeutet das für Sie? Gehören Sie zu denen, die fast alle anfallenden Arbeiten erledigen und was können Sie dagegen tun? Was haben Ihnen Aus- und Fortbildung im Blick auf Ihre Karriere wirklich gebracht? Wie möchten Sie sich beruflich bzw. im Ehrenamt weiterentwickeln? Was halten Sie von diesen Plänen im Licht der oben genannten Prinzipien?

Wichtige Ergänzung

Meine Empfehlung: Verinnerlichen Sie die beschriebenen Regeln, stecken Sie gedanklich Ihren Gestaltungsbereich als Führungskraft ab, handeln Sie in diesem Bereich nach bestem Wissen und Gewissen. Wehren Sie sich so gut es geht gegen Eingriffe der Unfähigen, von unten, von oben oder von der Seite und überhaupt aus allen Himmelsrichtungen. Und: Schätzen Sie sich glücklich, wenn Sie Ihre Stufe der

Unfähigkeit noch nicht erreicht haben. Als Unfähiger auf einem exponierten Platz als Führungskraft zu sitzen und von jedermann beobachtet zu werden, muss schrecklich sein. Nicht wenige Führungskräfte lenken deshalb mit verbalen und sonstigen Attacken vom eigenen Elend ab. Sie treten nach unten, spinnen Netze aus Intrigen und verwenden diese als Tarnung für das eigene Unvermögen und die fehlenden Kompetenzen. Das ist unethisch und es ist nur fair, wenn sich Leistungsträger dagegen wehren und verwahren. Die folgenden Literatur-Tipps lege ich Ihnen besonders ans Herz.

Literatur-Tipp

Peter, Laurence J.; Hull, Raymond: Das Peter-Prinzip oder Die Hierarchie der Unfähigen, Rowolth Verlag, 1972.
Dueck, Gunter: Schwarmdumm – so blöd sind wir nur gemeinsam, Goldmann Verlag, 2015.

1.5 Die 80-20-Regel – Effizienz und Effektivität

Zielsetzung der Einheit

Im vorangegangenen Kapitel ging es um das Peter-Prinzip als grundlegende und unabänderliche Gesetzmäßigkeit für das Funktionieren von Hierarchien. In dieser Einheit lernen Sie ein weiteres der ungeschriebenen Gesetze hinter Ihrem Arbeits- bzw. Dienstalltag kennen: die sogenannte 80-20-Regel. Wenn Sie (wie zahlreiche Führungskräfte) zu übertriebener Gewissenhaftigkeit und zu Perfektionismus neigen, kann Ihnen diese Entdeckung helfen, ihre Arbeit weitaus besser als bisher zu erledigen und sich guten Gewissens von unnötigen, fruchtlosen Aufgaben zu verabschieden. Auf diese Art kommen Sie zu neuen Freiräumen und gewinnen dadurch wieder mehr Freude an Ihrer Arbeit. Lernen Sie, Ihre Aufgaben nach den Kategorien »eilig« und »wichtig« einzuteilen und auf diese Art effektiver und effizienter zu werden. Ein extrem nützliches Hilfsmittel ist die Aufgabeneinteilung nach dem sogenannten Eisenhower-Prinzip, das in dieser Lektion ebenfalls behandelt wird.

Sie litten alle unter der Angst, keine Zeit für alles zu haben und wussten nicht, dass Zeit haben nichts Anderes heißt, als keine Zeit für alles zu haben.
Robert Musil

Die Liebe zur Geschäftigkeit ist nicht dasselbe, wie Fleiß.
Seneca

Die Arbeit dehnt sich aus, bis sie die Zeit ausfüllt, die für ihre Erledigung zur Verfügung steht.
Unbekannt

Erlebte Geschichte aus der Polizei

Es war kurz nach siebzehn Uhr; draußen regnete es in Strömen, die meisten Kollegen hatten sich sehr pünktlich in den Feierabend verabschiedet. Durch das Bürofenster konnte er seinen Kleinwagen sehen, der als einziges ziviles Fahrzeug noch zwischen den Streifenwagen parkte. Vor seinem geistigen Auge ließ er seinen Arbeitstag noch einmal Revue passieren. Die Konzentration auf die unbeantworteten E-Mails fiel ihm jetzt schwer und er ertappte sich dabei, wie er sich ungewollt durch die Nachrichten auf seinem Dienstrechner klickte. Sein Blick fiel dabei auf den Wandteller, den er vor einem halben Jahr vom Oberbürgermeister seiner Kleinstadt zur Amtseinführung als Revierführer bekommen hatte. Geschmacklich fand er den Teller grenzwertig; ein nützlicheres oder moderneres Geschenk wäre ihm lieber gewesen. Seine Berufung in das Amt war einfach eine logische Folge seiner jahrelangen harten Arbeit in der Dienststelle. Und: Gute Führungskräfte sind heutzutage ohnehin dünn gesät. Kein anderer hatte sich auf die Stelle beworben und eigentlich hätte ihm das zu denken geben sollen. Für manchen war der Posten zu weit weg von der praktischen Arbeit und andere wollten sich den Stress nicht antun. Zwei potenzielle Mitbewerber hatten ihm das auch direkt ins Gesicht gesagt. So hatte er sich eben breitschlagen lassen. Jemand musste die Arbeit machen; die Not war seine Berufung. Für seinen Geschmack hatte sein Vorgänger, der offenbar schon vor einem Jahrzehnt die Freude an der Arbeit verloren hatte, die Zügel ein wenig zu lockergelassen. Jetzt kam endlich wieder frischer Wind in das Revier, was die meisten auch dankbar zur Kenntnis nahmen. »Neue Besen kehren gut« (auch wenn der Besen schon mehr als 40 Jahre auf dem Buckel hat). Und so gab es einiges nachzuholen; die Probleme waren hinlänglich bekannt. Die »Baustellen« in den Dienstgruppen waren zahlreich, die Wache sollte angebaut und ein neuer Führungsstab aufgebaut werden. Gerne kamen die jüngeren Kollegen mit ihren Ideen und tausend Verbesserungsvorschlägen zu ihm, deren Berechtigung er auch einsah, die er aber aus Zeitmangel nicht weiterverfolgen konnte. Deshalb legte er sich umso mehr ins Zeug, war morgens der Erste im Dienst und prüfte halbstündlich seinen Posteingang, telefonierte stundenlang und regelte nebenher tausend Kleinigkeiten. Aber trotz seiner alltäglichen Kraftakte schienen die Aufgaben nicht weniger zu werden – im Gegenteil. Das

Wochenende reichte ihm nicht mehr als Ausgleich und zur Erholung von den Arbeitswochen. Weil er ein guter Chef war, packten ihm seine Mitarbeiter gerne ihre Probleme auf den Tisch. »Melden macht frei und belastet Vorgesetzte.« – Die Wahrheit dieses Spruches kannte er aus eigenem Erleben und so musste es wohl auch sein. Irgendwie verteilt sich Arbeit immer nach oben. Und irgendwie nimmt die Arbeit immer den Raum ein, der für ihre Erledigung zur Verfügung steht, weshalb er ständig Abstriche an der Qualität hinnehmen musste und er sich niemals für Wichtiges »freischaufeln« konnte. An die Tatsache, dass er täglich und neuerdings auch an Wochenenden in seinem Büro saß, schien sich die Mitarbeiterschaft schnell zu gewöhnen. Trotz allem wurde er den Eindruck nicht los, dass sich unterm Strich gar nichts oder nicht viel bewegte. Sein Büro erschien ihm wie ein Hamsterrad und der hässliche Wandteller würde bald irgendwo hinter einem Aktenberg verschwinden, obwohl man eigentlich das »papierlose Büro« anstrebte. Dabei war er mit so vielen guten Vorsätzen gestartet. Wo lag das Problem?

Theoretische Grundlagen

Ein derartiges Hamsterrad-Leben kommt allzu vielen Führungskräften bekannt vor, egal ob in Feuerwehren, Rettungsdiensten oder in der Polizei. Spricht man das Thema der Arbeitsmenge im Kollegenkreis an, erntet man oft ein müdes, verstehendes Lächeln. Aber eine Lösung für das Dilemma ist weit und breit nicht in Sicht. Um aus diesem Rad herauszuklettern, braucht es eine gute Portion Selbsterkenntnis und das Wissen um eine einfache Regel. Diese hat universelle Gültigkeit und wurde von Vilfredo Pareto (1848 bis 1923) entdeckt, einem italienischen Ökonomen. Es ging als das »Pareto-Prinzip« in die Geschichte ein. Das Prinzip kommt eigentlich aus der Finanzwelt, wegen dessen Universalität kann man es aber auf alle Lebensbereiche übertragen. Die philosophischen Prinzipien dahinter sparen wir uns an dieser Stelle. Wichtig ist: Sie können dieses universelle Gesetz auf jeden Bereich Ihres privaten und beruflichen Lebens anwenden; hier zuerst natürlich einige Beispiele aus Polizei, Rettungsdienst und Feuerwehr:

- 20 % Ihrer Mitarbeiterschaft beanspruchen 80 % Ihrer Aufmerksamkeit.
- 20 % Ihrer Technik verursacht 80 % Ihrer Kosten für Reparaturen.
- 20 % Ihrer Büroaufgaben rauben Ihnen 80 % Ihrer Bürozeit.
- 20 % Ihrer Einsätze erfordern 80 % Ihres Ausbildungsaufwands.
- 20 % Ihrer Nachwuchskräfte machen den anderen 80 % das Leben schwer.

Diese Liste mit Beispielen ließe sich beinahe ins Unendliche fortsetzen. Allgemein formuliert, sind 80 % Ihres Aufwands/Ihrer Energie für 20 % Ihres Ertrags/Ihres

Erfolgs verantwortlich. Die anderen 20 % Ihres Aufwands erbringen die übrigen 80 % Ihres Erfolgs. (Übrigens: Innerhalb der oberen 20 % unterliegen die Verhältnisse wieder der 80-20-Regel und auf diese Art lässt sich die Feingliederung fortsetzen.)

Dieses Prinzip beschreibt lediglich die Wirklichkeit, es enthält keine Wertung. Die gute Nachricht ist aber: Sie können diesen einfachen Zusammenhang für sich ausnutzen, um erfolgreicher und effizienter zu werden. Die Grundregel, um mit den »schlechten« 20 % fertig zu werden, heißt: Entledigen Sie sich nach Möglichkeit dieses Anteils, dann haben Sie 80 % mehr Zeit, Kraft und ggf. auch Geld. Es mag zunächst wie ein schlechter Ratschlag klingen, sich von Dingen zu trennen oder sich Aufgaben zu entledigen, stellt sich aber in der Praxis als extrem nützlich heraus. Ein Beispiel dazu aus der Wirtschaft: Stellen Sie sich eine Unternehmensleitung vor, die überlastet ist. Vorausgesetzt, die Firma läuft gut, sollte man beispielsweise die 20 % der Kundschaft loswerden, die die Firma 80 % ihres Arbeitsaufwands kosten. Das sind die schwierigen Kunden, die tausend Sonderwünsche, Anfragen und Beschwerden haben, aber kaum für Umsatz sorgen. Das Unternehmen sollte sich stattdessen verstärkt den Kunden widmen, die 80 % seines Gewinns einbringen.

Wenn Sie die 80-20-Regel beherzigen, vervielfachen Sie rein rechnerisch Ihr Potenzial. Ehrlicherweise darf man die Voraussetzung für dieses Rezept nicht verschweigen: Sie benötigen theoretisch 100 % Erkenntnis über die Zusammenhänge innerhalb jedes Sachverhaltes in Ihrem Verantwortungsbereich und zusätzlich 100 % Entscheidungsbefugnisse über alle Vorgänge, sonst reduziert sich der Gestaltungsspielraum um den entsprechenden Anteil, den Sie nicht selbst in der Hand haben. Die Entdeckung dieser Regel hat einschneidende Auswirkungen: Man sieht die eigene Arbeit mit anderen Augen und erkennt, dass man auch Dinge und Aufgaben abgeben oder fallenlassen muss, um erfolgreich zu sein oder wenigstens die anfallende Arbeit zu schaffen. Die eigenen Prioritäten ändern sich, man trifft eine Auswahl und filtert die Aufgaben bewusst.

Wenn es um die Steigerung von Effizienz und Effektivität geht, hilft auch eine weitere grundlegende Einteilung: Man unterscheidet nicht mehr zwischen »wichtig« und »unwichtig«, sondern zwischen »wichtig« und »eilig«. Das funktioniert viel einfacher, da meist schon Andere für Sie einstufen, was eilig zu sein hat. Der Knackpunkt ist, dass man von zahlreichen Menschen umgeben ist, die im Urteilsvermögen ebenso »fehleranfällig« und beschränkt sind, wie man selbst. Daraus folgt wiederum: Das Eilige drängelt sich immer vor (siehe soziale Medien), ist aber meist vollkommen belanglos. Unreflektierte Menschen neigen daher dazu, ihren Tag mit Belanglosigkeiten zu vertrödeln und wissen folglich am Abend nicht, was sie überhaupt geleistet und erreicht haben. Das sollte Ihnen nicht passieren. Also: Alles

Eilige ist meist nicht wichtig! Umkehrschluss (hier zulässig): Alles Wichtige ist niemals eilig. Wichtiges geht uns nie auf die Nerven. Wichtiges kann immer auch morgen noch erledigt werden, was wiederum nicht heißt, dass man es unbegrenzt aufschieben könnte. Es bedeutet nur: Wichtiges kann immer auch morgen noch erledigt werden. Seien Sie also vorsichtig, wenn ein Verkäufer oder ein Vertreter Sie sofort zu einem Vertragsabschluss nötigen will. Eine Nacht »über etwas schlafen« ist auch heute noch eine gute Wahl, wenn es darum geht, weise Entscheidungen zu treffen.

In die Praxis umsetzen lässt sich diese Erkenntnis mit der Aufgabenbewältigung nach dem sogenannten »Eisenhower-Prinzip«, benannt nach dem ehemaligen amerikanischen Präsidenten namens Eisenhower.

Bild 6: ***Eisenhower-Prinzip***

Demnach werden alle Ihre Aufgaben nach Wichtigkeit und Dringlichkeit bewertet und eingeordnet. Das kann einmal wöchentlich oder einmal arbeitstäglich getan werden. Anschließend können Sie selbst festlegen, mit welcher Priorität die Aufgaben abgearbeitet werden: Einige müssen sofort erledigt werden, andere dürfen direkt in den Papierkorb oder in den Schredder wandern. Für eine dritte Kategorie muss ein Erledigungstermin gesetzt werden und die vierte Kategorie von Aufgaben wird delegiert. Ein häufiger Fehler in der täglichen Verwaltungspraxis, aber auch im Einsatz ist, sich an die sofort zu erledigenden Aufgaben heranzumachen, ohne die Aufgaben nach Wichtigkeit und Dringlichkeit eingestuft zu haben. Dadurch gehen ihnen immer wieder wichtigere Aufgaben »durch die Lappen« und bleiben unerledigt liegen. Im Einsatz kann das schnell fatale Folgen haben. Bei fehlender Priorisierung und mangelnder Lageerkundung wäre es beispielsweise in einem Feuerwehreinsatz denkbar, dass man beim Wohnungsbrand auf der Straßenseite des Gebäudes mit Löschmaßnahmen beschäftigt ist, während auf der Rückseite eine Person vom Balkon zu springen droht und von den Feuerwehrkräften zu spät bemerkt wird.

Auch diese Einteilung nach Eisenhower gibt Ihnen eine Marschrichtung vor und macht so Ihren Kopf frei für ein mutiges Angehen Ihrer Aufgaben, einschließlich Ihres Akten-Durcheinanders. Aller Anfang ist ja bekanntlich schwer. Und alles das hat zwangsläufig noch mehr praktische Folgen, auf die Sie Ihre Bekannten, Freunde und Kameraden gelegentlich hinweisen sollten. Uneinsichtige Menschen (auch wenn es sich um Vorgesetzte handelt), sollten Sie nicht über Ihre neue Arbeitsmethode in Kenntnis setzen. Sie würden es missverstehen. Die Folgerungen aus der Methode sind: Seien Sie nicht rund um die Uhr erreichbar. Lassen Sie das Telefon auch mal ausklingeln oder stellen Sie es ganz ab. Der Flugmodus ist nicht nur für Flugreisen erfunden worden. Glauben Sie mir: Wenn die Welt einstürzt, wird man Sie finden. Schielen Sie nicht alle Stunde nach Ihren E-Mails. Klicken Sie nicht auf Anzeigen. Versenden Sie generell keine Lesebestätigungen. Hören Sie bei manchen Gesprächen nicht mehr so genau hin und kultivieren Sie eine »selektive Ignoranz«. Melden Sie sich in den sozialen Medien ab und schauen Sie Fernseh-Nachrichten nur noch einmal im Jahr.

Fürchten Sie eventuelle negative Folgen dieses Konzepts? Ich kann Ihnen aus eigener Erfahrung versichern, dass es keine gibt. Das Ganze ist sozusagen vollkommen ohne Nebenwirkungen. Alle wichtigen Dinge wird man Ihnen auch so erzählen. Sie erfahren davon zwar mit einer kleinen Verzögerung, dafür sind die Nachrichten aber schon gefiltert und vorsortiert. Es ist, als hätten Sie ein privates Sekretariat. Sie werden in Ihrem Beruf oder Ehrenamt sicherlich Aufgaben übertragen bekommen, aber auf welche Art und Weise Sie diese erledigen, wird Ihnen selten vorgeschrieben. Nur kontrollwütige und »pingelige« Vorgesetzte geben Ihnen alle Details einer Aufgabe vor; jeder andere ist froh, wenn Sie Ihre Aufgaben so selbständig wie möglich abarbeiten. Und schließlich sollte auch Ihre Dienststelle ein Interesse daran haben, dass Sie Ihre Prioritäten intelligent setzen und Ihre Aufgaben effizient erledigen. Ihnen selbst bleibt nun sowohl im Dienst als auch im Privatleben endlich Zeit für die wichtigen Dinge des Lebens: Akten aussortieren und vernichten, mehr Zeit mit strategischen, fachlichen Dingen verbringen, Ihren Kollegen/Kameraden wirklich einmal zuhören, mit Ihren Kindern oder Enkeln spielen, ein gutes Buch lesen, im Wald spazieren gehen. Ihre Gesundheit wird es ihnen danken.

Aufgabenstellung

Finden und notieren Sie für sich zehn konkrete Beispiele für die 80-20-Regel aus Ihrem Dienstalltag. Setzen Sie die Liste vom Kapitelanfang fort.

1. Sie sollen sich mehr Freiraum für Ihre wesentlichen Aufgaben verschaffen. Überlegen Sie deshalb für jeden der zehn Punkte, wie das im Einzelfall funktionieren könnte. Notieren Sie hinter jedem Punkt, welche Kon-

sequenzen Sie ziehen wollen. Ein Beispiel: »Ich mache eine Liste der Geräte, die immer wieder kaputtgehen und störanfällig sind und werde diese im nächsten Halbjahr ersetzen oder ganz ausmustern.« Ein weiteres: »Ich werde meine falsch verstandene Höflichkeit ablegen und mir keine Zeit mehr für den Kollegen X nehmen, der am liebsten täglich meine Ohren als geistige Mülldeponie zweckentfremden will.« Denken Sie in diesem Zusammenhang darüber nach, ob Sie wirklich für jeden und alles immer ansprechbar sein wollen. Ist das Konzept »Meine Bürotür steht dir immer offen.« wirklich eine gute Idee?

2. Probieren Sie einmal aus, Ihre anfallenden Aufgaben von einer Woche nach dem Eisenhower-Prinzip zu organisieren. Nehmen Sie das Diagramm aus der Abbildung zu Hilfe. Bewerten Sie Ihre Aufgaben nach den Kriterien »Wichtigkeit« und »Dringlichkeit« und arbeiten Sie diese entsprechend ab. Bestimmen Sie selbst, wie Sie Ihre Aufgaben strukturieren und verbitten Sie sich, dass die Nervensägen in Ihrem Kollegenkreis Ihnen hier Vorschriften machen.

Literatur-Tipp

Matthiesen, Vincent: Zeitmanagement – Die Kunst der perfekten Organisation, Selbstverlag, 2020.

Spitzer, Manfred: Digitale Demenz – Wie wir uns und unsere Kinder um den Verstand bringen, Verlag Droemer, 2014.

1.6 Der schmierige Weg nach oben – Karriere um jeden Preis?

Zielsetzung der Einheit

Diese Lektion ist die letzte aus dem Grundlagenkapitel. Nachdem Sie einige grundsätzliche Überlegungen zu Ihrem eigenen Verständnis von Führungsarbeit angestellt haben und u. a. das Peter-Prinzip und das Eisenhower-Diagramm kennengelernt haben, sollten Sie abschließend noch etwas tiefer graben. Im Haupt- und Ehrenamt stehen Führungskräfte gelegentlich vor der Frage, ob man ein Amt übernehmen, sich darauf bewerben oder gar die Laufbahn oder die Dienststelle wechseln soll. Allzu oft bezahlen Führungskräfte in einem Haupt- oder Ehrenamt einen zu hohen Preis für ihre Karriere oder ihren Laufbahnwechsel. Sie wissen vor einem Karriereschritt nicht wirklich, worauf sie sich einlassen und haben eine falsche Vorstellung in Bezug auf die

»Nachhaltigkeit« von Macht und Erfolg. Nicht wenige lassen sich auch »breitschlagen« oder nehmen ein Amt oder eine Stelle an, weil sich niemand anders findet oder im Ehrenamt, damit es irgendwie weitergeht. Am Ende dieser Einheit sollten Sie sich im Klaren darüber sein, was Sie in Ihrem Ehrenamt oder im Beruf wirklich erreichen wollen und was Ihnen die Sache wert ist. Diese Frage können natürlich nur Sie selbst zusammen mit Ihrer Partnerin/Ihrem Partner beantworten. Dieses Kapitel gibt dazu einige hilfreiche Denkanstöße und liefert eine praktikable Methode zur Objektivierung Ihrer Entscheidungen.

Wie tief sinken viele, um zu steigen.
Daniel Spitzer

Ein Mann hat viele Arten, Karriere zu machen. Ein Kind hat nur einen Vater.
Dieter Lange

Was hülfe es dem Menschen, wenn er die ganze Welt gewönne und nähme doch Schaden an seiner Seele?
Jesus Christus, Die Bibel, Matthäus 16,26 (Luther 1984)

Erlebte Geschichte aus dem Rettungsdienst

Ein Golfschläger! Wie um alles in der Welt konnten seine Kinder auf die Idee kommen, ihm einen Golfschläger zum Geburtstag zu schenken? Dass er seit einem Jahr diesem neuen (und zugegeben teuren) Hobby nachging, hatte nichts mit Lust und Liebe zu tun. Für das Golfspiel war er eigentlich nicht der Typ. Seine Frau beschwerte sich oft über die – in ihren Augen – unnötigen Ausgaben für die neue »Freizeitbeschäftigung«. Er aber war vorausschauend und spielte, weil sein neuer Chef mit seinem Freundeskreis dieser Freizeitbeschäftigung nachging. Insofern würde sich das Hobby irgendwann auszahlen. Schon nach dem ersten Samstag im Golfclub wurde ihm bewusst, dass es hier nicht um Sport ging oder um Entspannung auf der grünen Wiese. Vitamin B war das Schlüsselwort: »Eine Hand wäscht die andere.« – »Jeder Aufsteiger braucht seine Seilschaft.« So funktioniert nun mal der Laden. Irgendwie tat ihm jeder leid, der diese Spielregeln nicht durchschaute. In diesem Laden hatte er es bis zum Verbandsvorsitzenden gebracht. Es war noch nicht so lange her, dass er sich auf einer deutlich schlechter bezahlten Stelle mit Vorgesetzten und Kunden herumärgern musste. Aber der Hausbau und die Arbeit der Ehefrau hatten bis dato einen Arbeitsplatzwechsel verhindert. Jetzt verfügte er über ein schickes Büro im zweiten Stock der Zentrale und die Distanz zur täglichen Praxis auf den Einsatzfahrzeugen vergrößerte sich stetig. Gegen die

Missstände in der Wache und im »System« wetterte er nur im Kreis der Kollegen, niemals gegenüber der Chefetage oder den Krankenkassen. Seiner Überzeugung nach konnte man auch nicht immer und überall »gerade Linie« fahren; kleine (auch faule) Kompromisse gehörten dazu. Er fand es auch nicht mehr nötig, immer und überall ehrlich zu sein. Von diesen Vorsätzen musste man sich verabschieden; das war unnötiger Ballast auf dem Weg ganz nach oben. Auch von einigen Freunden aus seinen Anfangsjahren im Beruf hatte er sich distanzieren müssen. Dass diese die »alten Geschichten« kannten, war heute eher peinlich und hinderlich. Seine Strategie war bis jetzt jedenfalls aufgegangen. Irgendwann würde auch seine Frau aufhören zu maulen. Zufrieden mit sich lehnte er sich in seinem Chefsessel zurück und drehte den neuen Golfschläger in seiner Hand. Trotzdem: Wieso konnten seine Kinder ihm nicht etwas Anderes schenken?

Theoretische Grundlagen

Die einleitende Geschichte zu diesem Kapitel berührt gleich mehrere Felder der beruflichen Ethik. Im Folgenden geht es vorerst um die Frage nach der eigenen Karriere und deren Preis. Zuerst: Nichts gegen Karriere! Es ist eine wunderbare Sache, wenn jemand einen Arbeitsplatz oder eine Stelle entsprechend seinen Neigungen findet, wenn man entsprechend seiner Eignung, Leistung und Befähigung vorankommt und in einer Behörde oder Organisation seiner Qualifikation und seinen Talenten entsprechend eingesetzt wird. Mit Weniger sollte man sich der Arbeitszufriedenheit wegen auf Dauer auch nicht abfinden. Einzuwenden ist aus ethischer und psychologischer Sicht nur etwas gegen »Karriere um jeden Preis«. Es ist eine Sache, im Berufsleben aufzusteigen, aber eine andere, sich dafür zu verbiegen; zu diesem Zweck zum Speichellecker und Klinkenputzer zu werden. Obwohl man auf diese Tour das selbst gesteckte Ziel wahrscheinlich erreichen mag, bezahlt man dafür immer einen Preis. Und dieser ist – mit Verstand betrachtet – in aller Regel zu hoch. Der Preis für den Weg ganz nach oben ist oft eine Einbuße an Kollegialität, Selbstachtung und eine Verletzung der eigenen Werte, die einem vielleicht früher im Leben einmal wichtig waren.

Zu viele Menschen hören in dieser Frage auf die falschen Stimmen, die ihnen einflüstern, die Sache sei diesen Preis wert. Diese Stimmen können von innen und von außen kommen. Es sind ganz oft der eigene (falsche) Ehrgeiz, die extravaganten Wünsche der Lebenspartnerin/des Lebenspartners und das Drängen oder die Minderwertigkeitskomplexe angesichts falscher Freunde mit einem höheren Lebensstandard, die die »Karriere um jeden Preis« so lukrativ erscheinen lassen. Das Ganze endet oft wie im Märchen vom kalten Herz: Erst in der Rückschau erscheint einem der Ausgangspunkt seiner Reise als erstrebenswert. Und man stellt fest, dass eine steile

Karriere keine Persönlichkeitsdefizite ausbügeln und eine grundsätzliche Lebensunzufriedenheit nicht hat beseitigen können. Eine hohe Stellung, ein hohes Gehalt oder Besoldungsstufe, ein entsprechender Bekanntheitsgrad gehören zu den Lebenszielen, die beim Erreichen keine größere innere Zufriedenheit mit sich bringen und die augenblicklich nach Steigerungen schreien.

Außerdem werden die Kosten für eine steile Karriere in der Regel zu niedrig veranschlagt. Nicht wenige stellen erst am Ende der Karriereleiter fest, dass in der Höhe die Luft dünner wird, dass es dort oben einsamer und humorloser zugeht, der Umgangston sich nicht verbessert und die Ellenbogen spitzer werden. Auch die finanziellen Vorteile erscheinen im Rückblick nicht mehr so gewaltig und verlockend, denn die Wünsche und Bedürfnisse wachsen mit dem Einkommen. Noch einmal: nichts gegen Karriere. Aber überschlagen Sie die Kosten. Sich morgens im Spiegel anschauen zu können, mit ruhigem Gewissen zu schlafen und aufrecht durchs Leben gehen zu können, ist von unschätzbarem Wert. Wenn Sie all das mit Ihrer Laufbahn vereinbaren können, herzlichen Glückwunsch! Starten Sie durch und geben Sie Gas und freuen Sie sich über das Erreichte. Wenn nicht, schauen Sie, dass Sie nicht »vom Regen in eine Traufe kommen«, die von außen und auf den ersten Blick gar nicht wie eine Traufe aussieht.

Auch wenn Sie gerade nicht vor einem Karriereschritt stehen, sollten Sie sich einmal überlegen, wo Sie am Ende Ihrer Laufbahn/Ihres Berufslebens stehen wollen. Was wünschen Sie sich, dass Kollegen und Kameraden über Sie sagen, wenn Sie in den Ruhestand wechseln? Die Möglichkeiten, in Feuerwehr, Polizei und Rettungsdienst wirklich steil Karriere zu machen, sind oft begrenzt. Meistens ist ein Karriereschritt mit einem Wohnortwechsel (zumindest bei der Polizei) oder einer zusätzlichen Ausbildung (häufig bei der Feuerwehr) verbunden. Solche Entscheidungen sind immer komplexer als gedacht und für Sie persönlich und Ihre Familie von so großer Tragweite, dass Sie ein Hilfsmittel für Ihre Überlegungen benutzen sollten (▶ Tabelle 3). Bauchentscheidungen sind nicht zu empfehlen. Berücksichtigen Sie bei Ihren Entscheidungen, dass sich im Laufe Ihres Lebens Prioritäten verschieben können, auch wenn Sie sich das als junger Mensch im Augenblick nicht vorstellen mögen.

Beachten Sie außerdem, dass der Faktor Einkommen/Geld dem sogenannten »abnehmenden Grenznutzen« unterliegt. Das heißt: Ab einem bestimmten Einkommen und wenn Ihre Grundbedürfnisse erfüllt sind, ist es unwichtig, ob und wieviel Sie mehr verdienen. Mehr Einkommen führt dann nicht zu mehr Zufriedenheit. Es kann sogar das Gegenteil der Fall sein. Drücken Sie Ihre Wertschätzung gegenüber Ihrer Partnerin/Ihrem Partner dadurch aus, dass Sie sie oder ihn in Ihre Entscheidungen einbeziehen, und zwar ergebnisoffen! Wenn Sie das nicht nur anstandshalber tun, haben Sie später einen Rückenhalt, wenn sich die Dinge anders entwickeln als gedacht. Seien Sie kritisch und skeptisch, auch gegen sich selbst. Wir alle haben ein riesiges Potenzial für Selbsttäuschung in uns, und zwar für Entscheidungen, die vor und hinter uns liegen. Wir reden uns Dinge schön und sind erstaunlich unrealistisch. Alles in allem sollten Sie mit der nachfolgend vorgestellten Methode zu besseren Entscheidungen kommen, auch in Bezug auf Ihre Laufbahn oder Karriere.

Aufgabenstellung

Wenn Sie für Ihren Entscheidungsprozess ein Hilfsmittel benutzen, umgehen Sie die sehr menschliche Tendenz, sich selbst etwas vorzumachen. Ich selbst habe diese einfache Methode oft benutzt und empfohlen. Hier die Anleitung:

1. Nehmen Sie sich eine kleine Auszeit, ein leeres Blatt Papier oder öffnen Sie eine neue Datei (Excel) und legen eine Tabelle an mit mindestens zwanzig Zeilen und vier Spalten.
2. In Spalte 1 tragen Sie möglichst vollständig alle Kriterien ein, die für Ihre persönliche Entscheidung relevant sind. Das könnten v. a. sein: tatsächlich erzieltes Einkommen, Fahrtzeit von und zur Arbeit, Arbeitszufriedenheit, geistige Auslastung, Arbeitsbelastung (bezogen auf das Lebensalter), Renteneintritt, Zeit für die Familie, Flexibilität usw. Nehmen Sie sich Zeit dafür, denn viele Kriterien fallen Ihnen nicht spontan, sondern erst beim längeren Nachdenken ein.
3. Diese Faktoren aus Spalte 1 sind natürlich nicht alle gleichermaßen wichtig. Daher können Sie in Spalte 2 einen Gewichtungsfaktor vergeben. Sie können das wie folgt machen: Faktor 1 – wichtig, Faktor 2 – sehr wichtig, Faktor 3 – hochwichtig. Damit multiplizieren Sie später die Werte in den Spalten rechts. Wenn Ihnen v. a. »Zeit für die Familie« hochwichtig ist, vergeben Sie Faktor 3. Ein präziseres Ergebnis erreichen Sie mit fünf oder zehn Gewichtungsfaktoren.
4. In den Kopf der Spalte 3 gehört der Titel von Variante 1, der Ihren aktuellen Status widergibt (v. a. »Status quo« oder »Alles beim Alten lassen«)
5. In den Kopf der Spalte 4 gehört die Alternative zu Spalte 2 (v. a. »Zur Stelle XY wechseln«). Gibt es für Sie im Moment mehrere Alternativen zum Status quo, fügen Sie jeweils eine weitere Spalte an.
6. Füllen Sie die Tabelle erst jetzt mit Zahlenwerten. Vergeben Sie nach eigenem Ermessen Punkte je nach Gewicht. Beachten Sie unbedingt, dass sich Prioritäten ändern können. Zum Beispiel kann Ihnen das Kriterium

»Zeit für die Familie« momentan 6 Punkte wert sein. Wenn in ein paar Jahren die Kinder »aus dem Haus« sind, können es nur noch 3 sein.

7. Ganz zum Schluss und ohne vorher danach zu schielen, bilden sie die Summe aus den Werten in den einzelnen Spalten, die vorher mit dem Gewichtungsfaktor multipliziert wurden. Die Spalte mit den meisten Punkten ist Ihr Favorit. Je größer die Punktedifferenz zwischen den Varianten, desto leichter sollte Ihnen Ihre Entscheidung fallen.

Tabelle 3: ***Karriereoptionen***

Merkmal	Gewichtungsfaktor	jetzige Stelle behalten	andere Stelle beim selben Dienstherrn/ Arbeitgeber	neue Stelle bei anderem Dienstherrn/ Arbeitgeber
Arbeitszufriedenheit	2	6	2	4
Familienfreundlichkeit	3	6	6	3
Kosten für das Pendeln	1	3	3	1
Faktor X	x	x	x	x
Faktor Y	y	y	y	y
Summe		44	48	37

Herzlichen Glückwunsch: Jetzt haben Sie ein objektiviertes Ergebnis. Nach dieser kleinen Mühe haben Sie mehr erreicht, als in vielen durchgrübelten Nächten. Vergessen Sie nicht, diese Tabelle mit Ihrer Partnerin/Ihrem Partner zu besprechen. Vielleicht wollen und müssen Sie Kriterien hinzufügen oder Werte korrigieren – oder es erscheinen ganz neue Optionen am Horizont!

Literatur-Tipp

Haag, Barbara: Authentische Karriereplanung – Mit der Motivanalyse auf Erfolgskurs, Springer Sachbuch, Springer Verlag, 2020.

2 Selbstführung und Psychologie

2.1 Fragen zur Selbstreflexion

Tabelle 4: *Fragen zur Selbstreflexion 2 – Selbstführung und Psychologie*

Nr.	Frage	Ja / Nein / Weiß nicht
1	Ist Ihnen klar, dass Sie als Führungskraft bewusst auf sich selbst achten und sich selbst führen müssen?	
2	Ist es für Sie nachvollziehbar, wenn jemand für die Karriere/die Laufbahn sein Privatleben opfert?	
3	Sehen Sie bei sich selbst einen Zusammenhang zwischen Ihrem Privatleben und Ihrem Führungsverhalten?	
4	Gehen Sie davon aus, dass Sie kreativ sein können, auch wenn Ihr Alltag hektisch und übermäßig ausgefüllt ist?	
5	Wissen Sie, was Sie in Ihrer Arbeit innerlich antreibt; kennen Sie Ihre wirkliche Motivation?	
6	Arbeiten Sie auch dann weiter, wenn niemand zusieht und Ihre Ergebnisse wertschätzt?	
7	Meinen Sie, dass die fachlichen Anforderungen in Beruf und Ehrenamt in den letzten Jahren angestiegen sind?	
8	Meinen Sie, dass Sie den fachlichen Anforderungen Ihrer Arbeit auf Dauer gut gewachsen sein werden?	
9	Haben Sie selbst eine besondere Methode, wie Sie sich immer wieder fachlich fit halten?	
10	Haben Sie den nötigen Abstand zu Problemen und eine gewisse Härte, um Führungskraft sein zu können?	
11	Sind Sie sehr harmoniebedürftig und versuchen Sie, es allen Recht zu machen?	
12	Würden Sie von sich selbst sagen, dass Sie ein disziplinierter und strukturierter Mensch sind?	
13	Merken Sie bei sich selbst, wie Ihre Führungsarbeit Sie seelisch und körperlich belastet?	

Tabelle 4: ***Fragen zur Selbstreflexion 2 – Selbstführung und Psychologie (Fortsetzung)***

Nr.	Frage	Ja / Nein / Weiß nicht
14	Werden Sie im Urlaub/im Dienstfrei/in Ihrer Freizeit nervös und unruhig, wenn es einmal nichts zu tun gibt?	
15	Ertappen Sie sich manchmal dabei, wie Sie nutzlose Dinge einfach tun, um Leerlauf und Langeweile zu vermeiden?	

2.2 Hab Acht auf Dich selbst – Selbstführung

Zielsetzung der Einheit

Nachdem es in den vorangegangenen Einheiten um allgemeine Grundlagen der Menschenführung ging, folgen nun wichtige Inhalte zum Thema Selbstführung und Psychologie. Das erste Unterkapitel beschäftigt sich mit der Notwendigkeit, sich selbst zu führen und ist vermutlich das persönlichste des ganzen Buches. Es wird ein wichtiger Zusammenhang verdeutlicht, der in der Praxis oft zu wenig beachtet und gerne ausgeblendet wird: Wer andere Menschen führen will, muss zuerst sich selbst führen wollen und können. Man kann es auch umgekehrt formulieren: Nur wer sich selbst führen kann, kann und sollte auch andere Menschen führen. Erfahren Sie in diesem Abschnitt, was das genau bedeutet und lernen Sie, diesen einfachen Zusammenhang bei sich und anderen zu beobachten und zu beachten.

Wer andere beherrschen will, muss sich selbst beherrschen.
Karl Martell

Habe acht auf dich selbst und auf deine Lehre.
Paulus an Timotheus, Die Bibel, 1. Timotheus 4,16

Wenn es Deinen inneren Frieden kostet, ist es zu teuer.
Unbekannt

Erlebte Geschichte aus dem Rettungsdienst

Es war Montagmorgen; die Nachtschicht war ruhig gewesen. Nur drei Einsätze, wovon bei zweien keinerlei Material vom Rettungswagen entnommen werden musste. Mit seinem Kaffee saß er im Lager der Wache und sortierte das wenige Sanitätsmaterial in einen kleinen Korb, um es später im Rettungswagen aufzufüllen.

Das war eigentlich nicht seine Aufgabe, aber er war ohnehin immer früh auf den Beinen. In der morgendlichen Ruhe begannen seine Gedanken um alles Mögliche zu kreisen. Ein freier Tag und die neue Woche lagen vor ihm. Ansonsten hatten sich die Zeiten irgendwie geändert. Nicht, dass man es irgendwie beschreiben, beziffern oder mit Händen greifen könnte. Aber nach und nach und von ihm selbst beinahe unbemerkt war ihm alles – das heißt sein ganzes Leben – entglitten. Nur wenige Monate hatte es dazu gebraucht. Er war von seinem Sockel als angesehener Notfallsanitäter in seiner Rettungswache heruntergerutscht, obwohl er nach wie vor Praxisanleiter war und vor einem Jahr eine glänzende Notfall-Sanitäter-Prüfung hingelegt hatte. Ihm selbst kam es mehr als harter Sturz vor, weniger als sanftes Rutschen. Da nützte es auch nichts, dass die Praktikanten immer noch mit Bewunderung zu ihm hochblickten. Er kam immer häufiger unrasiert und unausgeschlafen zum Dienst, was ihm früher nie passiert wäre. Seine Kollegen begannen natürlich, hinter seinem Rücken zu reden. Man befürchtete schließlich, dass irgendwann ein Patient seine Fahrigkeit auszubaden hätte. Zwar hatte er bis heute seinen speziellen Rettungsdienst-Humor behalten, aber der Anteil an Sarkasmus in seinen Witzen war deutlich größer geworden. Seine Entscheidungsfreude im Einsatz war nicht mehr die alte; bei Ausbildungen wanderten seine Gedanken immer wieder zu seiner Familie, vor allem zu seinem Sohn. Niemals hätte er gedacht, dass ihn die Geschichte mit seiner Frau so aus der Bahn werfen könnte. Es war merkwürdig: Fremdgegangen war keiner von beiden, das Eigenheim war fertig, sie hatte beide einen halbwegs gut bezahlten Job. Sie würden ihr Häuschen noch fünfzehn Jahre abzahlen müssen; was aber geschieht im Falle einer Trennung? Und wann hatten die Probleme eigentlich angefangen? Diese Frage konnte er sich beim besten Willen nicht beantworten. Irgendwie hatten sie sich auseinandergelebt. Neuerdings traf seine Frau alte Schulfreunde in den sozialen Medien. Das hatte er mitbekommen und wer weiß, vielleicht waren es mehr als Schulfreunde? Auf seine Fragen erhielt er zuhause immer nur spärliche, ausweichende Antworten. Ihm war, als zöge es ihm die Beine weg; als würde er auf Treibsand stehen. Er fühlte eine grausame innere Leere; ein mächtiges Gefühl der Sinnlosigkeit machte sich in ihm breit. Die Gedanken kreisten auch im Dienst ständig um die »Baustellen« zuhause; sein Ehrenamt betrieb er nur noch, weil es keinen Besseren für die Aufgabe gab. – Wie ferngesteuert trug er den Korb zum Rettungswagen. Draußen begann der Lärm des morgendlichen Berufsverkehrs. Was würde ihn zuhause erwarten?

Theoretische Grundlagen

Ein Großteil der Führungsarbeit besteht aus dem Lösen von Problemen und Konflikten. Auseinandersetzungen auf der Arbeit sind dabei meist deutlich leichter zu verkraften als Streit und Unfrieden zuhause. Private Probleme können einem den Boden unter den Füßen wegziehen und sind wahrscheinlich häufiger die Ursache für Führungsfehler im dienstlichen Betrieb, als wir alle annehmen. In jedem Fall wirken sich Sorgen und Probleme im Privatbereich auf das Führungsverhalten aus. Es ist kaum machbar, das Eine vom Anderen sauber zu trennen. Am leichtesten zu beobachten, ist dieser Zusammenhang bei Anderen: bei Mitarbeitern und Vorgesetzten. Nicht wenige männliche Kollegen lassen in der Dienststelle »die Sau raus«, weil sie zuhause »unterm Pantoffel stehen«. Das Umgekehrte gilt aber auch: Wer ein erfülltes und zumindest halbwegs glückliches Privatleben hat, kann im Dienst ausgeglichen und berechenbar führen. Nur so kommt die zu Recht erwartete Professionalität im Dienst zustande.

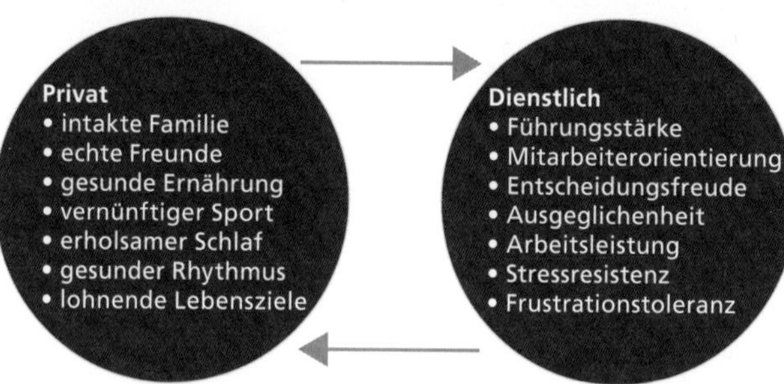

Bild 7: ***Selbstführung – Zusammenhänge im dienstlichen und privaten Bereich***

Es gibt also einen nicht zu leugnenden Zusammenhang zwischen meinem Innenleben und meinen Beziehungen im Privaten zu meinem Führungsverhalten im Dienst. Um das Zitat von Karl Martell oben auf eine brutal einfache Formel zu bringen: »Wer sich selbst nicht führen kann, kann auch andere nicht führen«. Der Begriff »Selbstführung« ist dabei eine erstaunlich wenig strapazierte Vokabel. Es wird kaum oder nie darüber gesprochen; für viele (nicht nur Nachwuchs-Führungskräfte) ist der Begriff an sich vollkommen neu. Was also ist damit gemeint?

Versuchen wir eine Definition: Sich selbst führen meint zunächst, die eigene Person und das eigene Leben im Griff zu haben; mit sich selbst im Reinen zu sein und auch privat in geordneten Verhältnissen zu leben. Perfektion wird dabei niemals erreicht, nur ein Zustand, dass man ausreichend ausgeglichen und ausbalanciert ist, dass man im dienstlichen Kontext seinen Aufgaben als Führungskraft zufriedenstellend nachgehen kann. Bei diesem Thema weiß ich nicht, wie es Ihnen als Leser bis hierher geht. Vielleicht betrachten Sie eine Abhandlung über diese Dinge als unzulässige Einmischung. Es ist jedenfalls sehr modern, Privates und Dienstliches strikt zu trennen. Das hat natürlich auch gute Gründe. Professionell ist es nicht, wenn

Privates unseren Dienst unzulässig beeinflusst. Die Dienststelle ist schließlich keine Einrichtung für Familientherapien. Es gilt neuerdings als professionell, wenn man (v. a. in einer Vorstellungsrunde) das Persönliche, das Familiäre ganz außen vorlässt. Wenn Sie selbst dieser Meinung sind und Ihnen diese saubere Trennung jederzeit gelingt, überspringen Sie einfach das Kapitel.

Beim Thema Selbstführung berührt man zwangsläufig einen wunden Punkt. Wenn es um Politiker oder Topmanager geht, sind wir selbst oft der Meinung, dass es gleichgültig ist, was sie privat treiben, solange nur die Arbeit ordentlich gemacht wird. Wenn jemand dreimal heiraten möchte, ist das seine Sache. Wenn jemand sein Geld im Bordell oder im Spielcasino durchbringt – bitteschön. Aber ist diese strikte Trennung von der Privat- und Öffentlichkeitsperson wirklich ehrlich? Kann man »dienstlich« und »privat« wirklich so sauber auseinanderhalten? Wer sich privat nicht im Griff hat und moralisch über die Stränge schlägt, ist derjenige dann im dienstlichen Kontext vertrauenswürdig? Fordert nicht das Beamtenrecht sogar einen Grad von Integrität, und zwar in der gesamten Lebensführung (»hergebrachte Grundsätze des Berufsbeamtentums«, Art. 33, Abs. 5, GG)? Und kann man das nicht auch sinngemäß auf unsere Ehrenämter übertragen, auch wenn das dort nicht so explizit gefordert wird?

Graben wir noch etwas tiefer. In unserer Gesellschaft erleben wir heute ein merkwürdiges Paradox: Wir haben zumeist eine Vorstellung davon, wie unser Leben verlaufen sollte und sehnen uns nach Ausgeglichenheit, Ganzheitlichkeit, Harmonie und nach intakten Familien (trotz moderner Rollenbilder). In der Praxis bekommen wir es immer seltener auf die Reihe. Die hohen Scheidungsraten sprechen für sich; in den Blaulichtorganisationen sind sie deutlich höher, als im Bevölkerungsdurchschnitt. Erschwerend kommt hinzu: Keine gesellschaftliche Institution ist in den letzten Jahrzehnten so unter Beschuss geraten, wie Ehe und Familie, woran wir Männer mitschuldig sind. Durch die aktuellen Geschlechterdebatten sind beide Geschlechter in ihren Rollen extrem verunsichert und es gibt heute gesellschaftliche Kräfte, die das Miteinander von Frauen und Männern zum dauerhaften Kriegsschauplatz deklarieren. Es ist eigentlich ein unheilvoller Wiederaufguss des von Karl Marx beschriebenen Klassenkampfes; nur diesmal geht es nicht um den Kampf »Proletariat gegen Bourgeoisie«, sondern um den Dauerkampf zwischen den Geschlechtern. Dabei können beide Seiten (und der Nachwuchs) nur verlieren und daher ist eine Rückbesinnung auf traditionelle Familienvorstellungen (ganz ohne Romantisierung) keine schlechte Idee.

Die sozialen Medien spielen bei unserem Thema eine zwiespältige Rolle. Sie ermöglichen uns einerseits, ständig Kontakt zur Familie zu halten, sind aber eben zugleich auch Ablenkung und Versuchung. Für Ihren langfristigen Erfolg als Führungskraft ist aber gerade ein harmonisches Familienleben existenziell wichtig. Wir alle brauchen einen Rückzugsraum und eine Kraftquelle. Obwohl Familie zu haben natürlich auch Arbeit bedeutet, ist das gemeinsame Abendessen zuhause (ohne Fernsehen und Smartphone am Tisch) oder die Gute-Nacht-Geschichte mit den Kindern oft die einzige Kraftquelle in turbulenten Zeiten.

Dieses Buch ist nun kein Eheratgeber und will keine allzu klugen Hinweise geben, wie Sie Ihr (Beziehungs-)Leben in den Griff bekommen. Es will lediglich auf diesen wichtigen Zusammenhang hinweisen, da der für zu viele Führungskräfte im Dunkeln zu liegen scheint. Schon allein das kann hilfreich sein, wenn es Ihnen selbst den Boden unter den Füßen wegzieht, aber auch bei Ärger mit dem Chef. Suchen Sie sich Hilfe und Unterstützung bei guten Freunden, wenn das ihr Problem ist!

Potenzielles Opfer von Beziehungskrisen im Privatbereich sind Menschen, die ihren Lebenssinn v. a. im Ehrenamt oder im Beruf suchen oder sich übermäßig mit ihrem Beruf identifizieren. Wir alle sind anfällig, da wir zum großen Teil aus Überzeugung Feuerwehrleute, Rettungsdienstler und Polizisten geworden sind. Es gibt in unseren Behörden und Organisationen Tausende von Geschädigten, die von der Ehefrau oder Freundin vor die Tür gesetzt wurden, weil die Arbeit (auch im Ehrenamt) wichtiger wurde als die Partnerin. Erst verdrängten die gesammelten Feuerwehr-Utensilien die Frau aus dem gemeinsamen Leben, der exzessive Sport oder die dauernden Überstunden, nun kehrt die »bessere Hälfte« den Spieß um. Lassen Sie sich warnen: Es ist heute längst nicht mehr nur der Mann, der Beziehungen beendet. Immer häufiger orientieren sich die Frauen neu und machen dem Spuk ein Ende, von dem der aufopfernde Partner (scheinbar) gar nichts mitbekam und für den nun eine Welt zusammenbricht.

Bei Lichte besehen ist es häufig einfach nur die (nicht mehr) gemeinsam verbrachte Zeit, die der Urgrund für viele Konflikte ist. Eine Binsenweisheit: Womit Sie Ihre Zeit verbringen, sind die Dinge, die Ihnen wichtig sind. Dabei kommt es nicht nur auf die Menge, sondern auf die Qualität an. Zum zweiten ist es auch die psychische Belastung in unserer »Branche«, die v. a. bei Männern zum Rückzug aus der so wichtigen Kommunikation in der Ehe und in die »Emigration zur Bierflasche« führt. Diesen Zusammenhang muss man anerkennen, auch wenn man ihn bei sich selbst nicht ausmacht und Leichenteile, Blutbäder und Brandopfer einem sonst nicht den Schlaf rauben. Nicht zu unterschätzen und ggf. demoralisierender als das erlebte Leid und Elend sind v. a. im Rettungsdienst und in den Leitstellen die hohe Zahl der fordernd auftretenden Patienten ohne wirkliche Indikation für einen Rettungseinsatz.

Zusammenfassend: Auch wenn Sie die Arbeit in Ihrer Organisation oder Behörde für den schönsten Beruf bzw. das schönste Ehrenamt halten: Der Beruf bzw. das Hobby eignet sich schlecht als alleiniger und letzter Lebenssinn. Ihr Arbeitgeber/Ihr Dienstherr bzw. Ihre Feuerwehr wird nicht bei Ihnen sein, wenn Sie allein sind und Sie nicht im Altenheim besuchen kommen (mit Ausnahme vielleicht der Einzelpersonen, mit denen Sie Kameradschaft gepflegt haben). Es gibt noch ein anderes Leben da draußen. Auch wenn Sie es nicht glauben möchten: Die Rettung der Welt liegt nicht in Ihren Händen. Auch Sie sind ersetzbar. Auch auf Sie kann die Welt (zumindest eine Zeitlang und unter Schmerzen) verzichten. Das Amt hat keine Seele. Falls Sie das nicht glauben möchten, stellen Sie sich folgende unschöne Situation vor: Sie liegen nach einem Herzinfarkt im Krankenhaus und erfahren, dass Sie zukünftig nur noch vier Stunden täglich arbeiten dürfen. Worauf kommt es Ihnen an?

Aufgabenstellung
Passen Sie als Führungskraft und Vorgesetzter nicht nur auf Ihre Kollegen und Kameraden auf, sondern auch auf sich selbst! Für die Aufgabe zum Thema brauchen Sie wiederum Zeit und Ruhe. Sie sollten (vielleicht mit gehörigem Abstand zum Alltag) einmal den Zusammenhang zwischen persönlicher Lebensführung und den Auswirkungen auf das Führungsverhalten analysieren. Möglicherweise wird diese Aufgabe zu einer Mutprobe für Sie, vielleicht zu einer Offenbarung. Reden Sie auch mit Ihrer Partnerin/Ihrem Partner, wobei Sie die Technik des »aktiven Zuhörens« anwenden sollten:

- Haben Sie gemeinsame Ziele, auch außerhalb der »Alltagsdinge«?
- Wo wollen Sie gemeinsam hin? Wo sehen Sie sich in zehn Jahren?
- Welche Rolle spielen Ihr Beruf und Ihr Ehrenamt dabei?
- Was davon ist verhandelbar; was hat die oberste Priorität?
- Welche Werte sind wichtig; im Dienst und privat?
- Was dachten Sie, was dem Anderen wichtig ist; was davon ist ein Trugschluss?

Diese Ziele für das Privatleben sollten weitergefasst, höhergesteckt und mehr sein als der zweite Fernseher für das heimische Schlafzimmer. Es sollten keine Ziele sein, die bei ihrer Erfüllung nur neue Wünsche wecken und nach kurzer Zeit nur ein schales Gefühl der Unzufriedenheit zurücklassen. Materielle Dinge sind als letzte Ziele ungeeignet, da sie dem »abnehmenden Grenznutzen« unterliegen und ständig nach Steigerung schreien. Besser geeignet sind Ziele, mit denen Sie nie wirklich fertig werden: »Ich will für meine Kinder immer ansprechbar und ein guter Zuhörer sein.« »Ich will in meinem Umfeld ein Klima des Vertrauens schaffen.« »Ich will mir anvertraute Anwärter und Auszubildende auf ihrem Lebensweg unterstützen.«

Fragen Sie ggf. auch enger befreundete Kameraden/Kollegen nach ihrer Meinung. Nachdem Sie dies getan haben, verstehen Sie sicher manche Verhaltensweisen und Reaktionen besser. Graben Sie tiefer, fangen Sie klein an und ändern Sie Dinge. Kaufen Sie Ihrer Frau Blumen. Seien Sie ein guter Zuhörer. Spielen Sie mit Ihren

Kindern und machen Sie ihnen Mut. Kümmern Sie sich um Ihre Familie und haben Sie ein gutes Gewissen dabei.

Literatur-Tipp

Drath, Karsten: Die Kunst der Selbstführung – Was Führungskräfte über Resilienz wissen sollten, Haufe Taschen-Guide, 2019.

2.3 Warum tue ich mir das an? – Inspiration und Motivation

Zielsetzung der Einheit

Die Frage nach der Motivation, v. a. dem letzten Grund Ihres Engagements in Beruf und Ehrenamt, hat sehr viel mit Selbstführung zu tun und bestimmt hintergründig Ihre täglichen Entscheidungen und Ihre Arbeitsleistung, neudeutsch Ihren »Output«. Das geht natürlich auch allen Ihren Kollegen und Kameraden so. Sie sollten nicht erst über das Thema Motivation nachdenken, wenn Ihre Freude an der Arbeit schwindet oder Probleme und Schwierigkeiten Ihnen die Tätigkeit in Ihrer Behörde oder Organisation schwermachen. Vielmehr sollten Sie sich so gut kennen, dass Sie wissen, was Ihr eigentlicher Antrieb ist. Im Hauptamt lässt die Antwort auf die Frage nach der Motivation bereits im Einstellungsgespräch Rückschlüsse zu, wie gut jemand in seinem Beruf sein wird. Im Ehrenamt spielt die Frage nach der Motivation auch bei der Werbung neuer Mitglieder eine große Rolle. Ihre eigenen Antriebe und die Ihrer Mitarbeiter zu kennen und zu verstehen, ist Ziel dieser Einheit.

Wenn du ein Schiff bauen willst, dann trommle nicht Männer zusammen, um Holz zu beschaffen, Aufgaben zu vergeben und die Arbeit einzuteilen, sondern lehre sie die Sehnsucht nach dem endlosen Meer.
Antoine de Saint-Exupéry

Die Inspiration ist ein solcher Besucher, der nicht immer bei der ersten Einladung erscheint.
Pjotr Iljitsch Tschaikowski

Wer ein Warum zu leben hat, erträgt fast jedes Wie.
Friedrich Nietzsche

Erlebte Geschichte aus der Feuerwehr

Heute Morgen hatte er ein gewaltiges Motivationsproblem. Er ertappte sich dabei, wie er dauernd die Nachrichten auf seinem Handy und die Social-Media-Accounts anderer Feuerwehren durchstreifte. Es war fast Mittag und er hatte an diesem halben Arbeitstag noch nichts Verwertbares zustande gebracht. Eigentlich hatte er vorgehabt, die strategische Neuausrichtung und die Umstrukturierung seiner Abteilung zu planen. Dafür war er früher als sonst zum Dienst erschienen. Das Whiteboard hing noch peinlich sauber an der Wand und die Stifte lagen unberührt auf seinem Schreibtisch. Mit vielen Vorsätzen und Ideen hatte er seine neue Stelle als Abteilungsleiter in der Berufsfeuerwehr angetreten; die Notwendigkeit für die Neustrukturierung lag auf der Hand. Zwei Wochen hatte es gebraucht, dann hatten sich seine guten Vorsätze in Wohlgefallen aufgelöst. Gleich frühmorgens war ihm ein ehemaliger Kollege über den Weg gelaufen, der sich – frisch pensioniert – bei ihm über die Idiotien seines Vorgängers ausgelassen hatte. Der Pensionär war nur in der Dienststelle erschienen, um seine Dienstkleidung abzugeben, hatte sich aber als ausgesprochener »Energie-Staubsauger« entpuppt. Er hatte nichts mehr zu befürchten, beschwerte sich über die dürftige Verabschiedung in seinen Ruhestand seitens des Amtes und hatte anschließend eine moralische Spur der Verwüstung durch das Amt angetreten, indem er die Mitarbeiter der Stabsstelle und die Wachabteilung unten durch aufgezwungene Gespräche als seelische Mülleimer benutzte. Bei Lichte betrachtet waren manche seiner Beschwerden nicht ganz aus der Luft gegriffen. Die Älteren kannten ihn noch als eifrigen Dienstanfänger, aber irgendwie hatte sich im Laufe der Jahre ein Schleier der Demotivierung über sein Berufsleben gelegt. Er war bei einer Beförderung schlicht vergessen worden und war bedingt durch ständige Umstrukturierungen gezwungenermaßen durch viele Sachgebiete und Abteilungen gewandert. Er war nie wirklich nach seiner Meinung gefragt worden und zu allem Überfluss waren auch »karrierebewusste Günstlinge« bei den Beförderungen an ihm vorbeigezogen. – Die Mitteilung des Leiters Innendienst über die Durchsageeinrichtung informierte über die Mittagspause. Hunger verspürte er noch nicht und ohnehin würden ihn wieder tausend dienstliche Kleinigkeiten seinen Kantinenbesuch vermiesen. Und der Speisenplan verhieß nicht viel Abwechslung im Vergleich zum Menü der Vortage. Er hatte sich gründlich satt und ertappte sich schon wieder mit seinem Handy. Angeblich werden beim Checken der Nachrichten Glückshormone ausgeschüttet. Er musste sich in den Griff kriegen. Schließlich lief der Laden trotz der täglichen Probleme und seine Besoldung als Schmerzensgeld zu bezeichnen, wäre wirklich frevelhaft. Er schaffte bei seiner täglichen Arbeit immer nur die Hälfte dessen, was er sich vorgenommen hatte, aber die Hälfte war besser als nichts. Hartnäckigkeit würde er brauchen, um seine Ideen umzusetzen. Viel reden würde er müssen. Aber über allem brauchte er einen Grund, warum es die Sache und die Kämpfe wert sind und diesen Grund würde ihm sein Dienstherr nicht liefern.

Theoretische Grundlagen

Steigen wir nach der erlebten Geschichte mit einigen Grundlagen zum Thema Motivation in dieses Kapitel ein: Alles in unserer Welt geschieht nach dem Prinzip von Ursache und Wirkung. Überall, wo sich etwas bewegt, gibt es einen Grund dafür. Das gilt für die physische Welt, die den Gesetzen der Physik unterliegt, aber auch für die unsichtbare Welt der menschlichen Seele, der Psyche, der Gedanken und Gefühle. Es ist immer eine Mischung aus mehreren Gründen, die uns antreibt, etwas Bestimmtes zu tun oder zu lassen. Für die Arbeitswelt gibt es ein ganzes Spektrum unterschiedlicher Antriebe, von der bloßen Existenzsicherung (Geld verdienen, eine Familie ernähren) bis zur Selbstverwirklichung (Sinnvolles tun, Wertvolles schaffen). Dicke Bücher sind darüber zur Genüge geschrieben worden.

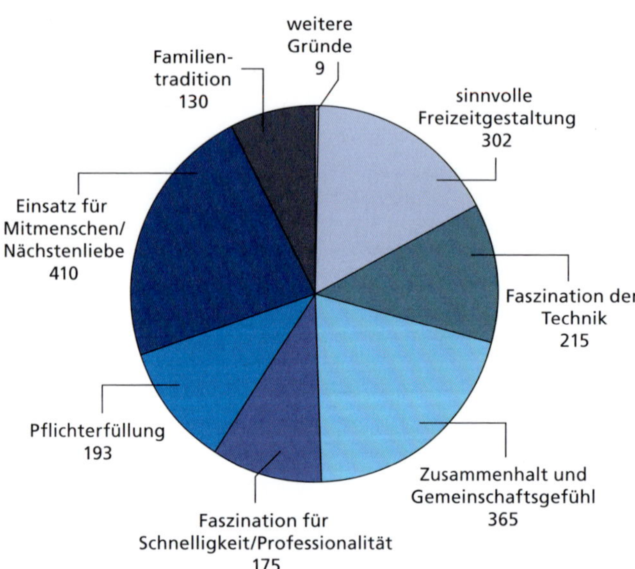

Bild 8: ***Motivation für die Mitarbeit in einer Freiwilligen Feuerwehr (Quelle: Umfrage des Autors mit 1 000 Umfrageteilnehmern, 2010)***

Bei dem Thema »Motivation« lässt sich in der Berufspraxis ein Paradoxon beobachten: Wenn man die Zähne zusammenbeißen muss, wenn es richtig viel Arbeit gibt und wenn Entbehrungen anstehen, stellt sich die Frage nach dem Warum der Arbeit kaum oder gar nicht. Dann funktionieren wir einfach. Man kennt das aus dem Wachalltag der Berufsfeuerwehren: Unzufriedenheit kommt immer dann auf, wenn kaum Einsätze zu fahren sind, wenn man die Beine einmal hochlegen kann, wenn es einem rundum gut geht. Sich selbst und andere stets mit Arbeit zu überhäufen, damit die Frage nach der Sinnhaftigkeit des Tuns, nach der wirklichen Motivation gar nicht erst hochkommt, wäre aber sicher der falsche Ansatz. Vielmehr sollte man die Warum-und-Wozu-Frage immer wieder einmal ehrlich beantworten. Wenn die Frage nach dem Warum auch grundsätzlich beantwortet ist (Qualität), bleibt immer noch die Frage, warum man mehr tun sollte als Andere (Quantität); warum man die manchmal verlangte Extra-Meile gehen sollte (ein abgedroschener Begriff aus der Wirtschaft).

Gelegentlich stellt sich für alle Führungskräfte, natürlich auch im Ehrenamt, die Frage, warum man sich das alles eigentlich antue. Auch hier kommt merkwürdigerweise diese Frage nicht im Eifer der täglichen Gefechte auf, sondern wenn man (vielleicht zwangsweise, v. a. durch eine Krankheit) zur Ruhe gezwungen ist. Vielleicht schleicht sich diese Frage sehr hintergründig durch die eigenen Gehirnwindungen, wenn man erfahren musste, dass »Undank wirklich der Welten Lohn ist«. Die Antwort bleibt dann häufig aus und manch einer kaut Jahrzehnte an dieser Frage, wie an einem harten, trockenen Stück Brot. Andere haben einfach hingeschmissen oder »die Flinte ins Korn geworfen«, weil auch sie beim besten Willen keine Antwort darauf finden konnten.

Wenn man über Motivation spricht, eine zweite Binsenweisheit: Jeder hat eine. Auch der größte Altruist (der Selbstloseste) und Philanthrop (Menschenfreund) wird bei seinem Tun von irgendeiner rätselhaften Kraft angetrieben. Keine Wirkung ohne eine Ursache. Rauch zeigt Feuer an, wie die alten Römer sagten. Im (Freiwilligen) Feuerwehrbereich sind das v. a. folgende Motive, die beim Einzelnen meist in Kombination vorhanden sind: Die Möglichkeit einer sinnvollen Freizeitgestaltung, die Suche nach Anerkennung und Ehre, die Faszination für Technik, die Begeisterung für Schnelligkeit und Professionalität, der Zusammenhalt bzw. das Gemeinschaftsgefühl, gelebte Familientradition, Pflichterfüllung, eine humanistische Gesinnung (»Einer für alle, alle für Einen«), christliche Nächstenliebe (»Handeln für Gottes Lohn«). Bei Auszeichnungsveranstaltungen werden meist nur die ehrenwerteren Motive hervorgehoben und angesprochen, ehrlicherweise spielen die anderen genannten eine mindestens ebenso große Rolle.

Zunächst ist es für jede Führungskraft spannend zu entdecken, welcher Urgrund des Handelns bei sich selbst und beim Anderen wirklich dahintersteckt. Hier ist festzuhalten, dass die wirklichen Motive nicht an der Oberfläche liegen und kaum oder nie kommuniziert werden. Im Beispiel ausgedrückt: Wer immer betont, auf Dienstgrade, Orden und Ehrenzeichen keinen Wert zu legen, sich aber hinter vorgehaltener Hand beschwert, bei der letzten Auszeichnungsveranstaltung wieder einmal vergessen worden zu sein, sagt damit viel über seine Motivation aus.

Natürlich wandeln sich auch die Motivatoren beim Einzelnen über die Jahre und Jahrzehnte. Ist es bei einem jüngeren Kameraden der Feuerwehr v. a. die Faszination der Technik und der Schnelligkeit, wechselt der Hauptgrund vielleicht in einer persönlichen Lebenskrise später zur Zusammengehörigkeit und zum Gemeinschaftsgefühl in der (Freiwilligen) Feuerwehr. Wichtig für die Zukunft: Die durch Selbstaufgabe, Pflichterfüllung und Familientradition Motivierten in unseren Reihen werden deutlich weniger. Man will heute auch im Ehrenamt wachsen, nicht stehenbleiben, profitieren, etwas Bereicherndes erleben. Es ist durchaus eine Überlegung wert, was diese Tatsache für das Ehrenamt in Rettungsdienst und Feuerwehr bedeutet. Unseren mehr als einer Million Ehrenamtlichen in den Feuerwehren und Hilfsorganisationen stehen tausende von demotivierten, enttäuschten ehemaligen Kameraden und Kollegen gegenüber. Diese meist sehr gut ausgebildeten Ehemaligen, die den Organisationen den Rücken gekehrt haben, stellen mit ihrem brachliegenden Potenzial einen gewaltigen Verlust für die Organisationen dar. Die Austrittsmotive im Blaulichtbereich liegen nach meiner Beobachtung in den allermeisten Fällen in zwischenmenschlichen Konflikten und Führungsfehlern. Sprechen Sie also ausgetretene Mitglieder an, hinterfragen Sie die Austrittsgründe und lösen Sie die Probleme, wenn das in Ihrem Einflussbereich liegt. Der Vorteil liegt auf der Hand: Wenn Sie als Führungskraft einzelne ehemalige Mitglieder zurückgewinnen können, bekommen Sie fertig ausgebildete Leute und können die Vorlaufzeit der Grundausbildung einfach vergessen. Demotivierung ist also ein schleichender Prozess, den Sie selbst möglicherweise nicht ganz durchschauen. Die Kenntnis der eigenen Motive dagegen kann Sie vor mancher Enttäuschung bewahren.

Und ein weiterer wichtiger Hauptgedanke: Wer motivieren will, muss Sinn bieten. Sinn entsteht nicht von selbst und wird nicht von allen Menschen gleichermaßen selbst entdeckt, wie das bei Ihnen als gute Führungskraft der Fall sein mag. Daher ist es die Aufgabe einer Führungskraft, Sinn »zu stiften«. Wie kann das gelingen? Was »macht Sinn«? Sinn entsteht immer dort, wo eine (manchmal unbedeutend erscheinende) Tätigkeit in einen größeren Rahmen gestellt wird. Am Beispiel:

Als Rettungssanitäter fahre ich nicht nur den Rettungswagen, schleppe Geräte und Rucksäcke zum Patienten und messe Blutdruck, sondern ich rette in und mit meinem Team Menschenleben. Als Wachenleiter stelle ich die Arbeitsfähigkeit sicher und führe mein Personal, damit es den täglichen Herausforderungen bestmöglich begegnen kann.

Als Polizist nehme ich nicht nur Unfälle und Anzeigen auf, ärgere mich mit Streitsüchtigen und lasse mich beschimpfen, sondern schütze die öffentliche Sicherheit und Ordnung. Als Revierleiter bin ich Vorbild und biete den Kollegen den nötigen Rückenhalt, damit sie in ihrem Bereich für ein Höchstmaß an Sicherheit sorgen können.

Als Feuerwehrmitglied lösche ich nicht nur Brände und räume Äste von der Straße, sondern mache meine Heimatgemeinde ein bisschen sicherer. Als Feuerwehrchef stelle ich den Betrieb sicher und bereite meine Feuerwehr durch strategisches Denken auf die Zukunft vor.

Alle drei Beispiele haben eine Gemeinsamkeit: Dem Grunde nach läuft mein Handeln jeweils auf das alltägliche Dienstgeschäft hinaus, bekommt aber einen größeren Zusammenhang und wirkt dadurch motivierend. Das ist die Botschaft des (im Zusammenhang mit dem Thema Motivation ständig angeführten Zitats) von Antoine de Saint-Exupéry am Kapitelanfang. Meinen Alltag kann ich meist nicht ändern, meine innere Einstellung schon. Und weil Führungskräfte ganz automatisch auch Vorbilder sind, sollte auch diese Tatsache als Motivationsfaktor zählen können. Gönnen Sie sich daher etwas Ruhe und gehen Sie in sich. Beantworten Sie schonungslos ehrlich die folgenden Fragen:

Aufgabenstellung

- Was war Ihre Motivation, als Sie genau diesen Beruf/dieses Ehrenamt ergriffen haben?
- Was ist im Laufe der Zeit daraus geworden, v. a. was ist heute Ihre Motivation in Ihrem Beruf bzw. Ehrenamt? Zeichnen Sie ein Diagramm mit einer »Motivationskurve«. Die x-Achse stellt Ihre Dienstjahre dar, die y-Achse die Stärke oder Höhe der Motivation.
- Was treibt Sie an? Im Beruf: Wofür arbeiten Sie (von der Besoldung/vom Gehalt einmal abgesehen)? Für die Antwort können Sie ▶ Bild 8 zu Hilfe nehmen, sofern Sie Feuerwehrmitglied sind.
- Welche Motivation können Sie bei Ihren Kameraden und Kollegen erkennen?
- Was motiviert Ihre besonders Aktiven (Ihren Stellvertreter, Ihre Führungskräfte und Funktionsträger)? Erschrecken Sie nicht, wenn die Motive nicht so selbstlos sind, wie Sie erwartet hatten.
- Glauben Sie, dass es auch ungute Motive für die Mitarbeit in einer Feuerwehr, bei der Polizei bzw. im Rettungsdienst gibt (Stichwort »Helfersyndrom«, übermäßiges Geltungsbedürfnis)? Welche Folgen haben diese eventuell? Wie kann man diese Motivation steuern?

- Wie hat sich über die Jahre die Motivation im Ehrenamt Ihrer Ansicht nach gewandelt? Wie müssen sich die Organisationen darauf einstellen? Was kann Ihre Organisation tun?

Wichtige Ergänzung
Abschließend: Was können Führungskräfte praktisch tun? Jeder Vorgesetzte hat die Aufgabe, Sinn zu stiften bzw. daran zu erinnern; je weiter oben in der Hierarchie, desto mehr. Dazu gehört nicht nur, bei Feierlichkeiten geschwollene Reden über den Edelmut in unseren Berufen zu halten, sondern im Arbeitsalltag Motivation durch »Führen durch Vorbild« vorzuleben. Wenn sich bei Ihnen selbst in Ihrem Berufsleben oder Ehrenamt mittlerweile eine Demotivation breitgemacht hat, lassen Sie sich sagen: Es liegt zu einem guten Teil an Ihnen selbst, den Sinn hinter Ihrer Arbeit sich wieder vor Augen zu führen. Wenn Ihre Vorgesetzten das nicht für Sie tun, beschweren Sie sich nicht darüber. Es fängt mit jedem selbst an. Ein Vorgesetzter soll Sinn stiften, aber es ist nicht Aufgabe des Dienstherrn oder Arbeitgebers, alle täglich »bei Laune zu halten«. Vielleicht wissen Sie nicht, was Sie bereits wissen: Dass Sie etwas Sinnvolles tun und dass Sie durch Ihre innere Einstellung Ihre Lebensumstände verändern können.

Literatur-Tipp

Lange, Dieter: Sieger erkennt man am Start – Verlierer auch, Econ Verlag, 2010.

2.4 Der innere Schweinehund – Selbstdisziplin

Zielsetzung der Einheit
Das vorangegangene Kapitel beschäftigte sich mit dem Thema Motivation. Niemand ist jeden Tag gleichermaßen motiviert für seinen Dienst; wir »hängen durch« und haben nicht immer Lust auf die Arbeit. Wenn sich erhoffte Erfolge nicht einstellen wollen, der Verwaltungsaufwand einen auffrisst, problematische Mitarbeiter einem das Leben schwer machen, geht die Motivation in den Keller. Ganz häufig müssen wir uns jedoch zwingen, unliebsame Dinge zu erledigen, schieben aber unliebsame Aufgaben auf »die lange Bank«. Dabei stehen wir uns oft selbst im Weg, weil wir uns vom schlechten Gewissen plagen lassen, anstatt die Zähne zusammenzubeißen und Aufgaben einfach anzugehen. Der Begriff vom »inneren Schweinehund« ist so geläufig, dass man ihn nicht erklären muss. Jeder weiß, was gemeint ist, jeder kennt

ihn und kaum einer hat ein Rezept, wie man mit ihm fertig wird. Wenn die Motivation von außen für die eigenen Aufgaben schwindet oder gänzlich fehlt, hilft jedoch nur Selbstdisziplin. Darum geht es in diesem Kapitel.

Erwarte nicht, jeden Tag von selbst motiviert zu sein und anzufangen und Dinge anzupacken. Das wird nicht passieren. Zähle nicht auf deine Motivation. Zähle auf deine Disziplin.
Jocko Willink

Selbstdisziplin ist ein Akt der Kultivierung. Sie verlangt von dir, dein Verhalten heute mit den Ergebnissen von morgen zu verknüpfen. Es gibt eine Zeit zum Säen und eine Zeit zum Ernten. Selbstdisziplin hilft dir zu unterscheiden, wann welche Zeit gekommen ist.
Gary Ryan Blair

Der wirkliche Test ist der: Wenn du allein in einem Zimmer bist, wenn du für dich bist und niemand dich beobachten kann, was wirst du dann tun? Stopfst du dich mit Essen voll oder isst du vernünftig? Machst du Sport oder schaust fern? Tust du etwas oder lungerst nur herum? Die Wahrheit über dich offenbart sich dir, wenn du allein bist und niemand dich sieht. Das ist der Test für deine Disziplin und das ist, was den Unterschied in deinem Leben ausmacht.
George St Pierre

Erlebte Geschichte aus der Polizei

Ausbilder beim Spezialeinsatzkommando war er jetzt schon seit zwei Jahren, nebenher zuständig für Fragen der Ausrüstung des gesamten SEK in seinem Bundesland. Jetzt am Skihang, mit den dicken Winterklamotten konnte man ihm seine Sportlichkeit nicht ansehen. Beim Warten auf den Skilift zog er die kalte Luft durch die Nase und begann langsam, am dritten Urlaubstag, die Arbeit und den Alltag hinter sich zu lassen. Vor ihm war ein kleiner Junge mit seinen Skiern in einen Schneehaufen gefallen; ohne viele Worte packte er ihn und stellte ihn wieder in die Senkrechte. Der Vater des Kleinen dankte es ihm mit ein paar entschuldigenden Worten. Die letzten Wochen im Dienst waren extrem anstrengend gewesen; ein paar hundert Überstunden standen mittlerweile auf seinem Stundenkonto. Er hatte diese bereits vor Wochen abbauen wollen, aber es war immer wieder etwas dazwischen gekommen – »wichtige dienstliche Gründe«. Ständig standen neue Einsätze an, zwei lebensbedrohliche Einsatzlagen in immer demselben Problemviertel seiner Heimatstadt, ein Verrückter, der sich in seiner Hanfplantage im Keller verschanzt hatte, zwei jugendliche Bombenbastler, ein Sicherungseinsatz im benachbarten Bundesland. In seiner Dienststelle erledigte sich die Arbeit inzwischen nicht von selbst und auf seinem Schreibtisch türmten sich die Akten. Die Mitarbeit in diversen Arbeitsgruppen und Gremien war von langer Hand geplant und man konnte die nicht einfach absagen. Ans Diensttelefon ging er schon seit einem halben Jahr nicht mehr; sein Emailpostfach quoll über und neue Anliegen hörte er nur noch mit halbem Ohr. Sein Chef kommentierte seine Situation mit der lässigen Bemerkung, es kämen auch mal wieder ruhigere Zeiten. Dafür würde er jetzt seinen Urlaub genießen, mal richtig abschalten. Der Glühwein vorhin an der Bergbude hatte ihn in seinem Vorsatz bestärkt und merkwürdigerweise gleichzeitig schwächer gemacht. Eigentlich wollte er im Urlaub jeden Tag ein wenig trainieren. Seit Jahren hatte er dafür einen selbst entwickelten Plan für alle Lebenslagen, einschließlich des Urlaubs. Ohne Sport würde ihm der Neustart im Dienst danach schwerer fallen. Es war, als hätten ihm die letzten Wochen im Dienst seine Willenskraft ausgesaugt. Und das Hotel hatte einige verlockende Angebote parat: Vollpension, eine eigene Brennerei, einen extrem großen Fernseher am Fußende seines Bettes. So begann bereits an Tag Eins seines Urlaubs sein Kampf gegen den inneren Schweinehund. In seinen langen Dienstjahren hatten sich seine guten Angewohnheiten verfestigen können. Trotzdem kämpften jetzt seine guten Vorsätze und sein Berufsverständnis gegen die kleinen und großen Verlockungen und Annehmlichkeiten. Wer würde gewinnen?

Theoretische Grundlagen

Selbstdisziplin ist zwar kein viel benutztes, populäres und modernes Wort, aber immer noch erscheint es allgemein als eine erstrebenswerte Tugend. Sie hilft uns, unsere selbstgesteckten Ziele zu erreichen oder ganz einfach unsere tägliche Arbeit zu machen. Sie ermöglicht Selbstbewusstsein und Selbstvertrauen und entscheidet über unsere Ausstrahlung. Auch bei anderen Menschen setzen wir ein Mindestmaß an Selbstbeherrschung und Disziplin voraus; für jede gelingende Beziehung ist sie Voraussetzung und unsere Kinder sollen sie möglichst frühzeitig lernen. Je näher uns jemand steht, desto mehr Selbstdisziplin wollen wir bei dem- oder derjenigen gerne sehen. Aber der Weg dorthin ist nicht einfach; es braucht ständige Selbstüberwindung. Das macht das Ganze anstrengend, wenig attraktiv und bedeutet Kampf. Dabei haben wir es gerne bequem, gehen den Weg des geringsten Widerstands, befriedigen alle Bedürfnisse am liebsten sofort und bohren das Brett gerne an der dünnsten Stelle. Die Kernfrage in diesem Kapitel heißt deshalb, wie man Selbstdisziplin erlangt.

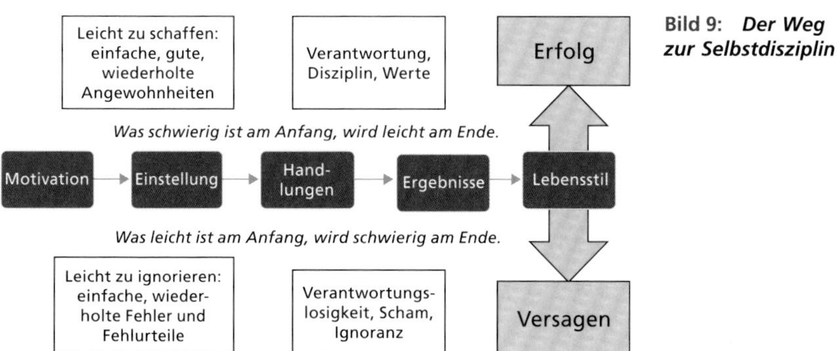

Bild 9: ***Der Weg zur Selbstdisziplin***

Die Entwicklung in die andere Richtung scheint sich ganz von selbst, ohne Anstrengung einzustellen. Wir wissen, wie sich das mit einer Diät oder den guten Vorsätzen zum Jahreswechsel verhält: Der Wunsch nach weniger Körpergewicht oder mehr Muskelmasse anstelle von Körperfett ist schnell gefasst, vielleicht sogar dringend erforderlich, aber der Alltag holt uns im Eiltempo ein und die guten Vorsätze lösen sich in Luft auf. Daher in diesem Kapitel einige praxiserprobte Tipps, wie man das edle Ziel »mehr Selbstdisziplin« erreichen oder ihm zumindest näherkommen kann:

Eine grundlegende Wahrheit zu Anfang: Mit der Selbstdisziplin ist es wie mit dem Überlebenstraining: Alles beginnt mit einem lohnenswerten Ziel und alles spielt sich zuerst im Kopf ab! Es geht um meine »innere« Einstellung den Zielen und den Hindernissen gegenüber. Das angestrebte Ziel muss realistisch, aber auch anspruchsvoll genug sein. Ein Beispiel: Ich möchte bis ins Alter für meinen Beruf und mein Privatleben sportlich und fit bleiben und eine gute Figur abgeben. Ein zweites Beispiel: Ich möchte neben meinem jetzigen Beruf einen Studienabschluss machen/nachholen. Zwei Ziele sind nun beispielhaft festgelegt; wir werden im Folgenden immer wieder darauf zurückkommen.

Die zweite Wahrheit: Ein anspruchsvolles Ziel erreicht niemand »von jetzt auf gleich«, mal eben schnell und von heute auf morgen. Auch den meisten erfolgreichen Menschen ist der Lohn der Mühe nicht »in den Schoß gefallen«. Die wenigsten Leute kommen mit einem »silbernen Löffel im Mund« zur Welt, sondern mussten für ihren Erfolg (auch für ihren Dienstposten/ihre Führungsfunktion/ihr Einkommen) hart arbeiten. Es kostet Anstrengung, Mühe und Fleiß, die ein Beobachter von außen oft nicht wahrnehmen kann. Erfolg fällt also nicht vom Himmel; es gibt kein billiges Rezept und keine Zauberformel. Die gute Nachricht: Auf der anderen Seite unterschätzt man, was mit kleinen Schritten, aber der nötigen Hartnäckigkeit über einen längeren Zeitraum erreicht werden kann. Daher muss das große Ziel (siehe oben) in kleine, gangbare Schritte zerlegt werden. Das können – um im Beispiel zu bleiben – täglich 15 Minuten Krafttraining sein und/oder wöchentlich zweimal 30 Minuten Ausdauertraining. Für das zweite Beispiel: Vielleicht findet man wöchentlich mittwochs und samstags abends jeweils eine Stunde Zeit zum Lernen oder zum Schreiben einer wissenschaftlichen Arbeit und einmal im Monat zwei Tage für den Besuch einer Präsenzveranstaltung an einer Hochschule. Man nennt dieses Zerlegen in Teilschritte »Salamitaktik«. Kein Mensch schlingt eine harte Salami im Ganzen herunter, weil das einfach nicht machbar ist, sondern man schneidet viele, ganz dünne Scheiben. Zu den kleinen Schritten kann man sich dann relativ einfach überwinden. Es ist ja nur eine halbe Stunde, nur eine Übung, eine kleine Mühe. Vielleicht gelingt das auch ganz ohne sich dazu überwinden zu müssen.

Drittens muss man Prioritäten setzen und das anvisierte Ziel an der obersten Stelle in der Hierarchie der täglichen Arbeiten platzieren. Das bedeutet, Ablenkungen und Versuchungen im Kleinen wie im Großen zu umschiffen. Das kann bedeuten, den Teller mit den Süßigkeiten an einen fernen Ort zu räumen oder sich bei Freunden für bestimmte Wochentage gänzlich abzumelden. Auch sollte man nicht warten, bis man Lust hat, in den Sportraum oder die Bibliothek der Hochschule zu gehen. Der Trick ist: Nicht zuviel überlegen, einfach machen! Der Appetit kommt beim Essen. Auch wenn der Zeitgeist etwas anderes behauptet: Gefühle sind oft schlechte Ratgeber. Selbstdisziplin arbeitet oft gegen die eigenen Gefühle und Stimmungen. Wenn man zuviel in sich hineinhört und mit sich selber ringen muss, ist der Kampf oftmals schon verloren. Es muss ein bisschen wehtun; Muskeln wachsen durch Überkompensation! Es ist auch durchaus legitim, sich selbst ein wenig zu überlisten: Einfach frühmorgens zuerst die unangenehmste Aufgabe des Tages erledigen, anstatt diese stundenlang vor sich herzuschieben, was nur schlechte Laune produziert. Probieren Sie es gleich morgen aus!

Vierter Hinweis: Entlang des Weges zum Ziel sollte man Vorbilder haben, die vor einem zum Ziel gelangt sind. Diese können von innerhalb, aber auch von außerhalb der Polizei, der eigenen Feuerwehr oder der Rettungswache kommen. Jeder kennt jemanden, der zur Identifikationsfigur taugt und als Vorbild herhalten kann. Wenn eine solche im realen Leben traurigerweise beim besten Willen nicht verfügbar sein sollte, gibt es im Internet immer noch eine Unzahl an echten Persönlichkeiten, die mit motivierenden Reden und Vorträgen behilflich sein können. Drucken Sie sich Zitate aus und hängen sie diese in Ihrer Wohnung oder am Arbeitsplatz auf! Beschäftigen Sie sich mit diesem Menschen und hören sie nicht auf die Energieräuber und Miesepeter in Ihrem Umfeld.

Ein weiterer Tipp ist, sich auf dem Weg zum Ziel zwischendurch angemessen zu belohnen. Dabei sollten aber keine Dinge die Belohnung darstellen, die einen um

Wochen zurückwerfen oder die dem ins Auge gefassten Ziel entgegenstehen. Es gehört zur neuen Lebenseinstellung der Selbstdisziplin, vernünftig zu essen, zu trinken, zu schlafen, aber auch zu arbeiten. Vernünftig arbeiten heißt in diesem Zusammenhang, bewusst Pausen zu machen und ab einem bestimmten Zeitpunkt die Arbeit Arbeit sein zu lassen. Dazu gehört auch die Selbstdisziplin, mit der Arbeit aufzuhören und sich einen erholsamen Nachtschlaf und Urlaub zu genehmigen. Schließlich dient auch das dem höheren Ziel der langfristigen Fitness. Das Leben ist schließlich kein Sprint, sondern ein Marathon. Es klingt banal, funktioniert aber: Ganz einfache Dinge kann man für sich als Luxus definieren: eine bescheidene Mahlzeit, eine kalte Dusche oder ein Abend mit Freunden. Das ist ein altes Prinzip und existierte auch schon, als es die inflationär missbrauchten Modewörter »Achtsamkeit« und »Nachhaltigkeit« noch gar nicht gab.

Außerdem kann man seine Erfolge dokumentieren, v. a. im eigenen Terminkalender oder in einer Art Tagebuch. Ein solches zu schreiben oder zu »führen« ist aus der Mode gekommen. Viele erfolgreiche Menschen berichten aber in Büchern oder im Internet, wie diese Angewohnheit für sie selbst zum Teil ihres Erfolgsrezeptes wurde. Man zieht nur für sich selbst Bilanz. Man reflektiert sich selbst und rechtfertigt sich vor sich selbst. Man motiviert sich damit, indem man sich durch das Aufschreiben die kleinen Erfolge vor Augen führt.

Die aufgeführten Hinweise finden sich auf die eine oder andere Art, mit mehr oder weniger Schritten in verschiedensten Ratgebern, in Büchern und Zeitschriften. Auf den perfekten Plan kommt es nicht an, mehr auf die richtige Einstellung. Daher führen Sie sich immer wieder vor Augen, was Sie erreichen wollen und dass Sie selbst auf diese Art vielleicht auch für andere Menschen zum Vorbild werden und Hilfestellung auf diesem Gebiet geben können. Denken Sie groß und fangen Sie an!

Aufgabenstellung

Die Aufgabe besteht darin, den Worten Taten folgen zu lassen. Die theoretischen Grundlagen müssen in den Alltag integriert werden. Das kann Ihnen niemand abnehmen; das müssen Sie selbst organisieren. Eine einfache Tabelle mit zwei Spalten und circa zehn Zeilen kann dabei helfen. Spalte 1 trägt die Überschrift »Prinzip«, Spalte 2 die Überschrift »Maßnahme«. Im Text oben werden mehrere Prinzipien für die Erlangung/das Einüben von Selbstdisziplin aufgeführt. Sie sollen selbst aus dem jeweiligen Textabschnitt ein Prinzip als prägnanten Stichpunkt herausarbeiten. Der erste Tipp kann v. a. heißen: »Ein lohnenswertes Ziel definieren«. Diese Prinzipien gehören jeweils in Spalte 1 und demgegenüber füllen Sie die Felder mit den Maßnahmen, angepasst auf Ihre Lebensumstände, selbst aus. Schon haben Sie einen relativ konkreten Plan, mit dem Sie an einem Stichtag Ihrer Wahl beginnen können. Den Plan legen Sie in ihr Notizbuch oder Ihren Terminkalender.

Wichtige Ergänzung

Schließlich braucht es eine Portion Geduld, wenn sich Erfolge nicht sofort einstellen. Streben Sie nicht nach Perfektion, aber nach Ausdauer in Ihrem Projekt. Es braucht eine ganze Anzahl von Wiederholungen, bis aus einer neuen Beschäftigung eine festsitzende Gewohnheit wird. Es braucht lediglich solange Übung, bis die anfängliche Anstrengung nicht mehr wahrgenommen wird. Über das tägliche Zähneputzen denkt ja auch niemand mehr nach. Stück für Stück kommen Sie Ihrem Ziel näher und Sie werden besser mit den Herausforderungen des Lebens fertig werden. Ihre Freiheitsgrade im Leben erhöhen sich, weil Sie durch Selbstdisziplin mehr Selbstvertrauen und Hartnäckigkeit entwickeln. Bedauern Sie sich nicht selbst, übernehmen Sie Verantwortung und gehen Sie es an. Alles lässt sich auf die ebenso einfache wie paradox klingende Formel eindampfen: Selbstdisziplin ist gleich Freiheit.

Literatur-Tipp

Sprenger, Reinhard K.: Die Entscheidung liegt bei dir! – Wege aus der alltäglichen Unzufriedenheit, Campus Verlag, 2016.

2.5 Der heimliche Gang zum Spind – Alkoholprobleme

Zielsetzung der Einheit

Für jüngere Kolleginnen und Kollegen mag das vielleicht unglaublich klingen: Es ist noch nicht so lange her, dass in unseren Organisationen (konkreter werde ich nicht) regelmäßig und auch im Dienst Alkohol konsumiert wurde. Man könnte sagen, dieser Missstand war kulturell akzeptiert, obwohl auch schon früher verboten. Wie auch immer: Alkohol ist bis heute ein Thema und eines der »heißen Eisen« in diesem Buch. Wir bewegen uns hier wiederum auf einem Feld, wo sich Privates und Dienstliches überschneiden und nicht sauber trennen lassen. Weil es auch zu Missbrauch und zu großem menschlichen Leid und Elend führen kann, wird das Problem hier thematisiert. Als Führungskraft haben Sie gegenüber Ihren Kameraden und Kollegen hier eine besondere Verantwortung. Diese Einheit soll Ihnen dabei helfen, wahrgenommene Probleme mutig anzugehen und Ihren Pflichten in diesem Bereich nachzukommen. Im besten Falle können Sie damit vielleicht einem Betroffenen aus seiner Sucht heraushelfen. Sinngemäß lässt sich der Inhalt auch auf andere

Drogen und Süchte übertragen, einschließlich der Abhängigkeiten, die nicht von Substanzen kommen.

Kein Tier hat jemals so etwas Schlechtes wie die Trunkenheit erfunden – und keines so etwas Gutes wie einen Drink.
Gilbert Keith Chesterton

Wer eine unglückliche Liebe in Alkohol ertränken will, handelt töricht. Denn Alkohol konserviert.
Max Dauthendey

Das Beste vom Menschen vergeht mit der Trunkenheit.
Martin Luther

Erlebte Geschichte aus der Feuerwehr

Wenn er im Spindraum der Wache beide Türen seines Schrankes öffnete, war er vor fremden Blicken sicher. So genehmigte er sich zur Mittagszeit seinen ersten Schluck aus der mitgebrachten Flasche. Bis zum Mittag reichte ungefähr sein »Spiegel« von der Nacht zuvor, dann wurde er langsam zittrig. Irgendwie war es ein tägliches Ritual geworden; gleich würde er die Erleichterung spüren und wieder in Form kommen. Es war höchste Zeit; die Beratung seit um neun war für ihn beinahe unerträglich geworden. Seit er mit dem Trinken im Dienst angefangen hatte, war er immer erfindungsreicher geworden. Die Flasche wickelte er sorgfältig in Packpapier mit einem Gummiband darum, damit sie beim Tragen in der Tasche keine Geräusche verursachte. Auf das gemeinsame Mittagessen mit den Kollegen verzichtete er neuerdings, um im Spindraum allein zu sein. Sein Hunger hielt sich ohnehin in Grenzen, wenn er trank. Seiner Figur hatte es eher gutgetan, wie er fand. Der kleine Spiegel in der Schranktür zeigte ein leicht errötetes Gesicht, das aber auch von einer Erkältung herrühren konnte. Seine Vorgesetzten schienen nichts zu bemerken, obwohl die engsten Freunde ihn schon wegen seiner »Fahne« angesprochen hatten. Mittlerweile hatte er seinen Konsum auf Getränke umgestellt, die man nicht so stark riechen konnte. Wie er fand, waren seine Chefs mit ihren ständigen Forderungen und ihrem miserablen Führungsstil zum Gutteil schuld an seiner Misere. Und nach einem kräftigen Schluck waren sie mit ihren Eigenarten und weltfremden Problemen viel leichter zu ertragen. Eine wohlige Wärme durchflutete ihn und lächelnd passierte er in der Kantine die Idioten am Mittagstisch. – Angefangen hatte das alles zuhause in seiner Freiwilligen Feuerwehr, als seine Frau zur Kur gefahren war und er am Stammtisch von den Kameraden von ihrer Kurbekanntschaft erfuhr. Zwei seiner

Kameraden, die wegen ihrer Arbeitslosigkeit fast täglich im Gerätehaus beim Bier und später auch beim Schnaps zusammensaßen, waren in dieser Zeit für ihn echte Freunde geworden. Sie waren immer da und man konnte sich blind auf sie verlassen. Freud und Leid konnte man mit ihnen teilen und Vorwürfe und Verurteilungen kannte er von ihnen nicht. Bereits seit einem Vierteljahr nun trug er zu jedem Dienst in seiner Berufsfeuerwehr eine Flasche in seiner abgewetzten Aktentasche. Ehrlich gesagt ging es mittlerweile nicht mehr um die bessere Stimmung, sondern darum, dass das Zittern aufhörte. Ja, er wusste inzwischen, wohin ihn das bringen würde. Ja, er merkte, dass der »Teufel Alkohol« ihn im Griff hatte. Ja, er wusste, dass er damit sein Leben ruinierte. Ja, genau das war sein verdammtes Problem. Seine Frau würde ohnehin ausziehen – wozu also noch dagegen ankämpfen? Er spürte die Wucht der Sucht und hasste dafür abwechselnd sich und die anderen.

Theoretische Grundlagen

Ja, Alkoholprobleme sind ein großes Thema. Das Problem bei diesem Problem ist, dass die Grenzen fließend sind. Wann wird Alkoholgenuss zum Problem? Wann wird aus Genuss Abhängigkeit? Wann schade ich damit mir und anderen? Wann ist im Dienst eine Grenze überschritten? Wie gegen ein erkanntes Problem angehen, wenn der Alkohol Teil der »Unternehmenskultur« geworden ist?

Das Positive vorab: Es geht nicht darum, das Feierabendbier zu verbieten. Es geht nicht um Vorwürfe. Wer die ganze Woche gearbeitet hat, kann am Freitagabend auch mal ein Bier trinken. Oder zwei. Auch in der Freiwilligen Feuerwehr nach dem Dienstende bzw. dem Ende des offiziellen Teils. Das Negative: Die Grenzen sind fließend, der Genuss so legitim und so üblich, dass er kaum in Frage gestellt wird. Es ist eine Tatsache, dass viele unserer Kameraden und Kollegen über die Grenze hinaus sind – überall, wenn nicht im Dienst, dann im Privaten. In diesem Kapitel geht es nicht um Schuldzuweisungen, Statistiken oder Schätzungen. Die nützen dem Einzelnen nicht. Hier stellt sich die Frage, wie man ganz konkret als Vorgesetzter Betroffenen helfen kann.

Die Lösung fängt – wie bei jedem anderen Problem – mit dem »Wahrhaben-wollen« an. Eingestehen muss sich ein Betroffener sein Problem nicht nur selbst, sondern auch sein Umfeld. Man spricht von Co-Abhängigkeit, wenn das Umfeld eines Suchtkranken die Sucht noch deckelt, den Betreffenden möglicherweise noch mit Stoff versorgt und das Leergut anständig verschwinden lässt. Das ist in vielen Fällen sogar die Ehefrau. Im dienstlichen Bereich sind nicht nur junge Führungskräfte blind gegenüber der beschriebenen Problematik. Auf Dauer kann Alkoholkonsum im Dienst aber nicht verborgen bleiben. Selbst wenn das eigentliche Trinken sehr gut versteckt geschehen kann, sind die körperlichen Anzeichen schwerer zu verbergen.

Dazu gehören v. a. Händezittern, Gesichtsrötung, Ausfallerscheinungen oder die geschwollene Nase. (Oft werden Vorgesetzte auch von besorgten und erfahreneren Kollegen auf ein mögliches Alkoholproblem hingewiesen.) Diese Anzeichen müssen aber nicht immer vorhanden sein. Es gibt auch Tricks, Mittel und Wege, die Folgen des Alkoholkonsums zu vertuschen. Hier sind viele Abhängige Meister im Erfinden von Gründen und Ausreden; sie verbringen schließlich einen Großteil ihrer Zeit damit.

Falls Sie selbst einen Kollegen in dieser Lage wahrnehmen oder darauf hingewiesen werden, hilft alles nichts: Sie müssen die Sache offensiv angehen. Das gehört zu Ihren unmittelbaren Dienstpflichten als Vorgesetzter in Feuerwehr, Polizei oder Rettungsdienst. Es ist hierbei uninteressant, ob es sich um ein Haupt- oder Nebenamt handelt. Weil in unseren Berufen Teamarbeit die Regel ist und nicht nur Schreibtischarbeit umfasst, gefährdet der Alkoholkranke schließlich nicht nur sich selbst. Offensiv angehen heißt, den betroffenen Mitarbeiter zunächst unter vier Augen ganz direkt auf sein Problem bzw. Ihren Verdacht anzusprechen. Entweder stößt man überraschenderweise auf Verständnis und Erleichterung oder auf brüske, empörte Ablehnung. Im zweiten Fall muss die Hemmschwelle gesenkt werden, über den Alkoholkonsum zu sprechen. Das geht zum Beispiel über das ehrliche Verständnis und Mitgefühl gegenüber dem Kollegen. Auch wenn es zwischen Führungskraft und Betroffenen ein einvernehmliches, freundschaftliches Gespräch gibt, müssen konkrete Ziele und die Kontrolle der Einhaltung vereinbart werden. Das Gespräch sollte selbstverständlich nur im nüchternen Zustand geführt werden. Fruchtet alles das nichts, bleibt die »harte Tour«: das Hinweisen auf die Gefährdung im Einsatz auch für andere Kollegen oder Kameraden und/oder das Einleiten der dienstlichen oder disziplinarischen Konsequenzen. Wenn Disziplinarmaßnahmen angegangen werden, muss das aber immer mit dem Aufzeigen von Hilfsmaßnahmen einhergehen. (In beinahe allen Dienststellen existieren Dienstanweisungen oder Dienstvereinbarungen, wie im konkreten Fall vorzugehen ist.)

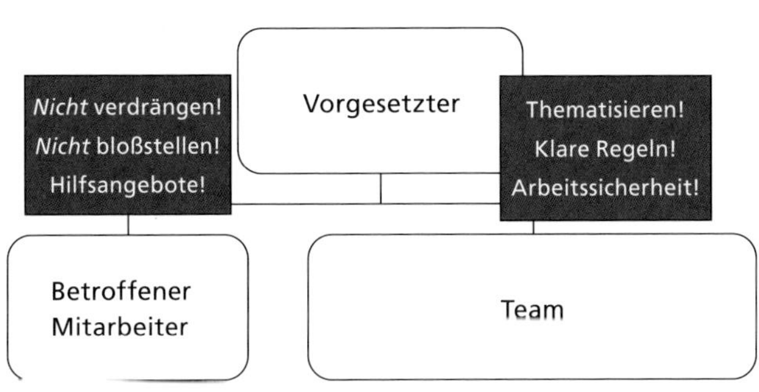

Bild 10: ***Verantwortung des Vorgesetzten bei Alkoholproblemen***

Wenn Sie frühzeitig tätig werden, hat das für alle Beteiligten einen großen Vorteil: Möglicherweise steigen die Chancen, dass der Mitarbeiter oder Kamerad noch den Ausstieg aus dem Teufelskreis der Sucht findet. Wenn erst eine echte Alkoholerkrankung vorliegt, ist der Ausstieg ohne professionelle Hilfe nahezu unmöglich. Wenn Sie selbst nicht genug Kenntnisse zu dem Thema haben oder unschlüssig über Ihr Vorgehen sind, lesen Sie etwas Fachliteratur als Einstieg und holen Sie sich Rat bei Experten. Die Wahrscheinlichkeit, dass Sie mit diesem Problem konfrontiert werden, ist relativ hoch. Seien Sie nicht zu optimistisch, zeigen Sie keine falsch verstandene Kameradschaft und versuchen Sie nicht, die Lebenslast des Anderen auf sich zu nehmen. Sie können seine Probleme nicht für ihn lösen. Das muss er selber tun. Sie können nur unterstützen, soweit Ihre Kraft das zulässt. Wir haben es mit einer Erkrankung zu tun, die aber auch das Übernehmen von Eigenverantwortung erfordert. Der Alkoholiker bleibt letztlich selbst für sein Leben verantwortlich.

Aufgabenstellung

Schließlich können Sie auch vorbeugend etwas tun. Als Führungskraft einer Freiwilligen Feuerwehr sollten Sie niemals den Alkoholmissbrauch unterstützen und befördern. Thematisieren Sie die Problematik und stellen Sie klare Regeln auf: Kein Alkohol während der Ausbildung, gar kein oder nicht mehr als ein Bier in Uniform, wer alkoholisiert zum Einsatz erscheint, kommt auch bei Unterstärke nicht aufs Löschfahrzeug. Achten Sie auf Konsequenz bei der Umsetzung der Regeln. Wenn die Regeln erklärt und gelegentlich wiederholt wurden, steigen die Chancen, dass Sie auch bei Ihrer Abwesenheit eingehalten werden.

1. Thematisieren Sie einmal im Kreis Ihrer Führungskräfte/im Vorstand das Thema Alkohol und Dienst. Zum Zweck der Sensibilisierung für das Thema ließe sich auch in eine Führungskräfte-Schulung eine Unterrichtseinheit einbauen, die über Alkoholismus und seine Gefahren informiert. Sie müssen das nicht selbst gestalten, sondern nur die Rahmenbedingungen schaffen. Laden Sie dazu einen Referenten aus einer Suchthilfe-Organisation ein, v. a. dem Blauen Kreuz.
2. Stellen Sie sicher, dass jede Führungskraft die dienstlichen Regelungen zum Thema Alkohol und Drogen kennt und anwendet. Vielleicht sollten Sie die wichtigsten Regeln schriftlich festhalten und sich im Rahmen der Belehrungen zur Unfallverhütung unterschreiben lassen. Gegenüber der Mannschaft sollte bekannt gemacht werden, dass die dienstliche Leitung keine Abweichungen von den Vorschriften tolerieren und die Augen nicht vor Problemen verschließen wird. Eine »Null-Toleranz-Politik« ist eine klare

Regelung, die immer noch am praktikabelsten ist und sich auch in anderen Bereichen bewährt hat.

3. Haben Sie ein offenes Auge und Ohr für Kameraden oder Kollegen, bei denen sich Alkoholprobleme abzeichnen. Egal ob im Beruf oder im Ehrenamt: Es sollte ein Arbeitsklima herrschen, in dem so viel Vertrauen zwischen Mannschaft und Führung besteht, dass das Ansprechen eines Alkoholproblems nicht als unüberwindliches Hindernis angesehen wird und nicht in einem Eklat endet. Vergessen Sie nicht: Auch im ehrenamtlichen Bereich haben die Vorgesetzten eine Fürsorgepflicht für Ihre Unterstellten.

Literatur-Tipp

Rieth, Eberhard: Alkoholkrank? Blaukreuz-Verlag Wuppertal, 1996.
Ruthe, Reinhold; Glöckl, Peter: Alkohol in Ehe und Familie, Blaukreuz-Verlag Wuppertal, 2012.
Siggelkow, Bernd; Büscher, Wolfgang; Mockler, Marcus: Generation Wodka – wie sich unser Nachwuchs mit Alkohol die Zukunft vernebelt, ADEO-Verlag, 2011.

2.6 Abhärten ohne Abzustumpfen – Mentale Härte

Zielsetzung der Einheit

Im Arbeitsalltag der Behörden und Organisationen mit Sicherheitsaufgaben (BOS) sind täglich Situationen zu meistern, die psychisch und emotional extrem belastend sein können. Wie bei unserem Körper auch, führt bei verschiedenen Menschen die gleiche Beanspruchung nicht zu der gleichen Belastung. Einige Kolleginnen und Kollegen sind dem stressigen, häufig demotivierenden Alltag besser gewachsen als andere. Sie meistern dieselben Situationen, scheinbar ohne sich daran aufzureiben, sogar ohne daran zu leiden oder gar »kaputt zu gehen«. Sie verschleißen weniger im Dienst, während andere »kaputtgespielt« werden und den belastenden Erlebnissen durch Abstumpfung oder sogar durch Suchtmittelkonsum zu begegnen versuchen. Woher kommen diese menschlichen Unterschiede und wie entwickelt man eine gesunde mentale Härte oder Widerstandsfähigkeit, ohne wesensverändert zu werden oder gänzlich abzustumpfen? Damit beschäftigt sich dieses Kapitel.

Lass dich nicht vom Bösen überwinden, sondern überwinde das Böse durch das Gute!
Die Bibel, Römer 12,21

Wurzeln, die tief in die Erde reichen, berührt der Frost nicht.
John R. Tolkien

Erlebte Geschichte aus der Polizei
Er saß vor seinem Dienstrechner im ersten Stock des Hauptgebäudes auf dem Gelände der Bereitschaftspolizei und starrte geistesabwesend auf die unbearbeiteten E-Mails vom Vortag, deren Anzahl sich in Grenzen hielt. Hinter dem Bildschirm prangte ein monströser Bilderrahmen mit Hoheitsabzeichen, Schulterstücken und Urkunden aus seiner vorherigen Verwendung bei der Bundeswehr. Auf seinem neuen Dienstposten bei der Polizei war es auszuhalten und die Arbeitsmenge erlaubte ihm zumindest, in aller Ruhe seinen morgendlichen Kaffee zu konsumieren und gelegentlich seinen Gedanken nachzuhängen. Einen freien Tag hatte er gestern gehabt und wie schon vor einem Jahr versprochen, hatte er einen Tag mit seinem Patensohn im Kletterwald verbracht. Der Ausflug in den Klettergarten hatte beiden Spaß gemacht; Patenonkel und Patensohn hatten sich prima verstanden. Für den Kleinen war er immerhin so etwas wie ein Held. Er hatte bei der Bundeswehr gedient und war mehrfach im Auslandseinsatz gewesen. Nach seiner Bundeswehrzeit hatte es ihn zur Polizei verschlagen, wo er sich problemlos in die Hierarchie einfügen konnte. Mit seiner Einsatzeinheit war er in den letzten drei Jahren oft bei Demonstrationen und Fußballspielen eingesetzt gewesen, hatte eingesteckt und gelegentlich ausgeteilt. Die Arbeit hatte er immer gerne gemacht und die Kameradschaft war ganz hervorragend. In seinen Augen konnte es auch nicht anders sein. Was ihn frustrierte, war der Umstand, dass zu viele der Verfahren, die aufgrund einer aufgenommenen Anzeige zur Staatsanwaltschaft wanderten, eingestellt wurden und dass er oft für die Gesellschaft, der er doch diente, ein Feindbild darstellte. – Als er den Kleinen gestern abend zuhause abgeliefert hatte, war es an der Wohnungstür zu einer befremdlichen Begegnung gekommen: Die Eltern hatten vorwurfsvoll die Frage aufgeworfen, wo denn die vielen blauen Flecke des Sprösslings herrührten und ob der Patenonkel es mit der »vormilitärischen Ausbildung« nicht übertrieben hätte. Die Mutter war die »Beschwerdeführerin« gewesen; der Vater hatte etwas verlegen dabeigestanden und etwas in seinen nicht vorhandenen Bart gemurmelt. Die Seile, Karabiner und Baumstämme hatten natürlich ihre Spuren hinterlassen, aber das gehörte doch dazu! Die Eltern würden ihren Sprössling verweichlichen, wie er fand. Heute dämmerte ihm, dass er das den Eltern nicht zwingend hätte sagen müssen. Und nicht mit seiner Donnerstimme. Und nicht im dienstlichen Befehlston. Und nicht in Kombination mit seiner martialischen Freizeitkleidung, in der er sich nun mal am wohlsten fühlte. Hatte er eine Grenze überschritten? War er selber schon abgestumpft oder war die gesamte Menschheit über alle Maßen verweichlicht?

Theoretische Grundlagen

Ein »dickes Fell« zu haben, ist für Viele nicht nur im Berufsleben eine erstrebenswerte menschliche Eigenschaft und erscheint in unserer »Ellenbogengesellschaft« geradezu als Notwendigkeit. Menschen, die »zart besaitet« sind, haben es allgemein schwerer im Leben. Sie nehmen sich viele Dinge zu sehr zu Herzen und lassen Probleme und Auseinandersetzungen zu sehr an sich heran. Vieles geht ihnen zu nahe und sie kauen lange an den Widrigkeiten des Lebens, nehmen Ärger vom Dienst mit nach Hause und umgekehrt. Sie geraten in ihren Beziehungen oft in eine Opferrolle. Auch verständnisvolle Vorgesetzte, gutgemeinte Hilfsangebote und psychosoziale Notfallversorgung können die allgemeine Last auf unseren Schultern nicht ganz abnehmen, allenfalls abmindern. Wir wissen zumindest, dass man menschliches Leid nicht ganz beseitigen oder wegreden kann und dass das Leben »kein Ponyhof« ist. Kleine und große Ungerechtigkeiten, Leid und Elend gehören zur menschlichen Existenz genauso dazu, wie Freude und Glück. In Polizei, Rettungsdienst und Feuerwehr kommen wir intensiver damit in Berührung, als in den meisten anderen Berufen und Ehrenämtern.

Die Ursachen, dass bestimmte Ereignisse uns übermäßig belasten, liegen aber keinesfalls nur an den Erlebnissen im Dienst an sich, sondern auch in uns selber. Der Beweis liegt darin, dass unterschiedliche Kolleginnen und Kollegen ein und dasselbe Erlebnis besser verarbeiten oder »wegstecken«, als andere. Ein gewisses Maß an Härte ist offenbar ganz hilfreich oder sogar notwendig, wenn es darum geht, den Schattenseiten des Dienstlebens zu begegnen. Weil das Thema dieses Kapitels im Dienstalltag, aber auch in der Aus- und Fortbildung kaum bearbeitet wird, fehlen uns Strategien im Umgang mit schweren Erlebnissen. Das führt wiederum dazu, dass man sich über das Thema kollegial ausschweigt. Allenfalls werden Kollegen gemaßregelt, wenn es mit der demonstrativen Härte übertrieben wird oder wenn Zynismus und Sarkasmus ein verträgliches Maß übersteigen.

In den vergangenen Jahrzehnten wurde der Schwerpunkt beim Thema Menschenführung mehr auf die »weichen« Werte gelegt. Das emotionale Befinden steht immer noch hoch im Kurs. In diesem Kontext wenig hilfreich: Unsere Wohlstandsgesellschaft als Ganzes legt sehr viel Wert auf Emotionalität, Wohlbefinden, Wellness. Wir fühlen ständig unseren seelischen Puls und wünschen uns in erster Linie, glücklich zu sein und von den Härten der menschlichen Existenz verschont zu bleiben. Nicht populär, aber ganz sicher wahr: Diese Erwartungshaltung kann nicht durchgehend erfüllt werden. Leiden ist real und die Begegnung mit dem Bösen unvermeidlich. Es mag sogar Zeiten im privaten, dienstlichen und gesellschaftlichen Leben geben, wo das Negative überwiegt. Man kann es auf eine einfache Formel bringen: Eine überzogene Erwartungshaltung an das Leben im Allgemeinen, kombiniert mit einem hohen Maß an Wohlstand führt zur Verweichlichung. Wir ahnen, dass wir dadurch schlechter gerüstet sind für die unvermeidlichen Tiefschläge des Lebens, dass wir schlechter mit Härten umgehen können und weniger gut vorbereitet sind auf die Unwägbarkeiten des Alltags. Das Gegenmittel für unvermeidliche Ernüchterungen, bittere Enttäuschungen und ernsthafte Rückschläge – dauerhaft oder akut – heißt »mentale Härte«.

Bild 11: ***Mentale Härte – Wahrnehmung***

In der Literatur gibt es bekanntere Begriffe mit einer ähnlichen Bedeutung. Diese Widerstandskraft ist (beinahe) synonym mit dem gebräuchlicheren und wohlklingenderen Begriff »Stressresistenz« oder »Resilienz«. Es geht um Zurechtkommen unter Druck, Standhaftigkeit in Anfeindungen; eine gewisse Coolness, innere Gelassenheit und Überlegenheit über die kleinen und großen Katastrophen des Lebens. Offenbar erstrebenswert ist eine »Steh-auf-Männchen-Mentalität«. Das meint eine innere Einstellung, eine Geisteshaltung, ein Mindset. Das Wort Resilienz kommt vom lateinischen »resilire« für »zurückspringen« oder »abprallen«, das Gegenteil ist Vulnerabilität (Verwundbarkeit, Verletzlichkeit). Es geht um eine Art »Imprägnierung« gegenüber dem Unangenehmen, dem Leidhaften, damit Probleme an einem »abtropfen« oder »abperlen« und man nicht alles zu nahe an sich heranlassen muss. Für mentale Härte gibt es mittlerweile auch in der Psychologie verschiedene Definitionen. Gemeinsamer Nenner ist immer eine Fähigkeit; nämlich durch bestimmte Einstellungen Stress, Versagen, Druck und Widrigkeiten zu überwinden, um lebensfähig zu bleiben. Damit verbunden ist die Motivation, nicht aufzugeben, sich nicht gehenzulassen und sich gegenüber der schlimmen Situation als überlegen zu erweisen.

Die Schlüsselfrage ist (wie beim Thema Selbstdisziplin), wie man diesem Ziel näherkommt. Das reine Für-wichtig-erachten reicht offenbar nicht aus; brauchbare Hinweise sind gefragt. Es ist wie bei den Flucht- und Rettungsplänen im Hotel: Die Aufschrift »Bewahren Sie Ruhe!« hilft nicht; das Problem ist ja gerade, dass man in der Akutsituation kaum dazu in der Lage ist! Bevor wir uns mit den nützlichen Tipps zur Erlangung mentaler Härte beschäftigen, sei nochmals darauf verwiesen, dass damit nicht ein »Abstumpfen« gemeint ist. Das wäre sozusagen die Abkürzung auf dem Weg zu einem nötigen Selbstschutz; man erreicht das gleiche Ziel auf einem einfacheren, kürzeren Weg, aber man bezahlt einen sehr hohen Preis dafür. Dieser Preis besteht darin, dass man auch für die positiven Dinge des Lebens unempfänglich wird, dass man über kurz oder lang sein Wesen, seine Persönlichkeit verändert und seelisch verkrüppelt. Die Probleme des Dienstes innerhalb oder außerhalb der Dienststelle prallen dann an einem ab, das freundliche Lachen der eigenen Kinder oder der liebevolle Scherz des Ehepartners aber genauso. Abstumpfen kann man sich auf sehr einfache Art und Weise, zum Beispiel durch den regelmäßigen Konsum von Kriegsfilmen oder »Ballerspielen«. Tausende Kollegen gehen diesen Weg erfolgreich – und man merkt es ihnen an. Setzen wir voraus, dass diese Art der Bewältigung nicht erstrebenswert ist und kümmern uns um die »echte« mentale Härte. Diese ist eine innere Einstellung, eine Art zu denken. Das Hauptaugenmerk liegt hierbei auf dem Denken, nicht auf dem Gefühl. Das Denken hat die Oberhand, die Gefühle folgen – nicht umgekehrt.

Auf dem Weg zu diesem Ziel geht es zunächst darum, zu akzeptieren, was ist. Das Leben erweist sich manchmal als brutal, sinnlos, nervig und verdammt kurz. Schönreden, wegdiskutieren und psychologisieren hilft nicht wirklich. Damit kapituliert man vor der Wirklichkeit und entflieht der Realität, soweit man das eben kann. Eine entsprechende Einstellung nennt man Fatalismus. Die Handlungsanweisungen und Rezepte dafür funktionieren teilweise, aber damit landen wir wieder dort, wo wir eigentlich nicht hinwollten: beim Abstumpfen. Und das Leben bleibt trotzdem, wie es nun einmal ist: oft brutal, sinnlos, nervig und verdammt kurz – für den einen öfters, für uns alle irgendwann einmal.

Daher kann es nur darum gehen, bei der Akzeptanz all dem Negativen das Positive entgegenzuhalten. Das Gute und Schöne sind ja ebenso real vorhanden, wird aber nicht so deutlich wahrgenommen. Aus psychologischer Sicht setzt sich das Negative sehr viel stärker im Gedächtnis fest als das Positive. Der erste Tipp zur Erreichung mentaler Härte ist daher ein sehr einfacher: Es geht um die bewusste Wahrnehmung des Positiven um uns herum. Es geht um Werte wie Dankbarkeit und Zufriedenheit, auch und gerade angesichts der unabänderlichen Misslichkeiten und Idiotien des Lebens und der Gesellschaft. Interessanterweise sind dankbare Menschen meistens glücklich, während glückliche Menschen sehr viel seltener auch dankbar sind. Es geht um einen willentlichen Vorsatz: Ich will das Gute sehen! Die Betonung liegt auf dem Wollen. Das Gute offenbart sich oft in und an Kleinigkeiten: ein gutes Gespräch, ein dankbares Schulterklopfen, eine aufmunternde Geste. Stress ist dabei kontraproduktiv und fördert mentale Infektanfälligkeit. Man könnte auch sagen, Stress schwächt unser mentales Immunsystem, wie es auch unser physisches Immunsystem schwächt.

Ein zweiter nützlicher Ratschlag aus der Literatur zum Thema ist folgender: Menschen entwickeln desto mehr mentale Widerstandskraft, je mehr sie auf persönliche Ressourcen zurückgreifen können. Diese geheimnisvollen Kraftreserven werden in erster Linie gebildet durch unsere trainierbaren geistigen Ressourcen (Denkvermögen, Urteilsfähigkeit) und unsere sozialen Ressourcen (Familienbande, Kameradschaft). Wenn Sie also dahinein investieren, fördern Sie gleichzeitig Ihre Widerstandskraft. Es läuft also wieder auf das Zwischenmenschliche hinaus: Freundschaften pflegen (gerne auch im Kollegenkreis), Kameradschaft fördern (auch als Führungskraft), sich um die Familie kümmern. Die geistigen Ressourcen lassen sich ebenso einfach fördern. Auch dazu brauchen Sie keinen Lehrgang! Ersetzen Sie Ihren Fernsehkonsum durch Bücherkonsum. Sie schalten nicht vor dem Fernseher ab – der Fernseher schaltet Sie ab. Autoren von und Personen in Büchern können zu Ihren Freunden werden und Sie trainieren beim Lesen Ihr Denkvermögen. Schränken Sie Ihren Gebrauch Sozialer Medien ein; das wird Ihrem Denk- und Urteilsvermögen außerordentlich zuträglich sein.

Drittens helfen zur Erlangung mentaler Härte Selbstkontrolle oder Selbstdisziplin (▶ Kapitel 2.4). Emotionale oder cholerisch veranlagte Menschen haben es hier schwerer. Sich selbst im Griff zu haben und innerlich zu sich selbst auf Distanz gehen zu können, hilft, Gedanken und Gefühle zu erkennen, einzuordnen und zu beherrschen. Ob jemand dazu in der Lage ist, erkennt man daran, ob jemand über sich selbst lachen kann. Man stellt sich gewissermaßen neben sich und reflektiert das eigene Verhalten/seine Reaktionen und kann diese als gut oder schlecht bewerten. Es erweist sich als positiv, sich Zeit zu lassen mit Antworten, auch wenn darunter die Schlagfertigkeit leidet. Es ist nützlich, Dinge »zu überschlafen«, weil tatsächlich morgen die Welt schon wieder ganz anders aussehen kann. Dazu gehört im weitesten Sinne auch die Selbstdisziplin beim Umgang mit Sozialen Medien. Ständige Erreichbarkeit, Oberflächlichkeit in Beziehungen und unnatürliches Mitteilungsbedürfnis unterlaufen die oben beschriebenen Ziele.

Mit diesen grundlegenden Hinweisen kann man dem Ziel, eine innere Widerstandskraft zu entwickeln, näherkommen. Das Ideal vieler Führungskräfte ist leider, hart im Herzen zu sein, dabei sind sie »weich im Kopf«. Die wünschenswerte Alternative bedeutet genau das Umgekehrte: Weich im Herzen zu sein oder zu bleiben, aber hart im Kopf/im Denken.

Aufgabenstellung
Für die Praxis geht es nur noch darum, diese praktischen Tipps von oben im Alltag umzusetzen. Die Schwierigkeit besteht im »Dranbleiben«, im Entwickeln von guten Gewohnheiten. In einer belastenden Akutsituation macht es keinen Sinn, sich mentale Härte herbeizuwünschen. Diese muss im Alltag immer wieder gesucht werden, und zwar im Privatleben und im Dienstalltag. Zwingende Voraussetzung ist, dass man sich nicht in einem »Hamsterrad« oder einer »Tretmühle« bewegt, nur noch funktioniert und von Termin zu Termin hetzt. Die oben aufgeführten Ratschläge gehen von der Voraussetzung aus, dass man sich reflektiert und sich auch »blinden Flecken« im eigenen Leben stellt. Dazu gehört der Mut, sich der eigenen seelischen Untiefen bewusst zu machen und auch Stille auszuhalten.

Bin ich ungerechtfertigt undankbar? Neige ich zu übertriebenem Idealismus? Versinke ich in Selbstmitleid? Diese harte Arbeit an sich selbst kann Ihnen kein Mensch auf dieser Welt abnehmen. Daher sollen Sie die Tipps des Kapitels nochmals durchlesen, Stichpunkte formulieren und für sich nachdenken, wie das in Ihrem Leben aussehen kann. So kann das beispielsweise aussehen:

- Dankbarkeit entwickeln: Zu festen Tageszeiten/nach Ereignissen innehalten und fragen: Was ist bisher gut gelaufen? Wie kann ich Positives auch anderen mitteilen? Wie kann ich meine Mitmenschen aufmuntern?
- Ressourcen stärken: Mindestens einmal im Tagesverlauf die Frage stellen, ob mein Erleben im Einklang mit meinen Zielen ist. Wenn nein, dann eingefahrene Gleise verlassen und schlechte Angewohnheiten abstellen. Von egoistischen Betätigungen absehen und dafür mehr Zeit der Familie widmen.

Ein letzter Hinweis zum Schluss: Beurteilen Sie die Literatur zum Thema und die Videos im Internet kritisch. Schauen Sie danach, ob das Menschenbild der Autoren mit Ihrem eigenen übereinstimmt, ob die Inhalte psychologisch solide sind oder ob Ihnen Esoterik und billige Ratschläge verkauft werden.

Literatur-Tipp

Amann, Ella Gabriele, Alkenbrecher, Frank: Das Sowohl-als-auch-Prinzip: Resilienz: Mit Sicherheit stark durch die Krise, Selbstverlag, 2014.
Lasogga, Frank, Karutz, Harald: Hilfen für Helfer: Belastungen – Folgen – Unterstützung, Verlag Stumpf + Kossendey, 2012.

2.7 Eingesetzt und ausgebrannt – Vermeidung von Burnout

Zielsetzung der Einheit

Die so genannte Burnout-Erkrankung wird auch als »Krankheit der Tüchtigen« bezeichnet. Deren Name kommt von dem Gefühl, wie Erkrankte ihren Zustand selbst beschreiben: Ausgebrannt sein. Die Zahl der Betroffenen steigt. Es gibt kaum einen, der keinen Erkrankten im Freundes- und Bekanntenkreis hat. Viele Leistungsträger aus Rettungsdienst, Polizei und Feuerwehr gehören dazu. Wer perfektionistisch veranlagt ist, gerne hilft und Verantwortung übernimmt, ist erheblich mehr gefährdet als die Faulen und Trägen in unseren Reihen. Diese Einheit soll für die Problematik sensibilisieren. Sie soll helfen, die Warnsignale des Körpers zu erkennen und die Notbremse zu ziehen, um einen schlimmeren Krankheitsverlauf zu verhindern.

Das Lächerlichste vom Lächerlichen auf dieser Welt sind mir die Leute, die es eilig haben, die nicht schnell genug essen und arbeiten können. Was richten sie aus, diese ewig Hastenden? Ergeht es ihnen nicht wie jener Frau, die aus ihrem brennenden Haus in der Verwirrung die Feuerzange rettete?
Søren Kierkegaard

In der einen Hälfte unseres Lebens opfern wir unsere Gesundheit, um Geld zu erwerben. In der anderen Hälfte opfern wir Geld, um die Gesundheit wiederzuerlangen.
Voltaire

Erlebte Geschichte aus dem Rettungsdienst

Er verstand gerade die Welt nicht mehr. Früher war er doch leistungsfähiger gewesen. Für den Rettungsdienst hätte er alles getan. (Eigentlich hatte er alles getan.) Jetzt fand er sich selbst im Krankenhausbett wieder – auf der psychiatrischen Station! Oft genug hatte er mit dem Rettungswagen Patienten hierhergebracht, als er noch aktiv im

Tagesgeschäft tätig war. Kein Gedanke, dass jemals die »Rollen« vertauscht sein würden. Irgendwie peinlich, weil man sich kannte. Das Pflegepersonal war jedenfalls sehr zuvorkommend. Es gab nicht eine blöde Bemerkung, keinerlei unangenehme Andeutungen. Sein erster Beruf als Rettungsassistent, das Studium neben der Arbeit, der ganze Idealismus kamen ihm nun sinnlos vor. Seine Familie stand hilflos und etwas verloren um das Bett; er starrte mit leeren Augen an die weiße Decke, wo nur eine Neonleuchte ihr kaltweißes Licht verbreitete. Die mitgebrachten Blumen würdigte er keines Blickes, Blumen hatte er noch nie gemocht. Angefangen hatte das ganze Drama damit, dass er sich selbst zu sehr unter Druck setzte und für die Arbeit eigene Bedürfnisse zu sehr vernachlässigte. So sagte jedenfalls sein Arzt – Blödsinn, wie er selbst fand. Arbeit hatte er mit nach Hause genommen auf einem USB-Stick und die Nächte daran gesessen. Kassenverhandlungen mussten vorbereitet werden und nebenher waren da noch die Probleme mit dem Zweckverband, die Bedarfsplanung, der Wachenneubau, das Qualitätsmanagement usw. Probleme mit Vorgesetzten konnte er noch nie auf der Wache hinter sich lassen – wer kann das überhaupt? Konflikte hätte er verdrängt – welche denn? Zurückgezogen hatte er sich zuerst, am liebsten wollte er alles hinschmeißen. Pläne mit seiner Frau hatte er gemacht; sie hatten sogar ans Auswandern gedacht. Aber so einfach war das alles nicht, auch die Kollegen brauchten ihn, sie konnten am wenigsten für die Missstände und er hatte einen Ruf zu verlieren. Wenn er die Arbeit nicht machte, blieb sie liegen. Damit konnte er sich schwer abfinden. Dass er über die Jahre immer gereizter reagierte, störte die Kollegen wenig, aber seine Frau und seine Tochter litten darunter. Was seiner Frau am meisten Sorgen machte: Er war nicht mehr der Alte, seine Persönlichkeit schien sich zu verändern. Früher hatte sie seine mitreißende Art und seine Begeisterungsfähigkeit geschätzt, seinen trockenen Humor geliebt und gerade diese Eigenschaften waren aber einer furchtbaren inneren Leere gewichen. Er hatte kaum Kranktage über das Jahr, aber im Urlaub ereilte ihn regelmäßig eine schwere Grippe. Der zuständige Psychiater schaute über den Brillenrand und stellte eine nüchterne Diagnose: Tiefsitzende Erschöpfungs-Depression.

Theoretische Grundlagen

Falls Sie die Geschichte nachvollziehen und nachfühlen können, möchte ich Ihnen zunächst ein Kompliment machen: Sie gehören wahrscheinlich zu den Tüchtigen, Fleißigen und Gewissenhaften im Lande. Die Ignoranten, Drückeberger und Faulpelze in unseren Organisationen laufen kaum Gefahr, an Burnout zu erkranken. Sicher beobachten Sie wie ich, eine erschreckende Zunahme entsprechender Erkrankungen in Ihrem Bekanntenkreis, und das nicht nur in »anspruchsvolleren« Berufen. »Burnout« ist mittlerweile ein jahrzehntealter Begriff und kommt von dem

Gefühl, von dem Betroffene berichten: »ausgebranntsein«, wahrgenommen als überwältigende Erschöpfung. Die Psychologie beschrieb das Auftreten zuerst in den sogenannten »helfenden Berufen« und führt das Phänomen zunächst auf Überlastung im Beruf zurück. Die Betroffenen erleben den Stress im Beruf häufig einhergehend mit einer zynischen Einstellung und Distanzierung. Betroffen sind Menschen mit hohen Erwartungen und Ansprüchen an sich selbst und an die Organisationen, in denen sie tätig sind. Burnout ist dabei der eingebürgerte, landläufige Begriff, wohinter sich eigentlich eine Depression verbirgt.

Nach dem Psychologen und Psychoanalytiker Herbert J. Freudenberger verläuft eine Burnout-Erkrankung in mehreren Phasen, die er in seinem Buch »Burnout bei Frauen« aus dem Jahr 1992 das erste Mal ausführlich beschrieb: Der negative Kreislauf beginnt mit dem Zwang, sich beweisen zu müssen. Die Gründe für diesen Zwang liegen teilweise im Arbeitsleben, in der Berufswelt, aber auch in der Psyche der Betroffenen selbst begründet. Resultierend wird dann ein verstärkter Einsatz erbracht, der damit einhergeht, dass man eigene Bedürfnisse zurückstellt. Das Hamsterrad dreht sich schneller, man funktioniert nur noch. Dies geschieht nicht nur vorübergehend, so dass regelmäßig eigene Bedürfnisse vernachlässigt werden. Daraus ergeben sich wiederum diverse Konflikte (auf der Arbeit, aber auch im privaten Bereich), die aber aus mehreren Gründen verdrängt werden. Schließlich werden eigene Werte umgedeutet und Prioritäten im Leben ändern sich. Das ist höchst problematisch, aber die resultierenden Probleme werden wiederum verleugnet. In manchen Lebensbereichen kommt es dann zum kompletten Rückzug und mittlerweile entsteht auch eine von Außenstehenden zu beobachtende Verhaltensänderung beim Betroffenen. Wahrgenommen wird eine Wesensveränderung, die nur von Kundigen als Alarmzeichen wahrgenommen wird. Der oder die Betroffene hat auch selbst das Gefühl dafür, dass die eigene Persönlichkeit sich verändert, aber das lässt sich verdrängen und übertönen. Empfunden wird eine innere Leere, die symptomatisch für eine Depression ist. Diese Leere kann durch vermehrte Aktivität überspielt werden, was jedoch nicht dauerhaft gelingt. Die Depression verstärkt sich nur noch und das Endergebnis ist die völlige Burnout-Erschöpfung. Dieses Kapitel kann sich nun nicht weiter mit genauen Krankheitsverläufen und anderen medizinischen Zusammenhängen beschäftigen, sondern will lediglich ein paar nützliche Tipps zur Krankheitsvermeidung beisteuern.

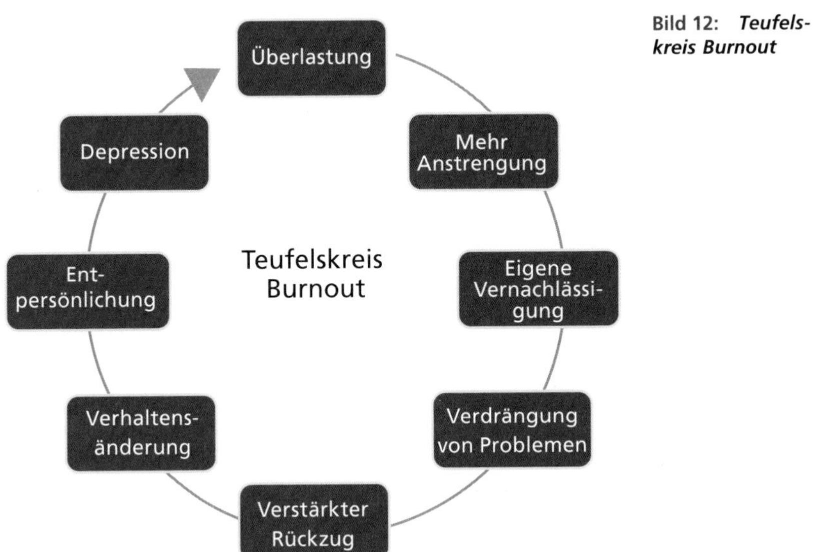

Bild 12: ***Teufelskreis Burnout***

Achten Sie bei sich selbst und bei anderen auf Warnsignale: Körperliche Signale können v. a. Magen-Darm-Beschwerden, chronische Kopfschmerzen, Infektionsanfälligkeit, Schlafstörungen oder zunehmende Erschöpfung/Mattigkeit/Abgeschlagenheit ohne erkennbare Auslöser sein. Kognitive Anzeichen für ein drohendes Burnout sind v. a. Konzentrationsstörungen, Gedächtnislücken oder Fluchtphantasien. Zu den sozialen Warnsignalen zählen v. a. Eheprobleme, (unnatürliche) Abneigung gegenüber der Arbeit, vermehrter Alkoholkonsum. Emotionale Warnzeichen können v. a. Versagensängste, verstärkte Reizbarkeit oder das Gefühl einer inneren Leere sein. Warnzeichen heißen so, weil sie vor einer drohenden Gefahr warnen! Wenn Sie also diese Anzeichen bemerken, treten Sie auf die Bremse! Nehmen Sie keine neuen Aufgaben mehr an, geben Sie andere Aufgaben (zeitweilig) ab, delegieren Sie großzügig (▶ Kapitel 5.2). Suchen Sie das Gespräch mit einem verständnisvollen Vorgesetzten (so Sie einen haben), dem Amtsarzt oder dem betrieblichen Gesundheitsmanagement. Um rechtlich sauber zu sein, schreiben Sie eine förmliche Überlastungsanzeige (Vorlagen dafür im Internet). Nehmen Sie eine Auszeit, bevor es zu spät ist und Sie vor dem Scherbenhaufen Ihres Lebens stehen. Auch wenn Sie es im Moment nicht glauben wollen: Jeder ist ersetzbar und es ist nicht Ihre Aufgabe, die Welt zu retten. Und wenn Sie sich schon für unersetzbar halten und den Anspruch haben, die Welt zu retten, müssen Sie selber fit dafür sein.

Ein zweiter, eigentlich banaler Tipp: Lernen Sie »Nein« zu sagen. Das wird Ihnen mehr helfen, als alle Sprachen der Welt zu beherrschen. Bisher hat die Vokabel nicht zu Ihrem Wortschatz gehört? – Das war ein Fehler. Hier ein hilfreiches Experiment für die sofortige Umsetzung: Sagen Sie zu allem, was Ihnen über den Tag angetragen wird, zuerst einmal »Nein«. (Ausgenommen sind natürlich Einsätze.) Wichtiges Detail: Kommentieren Sie ihr »Nein« nicht und geben Sie keine entschuldigenden Erklärungen ab! Lassen Sie Ihr Gegenüber nachfragen; inzwischen können Sie sich überlegen, warum ein »Ja« momentan nicht in Frage kommt. Oder vertagen Sie spontane Zusagen ganz grundsätzlich und geben Sie die Standardantwort: »Danke für Deine Anfrage. Bitte gib mir bis morgen Zeit, darüber nachzudenken. Ich werde schauen, ob es reinpasst und komme nochmal auf mich zu/ich komme wieder auf Dich zu.«

Drittens ein Ratschlag, der von Ihnen Selbstreflexion verlangt und schmerzhaft sein kann. Nehmen Sie sich Zeit dafür und tun Sie das folgende mit einem Menschen, der Ihnen wirklich freundschaftlich und ehrlich liebevoll verbunden ist. Gehen Sie der Sache auf den Grund und denken Sie über sich selbst nach. Das können Sie nur, wenn Sie sich Zeit dafür nehmen. Bedenken Sie die Frage: Was treibt Sie eigentlich an? Warum greift man immer so gerne auf Sie zurück? Helfen Sie anderen wirklich mit Ihrer Einsatzbereitschaft? Welche Dinge sind wirklich den vollen Einsatz wert? Wer und was leidet unter Ihrer Arbeitswut? Nutzen in Wirklichkeit andere Ihre Gutmütigkeit aus? Machen sich andere auf Ihre Kosten ein leichtes Leben?

Die gute Nachricht zum Schluss: Sie können den Absprung schaffen, aus dem Hamsterrad aussteigen und in einer frühen Phase auch ohne fremde Hilfe ein Burnout überwinden. Auf jeden Fall können Sie vorbeugen. Beschäftigen Sie sich mit alten Lebensweisheiten. Ihnen darf man zum Beispiel einmal ausdrücklich sagen, was den Faulpelzen im Lande in die Wiege gelegt ist: »Morgen ist auch noch ein Tag; manche Probleme lösen sich von ganz allein; Arbeit muss auch mal liegen bleiben können. Alles hat seine Zeit.«

Im Internet können Sie mit Hilfe von kostenlosen Tests herausfinden, ob bei Ihnen eine Gefährdung in Bezug auf eine Burnout-Erkrankung vorliegt. Zu beachten gilt, dass diese Tests nur eine Orientierung sein können und diese niemals eine ärztliche Beratung ersetzen können.

Aufgabenstellung

Die folgenden praktischen Vorsätze können Sie dabei unterstützen, gar nicht erst in die Situation eines Burnouts zu kommen: Was kann ich gegen ein Burnout bei mir und anderen tun? Achten Sie in Ihrem Leben auf drei wichtige Dinge bzw. Säulen: Ihre Ernährung, Ihre Entspannung (einschließlich des Schlafes) und Ihre Bewegung.

Jedes dieser Felder hat entscheidenden Einfluss auf Ihre körperliche und seelische Gesundheit. Und alle drei Felder stehen im Zusammenhang. Bedenken Sie, dass vieles, was Ihnen die Gesellschaft (einschließlich der Werbung) vormacht, krank macht und Sie inneren und äußeren Abstand brauchen, um nicht krank zu werden. Arbeiten Sie an der Abstellung negativer Lebensumstände:

- Überengagement zurückfahren (kleinere Ämter und Aufgaben sofort abgeben/niederlegen)
- Isolation vermeiden (Burnout-Betroffene sind oft Einzelgänger)
- Aufgaben delegieren (auch privat)
- Trennung von Arbeit bzw. Ehrenamt und Privatleben verstärken
- Sportliche und freizeitliche Aktivitäten verstärken (ohne Leistungsdruck!)
- Zeitweise das Telefon ganz abstellen, Internet-Nutzung einschränken
- Kreative Pausen einlegen, Zeit für Muße nehmen, ausreichend schlafen
- Gebrauch des Wortes »nein« erlernen und einüben (siehe oben)
- Ernährungsgewohnheiten überdenken: Nicht übermäßig und unausgewogen essen, ausreichend trinken (Wasser), drastische Reduzierung der Genussmittel (Kaffee, Nikotin, Alkohol)

Wichtige Ergänzung

Das Gegenstück zum Burnout-Syndrom ist das weniger bekannte »Boreout-Syndrom«. Der Begriff stammt vom englischen »boredom« (Langeweile) und beschreibt eine chronische Unterforderung im Berufsleben. Interessanterweise ähneln die Symptome, denen des Burnout-Syndroms und die Betroffenen sind einer ähnlichen Negativspirale unterworfen. Die Fachwelt streitet noch darüber, ob dieses Phänomen eine Krankheit darstellt oder lediglich ein Modebegriff für eine Zeiterscheinung ist. Im beruflichen Kontext ist das Boreout zumindest eine Betrachtung wert, da es für den Einzelnen und den Arbeitgeber/Dienstherrn enorme Auswirkungen haben kann. Eine Bewältigungsstrategie ist die »innere Kündigung«, v. a. wenn der Betroffene einen Arbeitsplatzwechsel scheut. Das geschieht, wenn der Arbeitsplatz trotz aller negativen Umstände im Dienst sicher und gut bezahlt ist.

Unterforderung ist also scheinbar ein ähnlich großes Problem wie Überforderung. Die Betroffenen zeichnen sich durch hohe Leistungsbereitschaft, Pioniergeist, Werteorientierung und Innovationspotenzial aus. Behörden stehen zumindest in dem Ruf, diese Werte weniger abzurufen als Unternehmen. Im Einzelfall kommt es auf die Führung, die Vorgesetzten an, ob diese Eigenschaften gefragt sind oder nicht. Es sind unzählige Beispiele bekannt, wo diese Werte von Vorgesetzten nicht nur nicht gefördert, sondern sogar ausgebremst oder gar bestraft werden.

Die Ursachen für einen Boreout liegen wiederum im Betroffenen selbst, als auch in der Arbeit begründet. Ein falsches Verständnis von Zeitmanagement tut ein Übriges: die Annahme, Leerlauf sei Zeitverschwendung und nicht etwa eine Chance für kreatives Arbeiten und strategisches Denken. Die Folgen sind beispielsweise eine vorgetäuschte Auslastung und falsche Prioritätensetzung. Im Grunde kann diese Scheinleistung die Diagnose Boreout verschleiern, weil ein Beobachter eher von einem Burnout ausgehen muss. Letztere Diagnose ist zudem sozial anerkannter und wird auch deswegen häufiger gestellt. Eine gute Bezahlung und Sicherheit des Arbeitsplatzes verstärken das Problem eher noch, weil die Hemmschwelle steigt, an der eigenen Situation etwas zu verändern.

Die Auswirkungen für den Betrieb/die Behörde sind gravierend: Mitarbeiter, die innerlich gekündigt haben, arbeiten nicht nur ineffizient, sondern schädigen das Unternehmen sogar. Für Führungskräfte ergeben sich folgende Schlussfolgerungen: Es ist wichtig, für das Phänomen Boreout sensibel zu sein, unabhängig davon, ob es als Krankheit anerkannt ist. Es ist wichtig, den richtigen Mitarbeiter am richtigen Platz zu beschäftigen und offen zu sein für Fortbildungswünsche und Entwicklungspotenzial, auch wenn die Möglichkeiten dafür nicht immer ausreichend vorhanden sind. Bei Einstellungsgesprächen sollen keine unerfüllbaren Erwartungen genährt werden. Ein Vorgesetzter soll berücksichtigen und kommunizieren, dass die Arbeit/der Dienst nicht die Quelle eines letzten Lebenssinns ist. Auch wenn sich die Umstände oft nicht ändern lassen und man »gegen Windmühlen kämpft«: Von der Mitarbeiterschaft wird es in aller Regel honoriert, wenn Vorgesetzte wenigstens zuhören, respektvollen Umgang pflegen und wenigstens versuchen, die Probleme in der Behörde/im Unternehmen anzugehen und das auch kommunizieren.

Literatur-Tipp

Nelting, Manfred: Burnout – Wenn die Maske zerbricht, Wie man Überlastung erkennt und neue Wege geht, Mosaik, 2014.

Prammer, Elisabeth: Boreout – Biografien der Unterforderung und Langeweile: eine soziologische Analyse. Springer Fachmedien, Wiesbaden, 2013.

3 Ethik, Moral, Werte

3.1 Fragen zur Selbstreflexion

Tabelle 5: *Fragen zur Selbstreflexion 3 – Ethik, Moral, Werte*

Nr.	Frage	Ja / Nein / Weiß nicht
1	Sind Sie ein Mensch, der ein ethisches Fundament und moralische Werte im Leben für wichtig erachtet?	
2	Gibt es Menschen, die zu Ihnen aufschauen und sich an Ihnen orientieren; vielleicht auch unbewusst?	
3	Haben Sie sich schon einmal bewusst mit dem Thema Berufsethik auseinandergesetzt, vielleicht auch zwangsläufig?	
4	Haben Sie selbst eine konkrete Vorstellung von den speziellen Werten/der Berufsethik in Ihrer Organisation?	
5	Können Sie drei zentrale ethische Fragestellungen benennen, die in Ihrer Behörde/Organisation in der Praxis eine Rolle spielen?	
6	Glauben Sie, dass sich der Wertewandel in unserer Gesellschaft auf Ihre Behörde/ihre Organisation auswirkt?	
7	Hand aufs Herz: Muss und kann man als Führungskraft immer geradlinig führen und ehrlich sein?	
8	Meinen Sie, dass Führungskräfte manchmal eine kleine Notlüge machen müssen?	
9	Können Sie für sich den wichtigsten Wert/die wichtigste Tugend in Ihrer Tätigkeit benennen?	
10	Haben Sie eine Vorstellung davon, wie Vertrauen zwischen Führungskraft und Geführten aufgebaut werden kann?	
11	Wissen Sie, wie schnell es geht, dass aufgebautes Vertrauen in eine Person zerstört wird?	
12	Führen Sie in jeder Situation (im Dienstalltag und im Einsatz) auf die gleiche Art und Weise?	
13	Richtet sich Ihr Führungsstil nach den Menschen, die Sie vor sich haben?	

Tabelle 5: ***Fragen zur Selbstreflexion 3 – Ethik, Moral, Werte (Fortsetzung)***

Nr.	Frage	Ja / Nein / Weiß nicht
14	Richtet sich Ihr Führungsstil nach der jeweiligen Situation, in der Sie sich befinden?	
15	Wenden Sie im Einsatz als Führungskraft bewusst ein bestimmtes Führungsmodell an?	
16	Wird in Ihrer Organisation durch Rechtsquellen/Dienstvorschriften ein bestimmter Führungsstil gefordert?	
17	Meinen Sie, dass man erwachsene Menschen noch erziehen kann und muss?	
18	Glauben Sie von sich selbst, Ihre Unterstellten müssten Sie halt nehmen, wie Sie sind?	

3.2 Die Grundlage muss stimmen – Eine Einführung

Zielsetzung der Einheit

Das folgende Kapitel in diesem Buch widmet sich dem Thema Ethik. Als Schulfach wird der Ethik von vielen Menschen keine große Bedeutung beigemessen. Mindestens hat es in der regulären Schulbildung nicht das gleiche Gewicht, wie die »wichtigen« Fächer, etwa Mathematik oder Deutsch. Dort, wo Ethik als Fach an den Bildungseinrichtungen der Polizei, des Rettungsdienstes, der Feuerwehr auftaucht, werden oft keine Noten vergeben und das Fach ist nicht »prüfungsrelevant«. Warum tritt dieses Thema dann hier mit einem ganzen Kapitel in Erscheinung? Weil unsere Vorstellungen über Ethik unseren (dienstlichen) Alltag prägen, weil es sich mit den grundlegenden Lebensfragen beschäftigt und weil kaum darüber gesprochen wird, aber Führungskräfte ein Minimum darüber wissen sollten. Am Ende dieses Kapitels sollten Sie wissen, um was es geht, welche Werte im Dienstalltag eine Rolle spielen und wie Sie in Ihrer Funktion wichtige Werte fördern können.

Die Würde des Menschen ist unantastbar. Sie zu achten und zu schützen ist Verpflichtung aller staatlichen Gewalt.
Grundgesetz der Bundesrepublik Deutschland, Artikel 1

Der Mensch ist des Menschen Wolf.
Thomas Hobbes

Man kann ohne Liebe: Holz hacken, Ziegel formen, Eisen schmieden. Aber man kann nicht ohne Liebe mit Menschen umgehen.
Lew N. Tolstoi

Erlebte Geschichte aus der Feuerwehr

Der Führungsdienst war zurück am Einsatzleitwagen und warf seine Schreibmappe auf den Beifahrersitz; ein Wasserrohrbruch war eigentlich kein Einsatz für ihn. Der Gruppenführer des Löschfahrzeugs hatte ihn nachgefordert, weil es im Haus eine Menge Aufregung gegeben hatte. Die Wogen waren inzwischen geglättet, die Polizei auch schon wieder am Abrücken, die Nachbarn beruhigt und die Arbeit getan. Die alte Dame, die den Einsatz ausgelöst hatte, stand immer noch völlig aufgelöst und im Bademantel in ihrer Küche. Aus irgendeinem Grund waren die Schläuche zu ihrer Waschbecken-Armatur abgegangen, was den Einsatz der Feuerwehr ausgelöst hatte. Ein See auf dem Fußboden, Wasserflecken an der Decke der darunterliegenden Wohnung und aufgebrachte, verständnislose Nachbarn waren das Ergebnis der abendlichen Küchen-Katastrophe. Ihre eigene Hilflosigkeit trieb der Frau die Tränen in die Augen; die Kinder waren nicht erreichbar, sie arbeiteten im Ausland. Der Hausverwalter war (wie so oft) nicht ans Telefon zu bekommen, und die Nachbarn im Haus kannte sie nur flüchtig von kurzen Begegnungen im Treppenhaus. – Nun jedenfalls waren alle Gefahren beseitigt. Nach der Abschaltung des Stroms, dem Einsatz des Nasssaugers und dem Entfernen der Teppiche in Wohnzimmer und Schlafstube, stand die Besatzung des Löschfahrzeugs im Flur. Der Einsatzauftrag war erledigt, die Zuständigkeit endete hier. Sie hatten eigentlich schon mehr getan, als unbedingt notwendig gewesen wäre. Das Kommando »Zum Abmarsch fertig« war schon gegeben. Außerdem war Abendbrotzeit. Die Entscheidung des Gruppenführers lautete trotzdem, die Armatur notdürftig zu reparieren und der Dame noch ein wenig zur Seite zu stehen. Während ein Kollege (Klempner von Beruf) den Wasserhahn reparierte, tröstete ein anderer die Bewohnerin. Größer als der Wasserschaden war die Aufregung der Frau. Sie hatte in ihrem bisherigen Leben noch nie die Feuerwehr in Anspruch nehmen müssen und der ganze Aufwand um ihre Person war ihr furchtbar peinlich. Diese Aufregung begann nun langsam zu verfliegen. Die Versicherung würde bezahlen; sie hatte niemandem Ärger gemacht. Es war richtig gewesen, den Notruf zu wählen. Schließlich braucht jeder mal Hilfe. – Nach Ankunft in der Wache musste das Abendessen der Fahrzeug-Besatzung nochmal die Mikrowelle passieren, trotzdem waren alle aus ungeklärter Ursache bester Laune.

Theoretische Grundlagen

Hätte man die Kollegen aus der einleitenden Geschichte befragt, warum sie über das unbedingt nötige Maß hinaus tätig geworden sind, hätte man nicht unbedingt eine schnelle Antwort erhalten, vielleicht sogar Achselzucken oder einen ungläubigen Blick geerntet. Hier nicht über das rechtlich unbedingt erforderliche Maß hinaus zu helfen, hätte man als unmoralisch empfunden. »Man kann die Frau doch nicht einfach stehen lassen!« Diese Aussage ist eine ethische und damit sind wir schon beim Thema.

Bevor wir zum praktischeren Thema der Berufsethik kommen, müssen in diesem Kapitel einige Grundlagen gelegt werden. Worum geht es überhaupt? Das Wort Ethik stammt vom griechischen »ethos« ab und bedeutet so viel wie »Sitte« oder »Brauch«. Es geht um die Frage, was in einem bestimmten Zusammenhang als Richtig oder Falsch zu bezeichnen ist. Ethik ist das sittliche Verständnis von bestimmten Dingen; einfacher ausgedrückt: Ethik beantwortet die Frage nach einem guten und »richtigen« Leben. Die Ethik ist zunächst eine Disziplin der Philosophie bzw. der Religion und liefert die Begründung für die Moral. Moral ist also ein wichtiges Feld der Ethik. Hier wird es schon praktischer. Alles läuft auf die Frage hinaus, was der Mensch in einer konkreten Situation tun oder lassen soll. Unsere nur selten ausgesprochenen Vorstellungen von Gut und Böse, Richtig und Falsch, bestimmen also über unser Handeln im Leben. Moralische Normen geben wieder, was eine Gruppe von Menschen/die Gesellschaft für gut und richtig oder böse und falsch hält. Moralvorstellungen repräsentieren Werte, die ein Einzelner oder eine Gruppe von Menschen in sich trägt. Hinter dem augenfälligen Alltagshandeln steht also immer ein verborgener Grund (besser: ein ganzer Begründungsmix), der sich manchmal – wenn überhaupt – erst dann offenbart, wenn sich Menschen näher kennen lernen oder in einer Gruppenkonstellation wiederfinden.

Diese Normen werden durch bestimmte Werte (altmodischer auch: Tugenden) ausgedrückt. Wo immer mindestens zwei Menschen zusammentreffen, werden diese Werte vorausgesetzt oder neu ausgehandelt. Das kann stillschweigend, mit Worten oder sogar mit Gewalt geschehen. Manche Werte sind ausdrücklich niedergeschrieben, v. a. in Gesetzen und Verordnungen unserer Rechtsordnung, manche bestehen als »ungeschriebene Gesetze«. Viele Werte entstammen der Religion (bspw. die Zehn Gebote oder das Doppelgebot der Liebe) oder der Philosophie (der kategorische Imperativ). Werte sind ständig im Wandel, weil die ethischen und moralischen Grundlagen von Gesellschaften im Wandel sind. Und: Jede Gesellschaft einigt sich auf spezifische Werte, die innerhalb eines bestimmten Rahmens gelten sollen. Das gilt also auch für den Rettungsdienst, die Feuerwehr und die Polizei.

Ethik und Moral sind also teilweise zeitlich veränderlich und man kann diese nach verschiedenen Kategorien einteilen. Eine mögliche Unterscheidung ist die nach der Zeit: Die hergebrachten, eher altmodischen Werte, sind Ordnung und Sauberkeit, Disziplin, Pflichtbewusstsein, Traditionsbewusstsein. Modernere Werte sind Erlebnisorientierung, Selbstverwirklichung, Spaß an der Arbeit.

Weiter lassen sich weiche und harte Werte unterscheiden: Weiche Werte gelten als angenehm, haben ausschließlich einen positiven Klang und tun niemandem weh. Dazu gehören bspw. Gemeinwohlorientierung, Kameradschaftlichkeit, Harmonie und Toleranz. Im Gegensatz dazu gefallen harte Werte nicht allen; sie können »weh tun«, fordern in der Umsetzung immer Anstrengung oder ein Opfer und haben daher nicht immer einen guten Klang oder sind sogar verpönt. Harte Werte sind bspw. Disziplin, Gehorsam, Zielstrebigkeit, Gerechtigkeitssinn.

Werte können aufgeschrieben sein oder als sogenannte »ungeschriebene Gesetze« existieren. Geschriebenes Recht kennt jeder zur Genüge; die ungeschriebenen Gesetze fallen einem manchmal erst nach längerem Nachdenken ein. Bei der Feuerwehr gehört bspw. dazu, an der Einsatzstelle und im Gerätehaus/der Wache gemeinsam aufzuräumen und nach einem Einsatz vor allen anderen Aktivitäten zuerst die Einsatzbereitschaft wiederherzustellen.

Manche Werte sind auch niedergeschrieben und so gebräuchlich, dass man nicht auf Anhieb benennen kann, wo genau der Grundsatz geschrieben steht. Die Grundsätze und Werte für Feuerwehr und Rettungsdienst ergeben sich teilweise sogar aus dem Polizeirecht und allen voran natürlich unserem Grundgesetz (Menschenwürde). Soweit die Feuerwehrleute Beamte sind, ergeben sich die geforderten Werte natürlich aus dem Beamtenrecht, genauer den Beamtengesetzen der Länder und des Bundes und den zugehörigen weiteren Vorschriften. Diese Werte finden sich in den sogenannten »hergebrachten Grundsätzen des (Berufs-)Beamtentums«.

Das Verhältnis zwischen Dienstherrn und Beamten nennt sich »öffentlich-rechtliches Dienst- und Treueverhältnis« und verpflichtet beide Parteien zu ebendiesen Werten. Daraus leiten sich für beide Seiten Rechte und Pflichten ab. Diese verwirklichen sich in Prinzipien. Dazu gehören bspw. das Lebenszeitprinzip, das Alimentationsprinzip und das Leistungsprinzip. Beamte haben ihre Ämter neutral und unparteiisch zu führen, müssen jederzeit für die freiheitlich-demokratische Grundordnung eintreten und dem Dienstherrn voll und ganz zur Verfügung stehen. Grundsätzlich haben sie sich auch außerhalb des Dienstes achtungs- und vertrauenswürdig zu verhalten. Die bestehende Hierarchie wird ausdrücklich bejaht, was auch das Laufbahnprinzip und die Beratungspflicht der Vorgesetzten mit einschließt. Wie bei anderen Rechten und Pflichten auch, werden in der Praxis die Rechte gerne in

Anspruch genommen, während an die Pflichten immer wieder einmal erinnert werden muss. Auch das ist eine Aufgabe für Führungskräfte.

Ohne das Thema allzu wissenschaftlich zu betrachten, kann man zusammenfassend und in aller Kürze folgende Grundsätze aufstellen, die für alle Bereiche in Feuerwehr, Polizei und Rettungsdienst gleichermaßen gelten (sollen):

1. Dauerhaft erfolgreiche Führungsarbeit steht immer auf einer guten ethischen Grundlage. Ohne diese lassen sich in jeder Organisation höchstens kurzfristige Erfolge erzielen. Ein Beispiel aus der Wirtschaft: Mit Entlassungen von Mitarbeitern lässt sich der Aktienkurs eines Unternehmens kurzfristig in die Höhe treiben. Später mag man feststellen, dass mit den Entlassenen nicht Kosten, sondern eigentlich Vermögen abgebaut wurde. Führungskräfte müssen die ethischen Grundsätze ihrer Organisation verinnerlicht haben und sollen sie dann vorleben.
2. Wer in einem helfenden Beruf arbeitet, sollte das Anliegen (zu helfen) als ethischen Standard auch verinnerlicht haben. Das heißt: Man braucht einen Grund zum Helfen. Das sollte nicht ein »Helfer-Syndrom« sein, welches tendenziell ungesund ist. Besser wäre eine humanistische Grundeinstellung (v. a. »Alle für einen – einer für alle.«) oder eine christliche Motivation (v. a. »Gott zur Ehr', dem Nächsten zur Wehr.«), in jedem Fall aber eine menschenfreundliche Gesinnung (»Die Polizei – dein Freund und Helfer.«).
3. Eine gute Führungskraft sieht im unterstellten Mitarbeiter nicht nur eine Nummer, einen Befehlsempfänger oder einen Untergebenen, sondern eine wertvolle Persönlichkeit. Prüfen Sie Ihr Menschenbild! Wer in seinen Unterstellten nur Idioten, »Fußvolk« oder sogar Fußabtreter sieht, sollte besser keine Führungskraft sein. Selbst wenn sich Unterstellte manchmal wie Idioten benehmen, gibt das keinem Vorgesetzten das Recht, diese auch als solche zu behandeln.
4. Jede Führungskraft hat die Pflicht und die Aufgabe, die »Moral der Truppe« hochzuhalten. Wer bewusst führen will, sollte daher die oben beschriebenen Zusammenhänge kennen. Getreu dem Motto: »Langfristig ist nur erfolgreich, wer weiß, warum er erfolgreich ist.« Sie haben als Führungskraft gelegentlich die Aufgabe, Sinn zu stiften, wo keiner einen Sinn sieht und Charakter zu beweisen, wo man seine gute Erziehung am liebsten vergessen möchte.
5. Ein hoher Wert im Umgang untereinander ist Wahrhaftigkeit, was vom Wortsinn her bedeutet »der Wahrheit verhaftet sein«. Falschheit und Lügen führen zur Verführung. Wenn Sie schon nicht die Wahrheit sagen

können, schweigen Sie wenigstens. »Sage nicht alles, was du weißt, aber wisse immer, was du tust.« (Matthias Claudius). Auch das kann für Manchen schon zur Mammut-Aufgabe werden. Man kann trefflich darüber streiten, ob eine Führungskraft immer die Wahrheit sagen soll. Dieses Prinzip kann eine gute Richtschnur für diese fast alltägliche Frage sein.

6. Ebenso hoch im Kurs wie Wahrhaftigkeit steht Vertrauen. Tatsächlich geht das Zweite aus dem Ersten hervor. Sie sind noch neu in Ihrer Führungsfunktion? Erwarten Sie keinen Vertrauensvorschuss in Ihrem Revier, Ihrer Abteilung oder auf der Wache. Schön, wenn Sie den bekommen; wenn nicht, auch gut. Vertrauen muss wachsen und will erarbeitet werden. Das ist ein langer Prozess. Umgekehrt dauert es keine zwei Sekunden, um Vertrauen zu zerstören. Auch dieses Prinzip ist es wert, sich einzuprägen.

Gute Führungsarbeit lebt von Werten, die Führungskraft und Geführte teilen. Wenn nur die Führungskraft organisationstypische Werte lebt, haben Sie ein Problem – umgekehrt natürlich genauso. Falls Sie mit einem relativ hohen Wertebewusstsein alleine stehen, überlegen Sie, wie Sie in Ihrem Verantwortungsbereich Werte gezielt fördern können.

Werte müssen durch Ziele verwirklicht und in konkrete Schritte umgemünzt werden. Wieder ein Beispiel aus dem Feuerwehrbereich: Sie betrachten das Zusammengehörigkeitsgefühl und die Kameradschaft in Ihrer Einheit als einen hohen Wert. Sie setzen sich deshalb zum Ziel, den Gemeinsinn und die Kameradschaft zu stärken. Solange Sie dieses noch nicht greifbare Ziel nicht mit Schritten belegen können, wird es eine schöne Idee und ein guter Vorsatz bleiben. Als konkrete Schritte fassen Sie daher eine herausfordernde Einsatzübung mit einem anschließenden Kameradschaftsabend oder einen gemeinsamen Bowlingabend im nächsten Halbjahr ins Auge.

Ein zweites Beispiel: Es stört Sie, dass in Ihrer Abteilung viel Zeit mit ineffizienten, fruchtlosen Besprechungen vergeudet wird. Sie betrachten Effizienz und Professionalität als hohen Wert. Daher coachen Sie Ihre Mitarbeiter immer wieder in einer professionellen Arbeitsweise und sagen ihnen die Regeln, wie sie selbständig arbeiten und entscheiden können, auch wenn in der jeweiligen Sache nicht ausgiebig beraten werden kann.

Tabelle 6: ***Anforderungen an Ziele***

		Englisch	Deutsch
S		Specific	Spezifisch
M		Measureable	Messbar
A		Actionable	Umsetzbar
R		Realistic	Realistisch
T		Timebound	Zeitlich definiert

Aufgabenstellung

Die praktische Aufgabe in dieser Lektion ist wiederum zunächst etwas für Sie ganz persönlich. Verschaffen Sie sich etwas Abstand vom Alltag, holen Sie sich einen Kaffee, gehen Sie in sich und beantworten Sie für sich und Ihren Zuständigkeitsbereich folgende Fragen. Die Beantwortung mag anstrengend sein. Es ist gut möglich, dass Sie sich ein wenig dazu zwingen müssen. Der Aufwand lohnt sich aber.

1. Wie ist es um die Werte an Ihrem Arbeitsplatz/in Ihrem Ehrenamt bestellt? Wie hoch stehen Werte überhaupt im Kurs; wie steht es um gegenseitiges Vertrauen, Zuverlässigkeit, Ehrlichkeit?
2. Aus welchem Grund setzen Sie sich immer wieder für bestimmte Anliegen ein? Hat sich Ihre Motivation in der letzten Zeit gewandelt und wenn ja, warum?
3. Welches Bild haben Sie von Ihren Mitarbeitern bzw. Kameraden? Welche Auswirkungen hat dieses Bild? Wo haben Sie sich bisher in Menschen getäuscht?
4. Wie viel Vertrauen genießen Sie von Ihren Kollegen bzw. Unterstellten? Wo haben Sie möglicherweise Vertrauen verspielt? Wie kann es zurückgewonnen werden?

5. Welche Werte möchten Sie gerne in Zukunft in den Vordergrund rücken? Wie kann das praktisch aussehen?

(Denken Sie an den oben genannten Dreierschritt: Werte – Ziele – Schritte.) Wenn Sie Ziele formulieren wollen oder müssen (egal, ob beruflich oder privat), können Sie folgende Regel als Hilfestellung nutzen: Ziele sollen SMART sein. Die Bedeutung der Buchstaben im Akronym kann der ▶ Tabelle 6 entnommen werden.

Wichtige Ergänzung

Viele Autoren haben sich in den vergangenen Jahrzehnten und Jahrhunderten an den biblischen zehn Geboten angelehnt, wenn es darum ging, für den eigenen Bereich einige grundsätzliche Regeln aufzustellen, deren Einhaltung man einfordern kann. Zehn ist für Gebote eine überschaubare Zahl, besser als einhundert. Aus dem nicht mehr erhältlichen Büchlein »Merkbuch für Feuerwehrführer«, herausgegeben vom Badischen Feuerwehrverband, 1933, stammt folgende Aufzählung. Diese Gebote sind bedenkenswert und unabhängig von der schlimmen politischen Situation der damaligen Zeit. Das zehnte Gebot erscheint etwas sinnfrei und wurde wahrscheinlich eingeführt, um die Zehn vollzumachen, im Gegensatz zum zehnten Gebot der Bibel. Die Aufgabe besteht darin, sich mit diesen Geboten auseinanderzusetzen und zu fragen: Was gilt heute wie damals? Was braucht man und was sollte man heute nicht mehr sagen? Was sollte man anders formulieren? Was wäre heute das oberste Gebot?

»10 Gebote des Feuerwehr-Führers hinsichtlich seiner Führungsaufgaben«

1. Du sollst Vorbild sein!
2. Du sollst die Feuerbekämpfung beherrschen!
3. Du sollst erziehen und belehren!
4. Du sollst Verantwortlichkeitsgefühl haben!
5. Du sollst kameradschaftlich sein!
6. Du sollst denken und überlegen!
7. Du sollst nicht schreien und fluchen!
8. Du sollst anständig sein auch gegen Hilfsmannschaften!
9. Du sollst Energie und Tatkraft zeigen!
10. Du sollst diese Gebote befolgen!

3.3 Wo es praktisch wird – Berufsethik

Zielsetzung der Einheit

Im ersten Unterkapitel wurden die allgemeinen Grundlagen des Themas Ethik behandelt. Die dort angeschnittenen Fragen ziehen sich durch das gesamte private und dienstliche Leben, werden aber eher selten diskutiert. Anders sieht es bei den Themen dieses Kapitels aus. Die Berufsethik berührt in der Polizei, im Rettungsdienst und in den Feuerwehren eine Unmenge an praktischen Lebensfragen und diese sorgen im Kreis der Kolleginnen und Kollegen beinahe täglich für Diskussionsstoff. Manche der Themen sind Gegenstand an den Ausbildungsstätten für unsere Berufsgruppen, manche werden komplett ignoriert und ausgeblendet. Spätestens der Dienstalltag zwingt uns aber dazu, uns eine eigene Meinung zu bilden und auch, Vorsätze zu fassen, wie man sich in der einen oder anderen konkreten Situation verhalten soll. Führungskräfte sollten einen Überblick über diese Themen haben und auch eine möglichst feste Meinung, die im Einklang mit Recht und Gesetz steht und gelegentlich entschieden vertreten werden muss. Dieses Kapitel ist keine erschöpfende Abhandlung mit Musterantworten und Patentrezepten, soll aber Anregung geben, sich tiefergehend mit der Materie zu beschäftigen.

Der wahre Soldat kämpft nicht aus Hass auf das, war vor ihm liegt, sondern aus Liebe zu dem, was hinter ihm ist.
Gilbert K. Chesterton

Wir wissen nicht, wie wir die Ethik der Politik, der Wissenschaft und der Wirtschaft voranstellen sollen. Wir sind noch immer unfähig zu verstehen, dass das einzige Rückgrat unserer Handlungen – wenn sie ethisch sein sollen – die Verantwortung ist.
Václav Havel

Oft sind es nur die so genannten »kleinen Dinge«, die mich bewegen; fügt man aber alle Puzzle-Teile zusammen, ergibt sich ein Bild, das Rückbesinnung zu mehr Einigkeit, Akzeptanz, Führungswillen und Wertebewusstsein fordert. Offenkundig sind wir viel zu uneinig, zu egoistisch und auch zu führungsschwach. … Besinnen wir uns vielmehr des traditionellen Wahlspruchs der Feuerwehren: »Gott zur Ehr', dem Nächsten zur Wehr. – Einer für alle, alle für einen«. Würden wir diese Leitsprüche in unserem täglichen Feuerwehrdasein mit Leben erfüllen, wären uns viele Probleme fremd und fern.
Hermann Schröder

Erlebte Geschichte aus der Polizei

Eigentlich war es ihr vierzigster Geburtstag. Es hatte eine lockere Feier mit der engsten Verwandtschaft und einigen ihrer Kollegen werden sollen. Soweit die Theorie. Sie war kürzlich vom Streifendienst in die Direktion gewechselt und hatte natürlich aus ihrer Dienstzeit »auf der Straße« einen enorm großen Freundes- und Bekanntenkreis behalten. Die Mehrzahl ihrer Gäste kam aus dem Blaulichtbereich und jetzt, zu Beginn der Geburtstagsfeier, spannen sich die Gespräche zunächst um dienstliche Themen. Es war scheinbar ein »Debriefing« der Arbeitswoche und so war das nicht geplant gewesen. Etwas verärgert schaute sie aus dem Partyzelt auf ihrem gepflegten Rasen zu dem Mitarbeiter des Partyservice, der gerade schwer mit dem Aufbau des Buffets beschäftigt war. Die Biertische bogen sich unter der Last der angelieferten Speisen und sie würde nochmal das ein oder andere zurechtrücken, bevor sie das Buffet offiziell eröffnen würde. Mit halbem Ohr schnappte sie ein Gespräch zwischen ihrem Bekannten aus dem Rettungsdienst und einem ehrenamtlichen Wehrführer auf, die miteinander offenbar den letzten gemeinsamen Einsatz auswerteten und zwischendurch ob der Marotten einiger Führungskräfte abwechselnd die Köpfe schüttelten und laut auflachten. Nebenan diskutierten drei ihrer eigenen Kollegen über das Für und Wider und die Verhältnismäßigkeit eines Wasserwerfereinsatzes bei einer Demonstration in der Hauptstadt. Es hörte sich wie eine Stammtisch-Diskussion an; das Gespräch drehte sich außerdem um deutsches und amerikanisches Waffenrecht und wann es jemand verdient hätte, dass es »auf die Mütze« gab. – Der Partyservice hatte die Warmhalteplatten angezündet, die Hauptgerichte und Desserts waren einigermaßen gut verteilt und sie könnte das Buffet jetzt eigentlich eröffnen. Aber nun war sie fast in der Stimmung, sich in die laufenden Gespräche mit ihrer eigenen Auffassung reinzuhängen. Es gab Redebedarf, manches konnte man so nicht stehenlassen. Ihre eigene Feier war offensichtlich gekapert worden! Die »heißen Eisen« gehörten jetzt nicht hierher, sondern sollten in Schulungen oder Beratungen ausgefochten werden. Hoffentlich konnte man bald zum »gemütlichen Teil« übergehen und die werten Kollegen würden wenigstens mit vollem Magen den Dienst und ihre Grundsatzdiskussionen einmal außen vorlassen können.

Theoretische Grundlagen

Die besonders dringenden Fragen der Berufsethik beschäftigen uns immer wieder, kommen aber im dienstlichen Kontext selten direkt zur Sprache. Umso heftiger wird in der Freizeit darüber diskutiert. Bevor wir uns eingehender mit den speziellen ethischen Fragestellungen der einzelnen Behörden und Organisationen mit Sicherheitsaufgaben (BOS) beschäftigen, kümmern wir uns zuerst um die ethischen Fragestellungen, die in allen Organisationen gleichermaßen auftauchen (können).

Um es noch einmal zu betonen: Dieses Kapitel hat keine Patentantworten parat, sondern will systematisieren und zum Weiterdenken und zur Diskussion anregen.

Die **erste ethische Frage**, die alle Beschäftigten innerhalb des Blaulichtmilieus gleichermaßen betrifft, ist die nach der letzten Motivation für die eigene Tätigkeit (egal ob im Haupt- oder Ehrenamt). Warum bin ich ausgerechnet in diesem Beruf/in diesem Ehrenamt? Wer ist dafür verantwortlich, mich zu motivieren und »bei der Stange« zu halten? Wieviel Motivation muss ich aus mir selbst heraus aufbringen? Was müssen die Führungskräfte/die Dienststelle dazutun? – Es gibt hier zwei Extreme: Manche Mitarbeiter haben verstanden, dass nur eine eigene, innere Motivation letztlich dazu hilft, im Beruf durchzuhalten und dem Alltagsfrust zum Trotz Freude an der Arbeit zu haben. Nicht Wenige sehen sich allerdings in einer Konsumenten- oder sogar Opferrolle und machen den Dienstherrn/die Organisation für ihr gesamtes berufliches Lebensglück verantwortlich. Letzteres ist offensichtlich falsch, sogar kindisch, aber eine bequeme Antwort auf eine komplexe Frage. Das Pendel sollte nach der erstgenannten Seite ausschlagen: Jeder ist zunächst selbst zuständig, sich täglich zu guter Arbeit zu motivieren. Der Dienstherr/der Arbeitgeber hat zwar eine Fürsorgepflicht, aber ist (mit seinen Führungskräften) nicht dafür da, Persönlichkeitsdefizite bei Mitarbeitern auszugleichen, einen letzten Lebenssinn zu definieren und täglich mit Belohnungen und Geschenken zu winken. Vielmehr darf davon ausgegangen werden, dass jeder Mitarbeiter aus eigenem Antrieb und wegen der Besoldung/dem Arbeitsentgelt mit Einsatzwillen und einem minimalen Qualitätsanspruch seine Arbeit tut/seinen Dienst verrichtet. Allenfalls kurzfristig kann, »von oben« helfend, eingesprungen werden, um in einer Lebenskrise zu unterstützen oder einen besonderen Einsatz auch besonders zu belohnen. Auf die Frage nach der Motivation hat auch das vorangegangene Kapitel versucht, eine Antwort zu geben.

Ein ähnlich gelagertes Thema ist die **zweite ethische Frage** des Ausbrennens oder des Abstumpfens im Dienst. Hier ist die Verantwortung der Dienstherren und Arbeitgeber höher, weil dieses Phänomen in der Natur des Dienstes in »Blaulichtberufen« liegt. Betroffen sind in erster Linie die Mitarbeiter im Rettungsdienst und im Streifendienst der Polizei und diejenigen, die in den verschiedenen Leitstellen der Gefahrenabwehr tätig sind. Nach den Erfahrungen des Autors kommt es in vielen Fällen nach circa zehn Jahren Dienst zu einer Abstumpfung, die signifikant und unnormal ist und manchmal einen »Krankheitswert« aufweist. Wenn Mitarbeiter ausgebrannt sind, bleibt in vielen Fällen nur ein Karriereschritt oder ein Wechsel seitwärts in einen anderen Bereich, sofern diese Möglichkeit besteht. Auf die Probleme, die das Ausbrennen verursachen (Dauerdienst in Problemvierteln, mit problematischer Klientel und mit Patienten ohne notfallmedizinische Indikation, aber umso höherer Anspruchshaltung) hat das System bislang keine andere Antwort und daher ist auch nicht mit einer alternativen Lösung zu rechnen. Die aktuell recht zahlreichen wohlmeinenden Initiativen, die mehr Achtung und Respekt gegenüber den helfenden Berufen und der Polizei einfordern, werden bei den Adressaten kaum auf Interesse stoßen und berühren die Ursachen für das geschilderte Problem nur teilweise.

Die **dritte ethische Frage**, die in allen Blaulicht-Organisationen gleichermaßen eine Rolle spielt, ist die Frage nach Befehl und Gehorsam bzw. dem Zwang zum Ausführen von Anweisungen. Die Geschichte lehrt, dass Anweisungen und Befehle nicht automatisch und von Natur aus im Einklang mit geltendem Recht sind. Aus sehr menschlichen Gründen hat sich bis heute an dieser Tatsache nichts geändert, obwohl unsere Rechtsordnung Gott sei Dank viele Vorkehrungen kennt, die Macht der Obrigkeit zu begrenzen. Es braucht nicht unbedingt eine Diktatur als Regierungsform, dass Befehle problematisch sein können; auch in Demokratien und in Rechtsstaaten können dienstliche Anweisungen gegen geltendes Recht verstoßen. Das kann unbeabsichtigt geschehen, bewusst in Kauf genommen werden oder sogar gewollt sein. Es mag für jüngere Ohren unglaublich klingen, aber der Autor hat mehrere Fälle erlebt, wo Vorgesetzte ganz unverhohlen, unter Zeugen und mit der Arroganz der Macht kundgetan haben, geltendes Recht interessiere sie nicht. Schlussfolgernd müsse man sich auch nicht danach verhalten. In diesem Fall muss jeder in seiner Rolle als Unterstellter für sich eine Grenze definieren, wieweit er oder sie einen Rechtsbruch oder eine Rechtsbeugung mittragen kann. Gegebenenfalls müssen im Gefolge auch persönliche Nachteile in Kauf genommen werden (die es aber in der Regel wert sind).

Einem Beamten steht das Recht zu, zu »remonstrieren« oder einen offensichtlich rechtswidrigen Befehl ganz zu verweigern. Remonstrieren heißt, gegenüber dem Vorgesetzten seine Bedenken geltend zu machen, befreit aber zunächst nicht von der Pflicht, Anweisungen umzusetzen. Verweigern darf man nur, wenn ein Befehl oder eine Anweisung gegen die Menschenwürde verstößt oder ordnungswidriges/strafbares Verhalten verlangt. Wir wollen hier wieder von einem Pendel sprechen, das nach der einen oder anderen Seite ausschlagen kann. Die eine Seite heißt: Augen zu, keinen Ärger machen, an die eigene Karriere denken, Klappe halten. Die Alternative: Rückgrat zeigen, Mund aufmachen, Unrecht benennen und: eventuell mit Nachteilen leben. Das besagte Pendel muss ganz eindeutig zur zweiten Alternative ausschlagen! Es mögen finanzielle oder karrieretechnische Einschränkungen folgen, aber der Gewinn an Selbstachtung und die Vorbildwirkung für andere wiegt viel schwerer. Außerdem ist die Remonstration nicht nur ein Recht, sondern auch eine Pflicht und dient letztlich der Selbstkontrolle der Behörden. Alte Sprichwörter haben auch hier eine Berechtigung und liefern moralische Schützenhilfe: »Ein ruhiges Gewissen ist ein sanftes Ruhekissen.« »Wenn es Deinen inneren Frieden kostet, ist es zu teuer.« »Es gibt kein wahres Leben im falschen.«

Bild 13: ***Ethische Konfliktfelder in den Blaulichtorganisationen***

Bevor wir uns nun mit der Berufsethik in den einzelnen Bereichen der Blaulichtorganisationen befassen, schadet ein Seitenblick in die Wirtschaft nicht. Einige Werte aus diesem Bereich stehen auch der Behördenwelt gut zu Gesicht. Die Kernaufgabe der Wirtschaft ist die Versorgung der Bevölkerung und der Industrie mit Waren und Dienstleistungen. Die ethischen Ansprüche in den einzelnen Branchen sind sehr unterschiedlich und sehr von der Art des Geschäfts und vom jeweiligen Kontext abhängig. Es gibt einen ganzen Wissenschaftszweig, der sich mit Wirtschaftsethik beschäftigt. Diese im Detail auszuführen, würde den Rahmen dieses Kapitels sprengen. Nur ganz allgemein: Der gesellschaftliche Schaden, den eine Wirtschaft ohne ethische Grundsätze anrichtet, liegt auf der Hand. Mediale Stichworte sind Raubtier-Kapitalismus, Bankenkrise (hier geht es um Vertrauen), Heuschrecken. Im positiven Sinne und nach unserem Verständnis soll die Wirtschaft also auch den Menschen dienen und Werte wie Gewinnmaximierung und Börsenwert sollten hinter der Nützlichkeit, Haltbarkeit und Nachhaltigkeit von Waren und Dienstleistungen zurücktreten. Interessanterweise sind, geschichtlich gesehen, langfristig diejenigen Unternehmen am erfolgreichsten, die auf einer guten ethischen Basis arbeiten. Erfolg bemisst sich dann nicht nur am Umsatz oder am Börsenwert, sondern im gesellschaftlichen Nutzen und der sozialen und ökologischen Verantwortung einer Unternehmung. Viele beachtenswerte Grundsätze der Wirtschaft decken sich mit denen der Behörden und Organisationen mit Sicherheitsaufgaben: Ein gründliches

Verständnis für den eigenen Beruf haben, das Streben nach ständiger Verbesserung, eine gute Personalauswahl, sinnvolle Priorisierung von Aufgaben usw.

Eine ganz andere Welt ist die der Behörden und Ämter: der Bereich, wo es nicht auf Gewinnerzielung ankommt, sondern die Erfüllung eines gesetzlichen Auftrags. Dazu gehört in Deutschland auch das Militär. Nicht wenige Mitarbeiterinnen und Mitarbeiter bei den Feuerwehren und der Polizei sind ehemalige Angehörige der Bundeswehr, was sich in der Praxis als vorteilhaft erweist und weltweit prinzipiell so praktiziert wird. Das Militär im Allgemeinen und unsere Bundeswehr im Besonderen hat ein ganz eigenes Berufsverständnis und eine eigene Art der Berufsethik. Die Kernaufgabe der Bundeswehr ist die Landes- und Bündnisverteidigung, und zwar als eine »Parlamentsarmee« in einem Rechtsstaat und in einer freiheitlich-demokratischen Gesellschaftsordnung. Das widerspiegelt sich in den internen Anweisungen. Die Bundeswehr hat einheitliche Richtlinien über Führung und Traditionspflege, wo bestimmte Werte den Soldatinnen und Soldaten vorgegeben werden. Die Basis ist die Idee des »Staatsbürgers in Uniform«, ein Führungsprinzip ist »Führen durch Vorbild« und auch die Vermeidung von negativen Werten aus der Vergangenheit wird thematisiert. Es soll keinen »Kadavergehorsam« geben und stumpfe Pflichterfüllung ist nicht erwünscht. Daneben gelten natürlich die typischerweise militärischen, soldatischen Tugenden, wie Handlungssicherheit, Entscheidungsfreude, Willensstärke, Mut und Disziplin. Diese werden eigentlich auch in Feuerwehr, Rettungsdienst und Polizei dringend benötigt, aber aus Gründen des Zeitgeistes oder einer überzogenen politischen Korrektheit hier kaum thematisiert.

Gehen wir zum Thema »Ethik im Rettungsdienst«: Die Kernaufgaben des Rettungsdienstes sind die (medizinische) Notfallrettung und der Krankentransport. Die Ethik im Rettungsdienst kann als Teilgebiet der Medizinethik angesehen werden. Auf diesem Feld geht es um solche brisanten (und teilweise hochaktuellen) Themen wie Organspende, Impfkritik, Genforschung, Schwangerschaftsabbrüche, künstliche Befruchtung, Sterbehilfe, Doping, Schönheitsoperationen und Tierversuche für humanmedizinische Zwecke. Nicht alle diese Themen beschäftigen auch den Rettungsdienst, schon gar nicht im Dienstalltag. In diesem Kapitel ist lediglich eine begrenzte Auswahl des großen Spektrums interessant, darum aber nicht weniger dringlich: Wie schütze ich die Menschenwürde, auch bei offenbar unangenehmen, aggressiven, problematischen Patienten? Wie lange wird reanimiert; wann gilt eine Reanimation als aussichtslos und wird abgebrochen? Ab welchem Zeitpunkt oder Lebensalter darf ein Mensch einfach versterben, ohne weiter behandelt zu werden (vorausgesetzt es ist nicht in einer Patientenverfügung geregelt)? Wie und warum muss ein Suizid verhindert werden? – Es ist ratsam, auf diese Fragen im Vorfeld der Ereignisse/Einsätze eine Antwort zu haben und in der Aus- und Fortbildung ohne

Zeitdruck zu besprechen. Außerdem sollten die Ansichten innerhalb der Teams an der Einsatzstelle nicht zu weit auseinandergehen.

Der Rettungsdienst beteiligt sich (wie die Feuerwehren) auch im Katastrophenschutz. Die Kernaufgabe des Katastrophenschutzes ist die Gefahrenabwehr bei Großschadenslagen und Katastrophen. Diese funktioniert heute mehr und mehr auch im internationalen Kontext, was die Ethik vor besondere Herausforderungen stellt. Die Ethik bei Katastropheneinsätzen leitet sich ab aus den etablierten Grundsätzen der beteiligten Organisationen. Jedoch wurden durch die großen Hilfsorganisationen (allen voran das traditionsreiche Rote Kreuz) weitere Grundsätze auch im Blick auf die internationale Katastrophenhilfe festgeschrieben. Im Jahr 1965 wurden auf der XX. Internationalen Rotkreuz-Konferenz in Wien die folgenden Werte definiert: Menschlichkeit, Unparteilichkeit, Neutralität, Unabhängigkeit, Freiwilligkeit, Einheit, Universalität. Letztlich basieren diese Grundsätze auf vorhandenen Werten, die auch im nationalen Kontext zu beachten sind (Menschenwürde, Gleichheit vor dem Gesetz). Jedoch ist es im internationalen Rahmen wegen der besonderen Herausforderungen besonders nötig, diese Werte deutlich herauszustellen und zu übertragen. Bei Großschadenslagen (auch schon unterhalb der Katastrophenschwelle) kann aus einem Mangel an Rettungsmitteln heraus die Situation eintreten, dass nicht alle Patienten eine übliche individualmedizinische Versorgung erhalten können. Hier müssen im Rahmen einer Triage von den Führungskräften Entscheidungen über Leben und Gesundheit der Unfallopfer/Erkrankten getroffen werden. Eine große Hilfe hierbei ist die Einteilung der Patienten in Sichtungskategorien, die eine Behandlungs- und Transportpriorität darstellen. Diese bekannte Einteilung ist sehr hilfreich, weil die Einsatzkräfte in Extremstress mit diesen schweren ethischen Entscheidungen nicht allein gelassen sind.

Ganz andere ethische Themen bewegen die Angehörigen der Polizeien. Kernaufgaben der Bundes- und Landespolizei sind die Aufrechterhaltung der öffentlichen Sicherheit und Ordnung durch Gefahrenabwehr und Strafverfolgung. Die Polizei verfügt über deutlich mehr Literatur zum Thema Ethik, als die Feuerwehren; die Themen werden in der Ausbildung auch intensiver »beackert«. Zentrale Themen sind der Schutz der Menschenwürde und der Grundrechte und der Eingriff in dieselben. Vorbereitet werden müssen angehende Polizisten selbstverständlich auf das Thema »Einsatz der Schusswaffe«. Weitere wichtige Themen sind aber auch Hilfe oder Hilflosigkeit bei Opfern und die eingeschränkten eigenen Hilfsmöglichkeiten in manchen Einsätzen und der Umgang mit Sterben, Tod und Trauer (im Kontext der Überbringung von Todesnachrichten). Die Themen »Rettungsfolter« und »Finaler Rettungsschuss« werden nur wenige Beamte in ihrer Dienstzeit betreffen, stellen aber ein ethisches Dilemma dar. Eine wichtige Frage, die vor allem die Polizei bewegt, wird in dem Grundsatz »Leben gegen Leben« ausgedrückt. Es sei herausgestellt, dass dieser Konflikt, im Einsatz zwischen zwei oder mehr Menschenleben abwägen zu müssen, nicht bis ins Letzte auf dem Papier oder vom Schreibtisch aus beantwortet werden kann. Wenigstens denkbar sind Fälle, wo ein oder mehrere Leben genommen werden müssen, um ein oder mehrere andere zu retten.

Eine weitaus häufigere Aufgabe für die Polizei ist der Schutz von Versammlungen (vor allem durch die Bereitschaftspolizei). Hierbei kommt es regelmäßig vor, dass dieser dienstliche Auftrag in Konflikt gerät mit dem Gewissen und den innersten Überzeugungen der Polizeibeamten selbst. Das kann der Fall sein, wenn bspw. die Demonstration einer extremen politischen Richtung geschützt werden muss, um das Grundrecht auf Meinungsfreiheit durchzusetzen und der Polizeibeamte innerlich eine berechtigte Abneigung gegen diese Art von extremistischer Meinungsäußerung hat. Andererseits kann die Polizei gegen Veranstaltungen vorgehen müssen, wo Polizeibeamte in größerer Zahl mit der dort vertretenen Ansicht zu einem politischen/gesellschaftlichen Thema jedoch übereinstimmen. Diese Konflikte sind für den Einzelnen zunächst einmal unvermeidlich. Natürlich kann kein Gesetzgeber der Welt alle Umstände voraussehen, unter denen Recht späterhin angewandt wird und durchgesetzt werden muss. In den höheren Führungsebenen und in der Politik möge man sich aber die Frage durchaus schwer machen, ob man Polizeibeamte in möglicherweise unnötige ethische Dilemmata versetzt oder ob sich die ursächlichen Konflikte nicht auch anders lösen ließen. Weitere dringliche Fragen sind bspw., wenn bei Demonstrationen, die polizeilich aufgelöst werden müssen, Kinder mitgeführt oder religiöse Symbole gezeigt werden.

Die Feuerwehren haben die Kernaufgaben Brandschutz und Technische Hilfeleistung. Grundsätzlich gilt das sowohl für die öffentlichen als auch die privaten Feuerwehren (Betriebliche und Werkfeuerwehren). Da Feuerwehren seltener Grundrechte einschränken müssen und meistens offenkundig zum Helfen an einer Einsatzstelle erscheinen, ergeben sich nicht so viele ethisch brisante Fragestellungen, wie in der Polizei und im Rettungsdienst. Soweit die Feuerwehren sich am Rettungsdienst beteiligen, gelten die oben beschriebenen Fragen sinngemäß. Im »reinen« Feuerwehrdienst beziehen sich die ethischen Fragestellungen meistens auf das innere Gefüge, das Selbstverständnis der Organisation und das korrekte Auftreten nach außen. Im Inneren der Organisation ist der richtige Umgang zwischen Feuerwehr im Hauptamt und im Ehrenamt immer wieder ein Thema; außerdem die gelebten Werte, die sich in einem entsprechenden Erscheinungsbild äußern. Im Einsatzfall können in wenigen Einzelfällen Fragen auftauchen, wie »Wen rette ich zuerst und warum?« und natürlich der Umgang mit der Frustration darüber, wenn Rettungseinsätze erfolglos verlaufen sind.

Alle diese Fragestellungen harren einer Antwort im Vorhinein, also nicht erst, wenn man in einer Konfliktsituation steht. Zumindest Führungskräfte sollten sich daher mit den beschriebenen Themen auseinandersetzen, bevor im Dienst die Probleme auftauchen. Schließlich ist zu wünschen, dass in den Aus- und Fortbildungseinrichtungen mehr Lehrpersonal sich des Themas annimmt, bevor man Einsatz- und Führungskräfte unvorbereitet in das Berufsleben entlässt.

Aufgabenstellung

Der Schlusssatz aus dem Kapitel mündet in die Aufgabenstellung. Feuerwehr und Rettungsdienst hinken in der Auseinandersetzung mit dem Thema Berufsethik der Bundeswehr und den Polizeien bei der Berücksichtigung in Aus- und Fortbildung hinterher. Es liegt zuerst an Einzelpersonen, dann an den Verbänden, Gremien und Organisationen, das zu ändern. Seitens der Feuerwehren sollte das Thema als fester Bestandteil der Berufsausbildung und der Führungskräfteausbildung von den Aus- und Fortbildungsstätten eingefordert werden.

Auf der »Arbeitsebene« kann man als verantwortliche Führungskraft das Thema (Berufs-)Ethik in der regelmäßigen Fortbildung unterbringen. Sichergestellt werden muss dabei, dass das Thema nicht zerredet wird, dass die jeweilige Rechtslage den Führungskräften bekannt ist und dass die Veranstaltung moderiert wird. Weiter ist es enorm wichtig, dass man nicht bei Allgemeinplätzen und guten Vorsätzen stehenbleibt, sondern dass man aus der Veranstaltung gangbare Schritte ableitet, wie man Werte, Ideale und Tugenden im Dienstalltag umsetzen will.

Literatur-Tipp

Kramp, Bernd; Nydegger, Daniel: Ethik in der Feuerwehr, Die Roten Hefte, Kohlhammer Verlag, 2015.
Rutkowsky, Frank: »Wir sind die Guten!« Ethik für die Polizei, eine Einführung, Eigenverlag, 2017.
Wagener, Ulrike: Polizeiliche Berufsethik, ein Studienbuch, Verlag Deutsche Polizeiliteratur, 2019.

3.4 Erziehung ist sinnlos – Vorbilder und Nachahmer

Zielsetzung der Einheit

Unter der großen Überschrift »Ethik« kam das Konzept »Führen durch Vorbild« bereits zur Sprache. Dieses ist Ausdruck einer bestimmten Wertvorstellung und stellt besondere Anforderungen an die Rolle, die Vorgesetzte einnehmen (sollen). Letztlich beinhaltet es auch den Gedanken, dass Unterstellte sich immer auf das Führungsverhalten des Vorgesetzten einstellen. Vor allem ältere Vorgesetzte sitzen manchmal noch der Idee auf, man könne Untergebene »erziehen«. Darum geht es in diesem Kapitel. Und wieder mündet es in die Aufgabe, die eigene Rolle und das Selbstverständnis zu hinterfragen. Das ist immer wieder nötig, denn bei jeder Führungskraft und in jeder Branche stellt sich nach einiger Zeit eine Art Betriebsblindheit ein. Das bedeutet, man merkt selbst nicht mehr, wie man auf andere Menschen wirkt. Je weiter oben man sich in einer Hierarchie befindet, nimmt die Zahl der Leute ab, die einem noch ehrlich die Meinung sagen. Diese Lektion soll Sie an Ihre Bedeutung als Vorbild erinnern. Lassen Sie sich die Augen öffnen und erkennen Sie, wie andere Menschen sich ein Beispiel an Ihnen nehmen – ein gutes oder ein schlechtes. Lernen Sie anschließend zu beobachten, wie Ihr Vorbild Wirkung zeigt.

Bei Vorbildern ist es unwichtig, ob es sich dabei um einen großen toten Dichter, um Mahatma Ghandi oder um Onkel Fritz aus Braunschweig handelt, wenn es nur ein Mensch ist, der im gegebenen Augenblick ohne Wimperzucken das gesagt oder getan hat, wovor wir zögern.
Erich Kästner

Bevor ihr den Menschen predigt, wie sie sein sollen, zeigt es ihnen an euch selbst.
Fjodor Dostojewski

Wer Vorbild in der Gesellschaft ist, muss nicht mehr ihr Werkzeug sein.
Joseph Joubert

Erlebte Geschichte aus dem Rettungsdienst

Etwas unschlüssig stand er vor dem »schwarzen Brett« in der Geschäftsstelle seines Landesverbandes, gleich neben den Wegweisern im Treppenhaus. Die Kollegen grüßten im Vorbeigehen; mancher gab ihm einen Klaps auf die Schulter. Für längere Gespräche gab es im hektischen Dienstalltag keine Zeit. Aber so, wie man ihm jetzt begegnete, hatte er bislang als Vorgesetzter offenbar einen guten Eindruck hinterlassen. Neben den offiziellen Aushängen der Leitungsebene hatte jemand eine Dankeskarte einer älteren Patientin aus dem Rettungsdienst angepinnt, die sich mit ein paar Zeilen, einem Päckchen Kaffee und zehn Euro für den Einsatz bedankt hatte, der ihr wahrscheinlich das Leben gerettet hatte. Die Karte war mit etwas krakeliger Schrift geschrieben und aus dem Krankenhaus geschickt worden. In früheren Jahren war diese Art des Dankes üblicher, heutzutage aber eher selten geworden. In seiner aktiven Dienstzeit im Rettungsdienst waren das auch immer motivierende Momente, wenn man ein kleines Dankeschön erhielt; das Geld wanderte in die Kaffeekasse. Wie er fand, war das ganz in Ordnung so – Menschen wollen Dankbarkeit ausdrücken und es wäre wohl eine Kränkung, wenn man diese Art von Dank zurückweisen würde. Schließlich wurde niemand dabei ärmer oder reicher. Die dienstliche Leitung hatte immer geflissentlich über dieses Verfahren hinweggesehen und auch mal beide Augen zugedrückt. Mit dem neuen Geschäftsführer war vor einem Monat eine neue »Dienstanweisung Korruption« erschienen, die die Annahme jeglicher Belohnungen und Geschenke untersagte. Trotzdem war die gängige Praxis noch eine Weile so weitergegangen, bis an einem jüngeren Kollegen ein Exempel statuiert worden war. Eigentlich ging es auch nur um fünf Euro, aber er war bei anderer Gelegenheit unangenehm aufgefallen. Seitdem traute sich niemand mehr, irgendetwas von irgendjemandem anzunehmen. – Was ihn im Moment schon wieder aufregte, war die Tatsache, dass im Verband offenbar mit zweierlei Maß gemessen wurde. Es war eine bekannte Tatsache, dass jedes Jahr vor Weihnachten ein namhafter Händler für Rettungsfahrzeuge und Medizingeräte mit einem Präsentkorb die Zentrale betrat und der Flurfunk wusste, dass wohl auch größere Summen Bargeld den Besitzer wechselten. Ob etwas an dem Gerücht dran war, konnte niemand bestätigen und der zuständige Haushälter und Beschaffer wurde von oben gedeckt. Als es aber um die arbeitsrechtliche Bestrafung des jüngeren Kollegen ging, der das Präsent entgegengenommen hatte, war ihm dann der Kragen geplatzt und er hatte seine gute Erziehung vergessen. Laut war er geworden, wahrscheinlich zu laut. Jetzt hatte er ein Betretungsverbot der Geschäftsstelle und eine Anzeige wegen übler Nachrede am Hals. Ein Gesprächstermin mit der Abteilungsleitung wurde ihm verwehrt. Seine Gedanken wanderten zurück: In seiner Dienstzeit hatte er immer wieder mal einen ausgegeben und auch Mitarbeiter eingeladen, um seinen Dank gegenüber den Kollegen zu zeigen – fiel das am Ende auch unter Korruption? Für ihn gehörte das zu seiner Führungsrolle und seiner Vorbildwirkung. Unverrichteter Dinge ging er durch die schicke Glastür zurück zu seinem Wagen.

Theoretische Grundlagen

Nicht immer werden Fragen um Gerechtigkeit oder Verhältnismäßigkeit derart hart ausgefochten, wie in der erlebten Geschichte oben. So geht es in diesem Kapitel auch weniger um die Themen aus der geschilderten Begebenheit, sondern um Vorbild- und manchmal auch »Signalwirkung«. Die Charaktermerkmale von Vorgesetzten, an denen sich andere Menschen »ein Vorbild nehmen«, treten eben erst in Ausnahmesituationen oder in Krisen hervor.

Im täglichen Miteinander in der Organisation bzw. der Dienststelle gilt jedenfalls eine einfache Regel: Egal, was wir tun – unsere Mitmenschen werden sich immer irgendwie auf unser Verhalten einstellen. Es funktioniert im Zwischenmenschlichen wie in der Physik: Jede Aktion ruft eine Reaktion hervor. Auch Ihr Verhalten resultiert zum großen Teil aus der Summe Ihrer gemachten Erfahrungen und Erlebnisse, v. a. in Ihren Beziehungen. Dabei sind nicht nur die zwischenmenschlichen Beziehungen in Ihrer Dienststelle oder im Kontakt mit den Bürgern, Patienten oder Klienten gemeint. Die Qualität Ihrer Beziehungen im Berufsleben spiegelt auch ganz direkt die Qualität Ihrer Beziehungen im Privaten wider. Weiter spiegelt auch das Verhalten Ihrer Mitarbeiter/Kameraden deren eigene Beziehungen privat und beruflich wider. Obiges Exempel ist natürlich ein Negativbeispiel. (Wichtig für jede halbwegs erwachsene und gereifte Persönlichkeit ist die Erkenntnis, dass wir nicht alle nur Opfer unserer Verhältnisse sind und dass wir durchaus zumindest versuchen können, über unsere Schatten und Schattenseiten zu springen.) Schon die Bemühung dazu wird in der Regel anerkannt. Wiederum gehören ein langer Atem und eine große Portion Charakter dazu, eigenen Negativvorbildern dauerhaft zu widerstehen und sich nicht unterkriegen zu lassen.

Vorbild im besten Sinne zu sein, ist immer eine Leistung über das Normale hinaus und erfordert eine Kraftanstrengung auf der Seite des Vorbildes. Wenn Sie mit offenen Augen durch die Welt gehen, werden Sie schnell feststellen, dass in allen Bereichen unserer Gesellschaft ein eklatanter Mangel an guten Vorbildern besteht. Zu viele Menschen antworten auf die Frage nach eigenen Vorbildern aus der Politik oder der Wirtschaft nur mit einem ahnungslosen Achselzucken. Oft werden nach langem Nachdenken Menschen genannt, die leider nicht mehr unter uns sind, wie etwa Altbundeskanzler Helmut Schmidt. Ich habe diese Frage (nach potenziellen Vorbildern) in meiner Schulungstätigkeit immer wieder einmal gestellt und nur ein einziger Kollege nannte bislang den Amtsleiter seiner Feuerwehr als persönliches Vorbild. Wenn Sie ehrlich in sich gehen, werden Sie vermutlich feststellen, dass nur echte Vorbilder in der Lage waren, in Ihnen selbst Begeisterung und dauerhaftes Engagement für Ihren Beruf bzw. Ihr Ehrenamt zu wecken

Woher kommt nun der Mangel an Vorbildern und Identifikationsfiguren? Vorbilder ragen schon vom Wortsinn her zwangsweise immer in irgendeiner Form aus Durchschnitt und Mittelmaß heraus. Ist es unsere »Konsumgesellschaft«, die nur noch konturlose Menschen von der Stange hervorbringt? Produzieren wir auch als Gesellschaft nur noch billige Kopien anstelle unverwechselbarer Originale? Ist es unsere »Wohlstandsgesellschaft«, die mit Ihren Annehmlichkeiten der Selbstzufriedenheit Vorschub leistet und das »Über-sich-Hinauswachsen« in Mangel- und Krisenzeiten erfolgreich verhindert? Ist es die »Ellenbogengesellschaft«, die jedem irgendwie Herausragenden einen Rippenstoß versetzt, dass er wieder in der Reihe tanzt? Was auch immer die Ursache ist, der Mensch ist keinesfalls nur das Produkt bzw. das Opfer seiner Verhältnisse. Und auch ohne die präzise Antwort auf obige Frage zu kennen, kann doch jeder zum Vorbild werden. Es ist anstrengend, aber es lohnt sich. Die Welt hungert nach echten Vorbildern. Diejenigen, die uns täglich im Fernsehen oder den sozialen Medien vor Augen geführt werden, taugen kaum als Orientierungsmaßstab und Identifikationsfiguren. Schon deshalb nicht, weil sie nicht auf Augenhöhe mit uns sind, weil sie schauspielern müssen oder wollen und schon morgen vom zeitgeistgebeutelten Mediengeschäft ausgespuckt werden.

Vorbild sein kostet etwas – konkret Zeit, Nerven und manchmal auch Geld. Was manche Firma heute als Coaching-Programm für teures Geld einkauft und manche Verwaltung als Führungskräfte-Förderprogramm veranstaltet, beruht in seinem

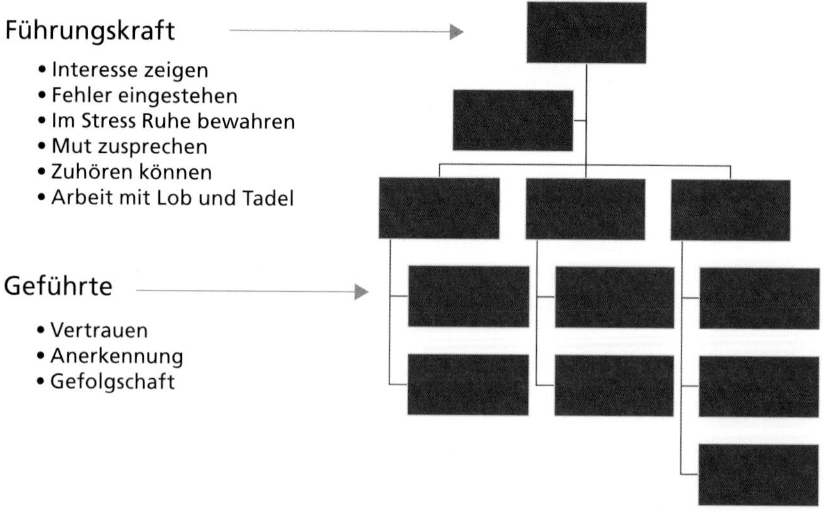

Bild 14: ***Führen durch Vorbild***

Erfolg zu einem sehr großen Teil auf nichts anderem, als der guten alten Vorbildwirkung.

Bleiben am Schluss einige Grundsatzfragen: Sind Sie selber bereit, in sich selbst und dann sich selbst zu investieren? Wollen Sie wirklich mehr in diese Welt und Ihre Organisation hineingeben, als Sie herausbekommen? Können Sie sich einen »Charaktervorsprung« verschaffen, wenn ja, wie? Sind Sie in allem echt und hinterfragbar oder produzieren Sie nur heiße Luft? Echt sein (Authentizität), nicht Perfektion und schon gar nicht Perfektionismus ist genau das, was andere sich von Ihnen als Identifikationsfigur wünschen. Und das wäre ein guter Anfang für Ihre Wirkung als Vorbild. Konkrete Schritte auf dem Weg zu diesem Ziel finden sich in der Aufgabe unten.

Aufgabenstellung

Sie können Ihre eigene Vorbildwirkung entwickeln, entfalten und ausbauen; ohne Geld, ohne Psychotricks, ohne Verwaltungsaufwand, ohne Anweisung. Die folgenden Punkte sollen Ihnen dabei helfen:

1. Suchen Sie sich eine einzelne Person (einen Auszubildenden, einen Praktikanten, Ihren Stellvertreter) oder eine ganze Gruppe (Ihre Wachschicht, Ihr Revier, Ihre Abteilung) und überlegen Sie, was Sie als Führungskraft in Ihrem Charakter den Anderen voraushaben sollten und wie Sie gute Maßstäbe setzen können. Schreiben Sie diese Eigenschaft/diese Kompetenz auf, wenn Sie mögen. Das kann beispielsweise sein: Ein Mehr an Entscheidungsfreude, Entschlusskraft, persönlicher Reife, Sozialkompetenz, Methodenkompetenz (richtig moderieren, delegieren können, Konfliktlösung) usw. Wenn Sie mit den Betreffenden zum nächsten Dienst oder zur nächsten Beratung zusammenkommen, versuchen Sie, genau diese Eigenschaften an den Tag zu legen.
2. Es ist wie beim Loben: Behalten Sie das als richtig Erkannte im Hinterkopf und suchen Sie in Ihrer täglichen Arbeit nach kleinen Gelegenheiten. Nehmen Sie die Gedanken aus 1. mit zum Dienst. Eine Person oder Aufgabe in jedem Dienst/in jeder Schicht reicht. Verhalten Sie sich dann einfach so, wie es Ihnen als moralisch richtig erscheint. Das haben Sie vielleicht schon immer getan, denken Sie aber nun darüber nach und steigern Sie sich.
3. Nun sollten Sie verstärkt die Auswirkungen Ihres Verhaltens auf Ihre Mitarbeiter reflektieren und beobachten, was dabei herauskommt. Erwarten Sie keine Wunder, der stete Tropfen höhlt den Stein. Sie haben die Garantie, dass Sie auf diesem unscheinbaren Weg und mit diesen

bescheidenen Mitteln auf Dauer Ihren Einflussbereich verändern. Nur eines dürfen Sie nicht erwarten: Beifall oder Dank. Undank ist auch heute noch der Welten Lohn und Ihre gute Arbeit wird man schweigend zur Kenntnis nehmen.

4. Nehmen Sie sich besonders jüngerer Kollegen und Kameraden an. Dort ist der Vorbildmangel meist am schmerzhaftesten. Sie sollen Dienstanfängern, Praktikanten und den unteren Dienstgraden keinen Honig ums Maul schmieren, aber Interesse sollten Sie zeigen. Das kann auch durch einen wohlmeinenden Tadel geschehen. Wenn Sie Gelegenheit haben, kümmern Sie sich gerne um den Nachwuchs, wo andere sich die Mehrarbeit »vom Hals halten«.

Wichtige Ergänzung

Führungskraft zu sein, ist eine moralische Verpflichtung zur Vorbildwirkung. Das belegt zum Beispiel auch die Zentrale Dienstvorschrift über »Innere Führung« der Bundeswehr. Hier wird per Dienstanweisung (!) unter Punkt 3 die Vorbildfunktion allen Vorgesetzten sogar zugewiesen. (Bundesministerium der Verteidigung: Innere Führung – Selbstverständnis und Führungskultur der Bundeswehr, 2018):

»Ich bin Vorgesetzter bzw. Vorgesetzte in der Bundeswehr. Damit sind mir besondere Befugnisse, aber auch Pflichten übertragen.

1. Ich achte und schütze die Menschenwürde.
2. Ich bin an Recht, Gesetz und mein Gewissen gebunden und trage für mein Handeln die Verantwortung.
3. Ich bin Vorbild in Haltung und Pflichterfüllung und teile mit meinen Untergebenen Härten und Entbehrungen.
4. Ich setze meine Befehle in angemessener Weise durch und kontrolliere ihre Ausführung.
5. Ich schaffe die Voraussetzungen für gegenseitiges Vertrauen.
6. Ich bilde meine Soldatinnen und Soldaten bestmöglich aus und fordere sie angemessen unter Beachtung der Menschenwürde, Gesetze, Dienstvorschriften und Sicherheitsbestimmungen.
7. Ich führe partnerschaftlich. Ich nutze die Fähigkeiten und Fertigkeiten meiner Soldatinnen und Soldaten und beteilige sie wann immer möglich an meiner Entscheidungsfindung.
8. Ich kenne meine Soldatinnen und Soldaten und nehme mich ihrer Sorgen und Nöte an.
9. Ich informiere meine Soldatinnen und Soldaten und mache ihnen meine Befehle einsichtig.

10. Ich suche das Gespräch mit meinen Soldatinnen und Soldaten und bin für sie stets ansprechbar.«

Interessant ist auch die Vorgabe unter 7. in Bezug auf den Führungsstil. Gleichen Sie diese Forderung einmal mit der Feuerwehr- oder der Polizei-Dienstvorschrift 100 ab. Welcher Führungsstil der Feuerwehr kommt dort dem »partnerschaftlichen« Führen der Bundeswehr am nächsten? Was fordert die FwDV 100 überhaupt zu diesem Thema? Wo sonst kann ich als Feuerwehrmann/Rettungsdienstler/Polizist in Bezug auf die ZDv10/1 der Bundeswehr eine Anregung für meine Führungspraxis aufnehmen?

3.5 Der Ton macht die Musik – Führungsstile

Zielsetzung der Einheit

Ein Thema, welches sich in fast jeder Ausbildung und Schulung zum Thema Führung wiederfindet, ist das der Führungsstile. Dieses Thema ist deutlich einfacher zu vermitteln, als das komplexe Feld der Ethik. In der Ethik wird der Grund gelegt und das Menschenbild der Führungskraft bestimmt dann seine Art und Weise, zu führen. Die angewandten Stile in einer Behörde, einer Organisation oder in einem Unternehmen bestimmen dann die Kultur und das Klima, das dort herrscht. Es geht bei den Führungsstilen um die Art und Weise, wie man führt. Die Literatur zu dieser Frage ist enorm umfangreich und unüberschaubar, auch die aus dem englischsprachigen Teil der Welt. Dieses Kapitel gibt zunächst eine Übersicht über die Kategorien, nach denen man Führungsstile einteilen kann. Zum zweiten werden dann einzelne Stile kurz beschrieben. Hierbei ist interessant, dass es verschiedene Namen für gleiche oder ähnliche Führungsstile gibt. Drittens werden die Stile besprochen, die in der Welt von Polizei, Rettungsdienst und Feuerwehr vorrangig angewendet werden (sollen).

Großartige Führungskräfte müssen nicht immer Stärke zeigen. Vielmehr dienen ihre Zuversicht und ihre Bescheidenheit dazu, ihre Stärke zu beweisen. … Bei dem Thema Führung geht es nicht immer darum, in Verantwortung zu sein. Es geht darum, sich um die zu kümmern, die in Verantwortung sind.
Simon Sinek

Eine Institution wie die Polizei, die im besonderen Maße dem Grundsatz der Würde des Menschen verpflichtet ist, muss diese zuallererst im Umgang mit dem eigenen

Personal praktizieren... Im Alltag des innerdienstlichen Polizei-Betriebes wird der Beweis entweder erbracht oder vernichtet.
Martin Krolzig

Erlebte Geschichte aus der Feuerwehr

Scheinbar hatte ihn bis heute noch niemand in Zivil und in Begleitung seines Hundes gesehen, obwohl er im Dienst das vielgeliebte Haustier gelegentlich erwähnt hatte. Augenblicklich richteten sich alle anwesenden Augenpaare auf ihn, dann auf den Hund und wieder auf ihn. Die Ähnlichkeit war nicht zu leugnen und beide harmonierten offenbar prächtig! Über die Jahre hatten sich die Gesichtszüge von Hund und Herrchen immer mehr angeglichen. Man kennt das von Ehepaaren, die Jahrzehnte verheiratet sind. Man wächst zusammen und wird auch rein äußerlich ähnlicher. Vor seiner Zeit als stellvertretender Wachleiter einer mittelgroßen Berufsfeuerwehr hatte er häufig Prügel einstecken müssen und lief dann oft sprichwörtlich herum wie ein geprügelter Hund. Er hatte eine »schwere Kindheit« und eine harte Lehrzeit hinter sich gebracht und hatte sich in der Feuerwehr »von klein auf« hochgedient. Seine Intelligenz war Mittelmaß, aber sein Amtsleiter hatte seine Hartnäckigkeit und seinen finsteren Gesichtsausdruck für Führungsstärke gehalten. Später sah er sich in der glücklichen Lage, etwas von den Härten seiner Karriere an seine Mitarbeiter zurückgeben zu dürfen, das heißt: endlich selbst zu prügeln. Die schwache Führung an der Spitze brauchte ihn als eine Art Kettenhund; das merkte er instinktiv. Er hatte gelernt zu kläffen, zu bellen und notfalls auch zu beißen. Er war, wie er war; über Stile und Methoden hatte er noch nie nachgedacht. Vor Jahren, auf einem Seminar über Mitarbeiterführung hatte er interessiert zugehört und den Ordner mit den Seminarunterlagen säuberlich in seinen Aktenschrank gestellt. Seine Mitarbeiter wiederum hatten sich auf sein Verhalten eingestellt. Sie reizten ihn niemals oder nur aus sicherem Abstand, hielten ihre Köpfe unten und standen still. Sein Gespür, zum richtigen Zeitpunkt den Schwanz auch einmal einzuziehen, hatte ihm trotz seiner offenkundigen Inkompetenz immerhin zwei Beförderungen eingebracht. Mit den Ehrenamtlichen der Freiwilligen Feuerwehren in seinem Wachbezirk hatte er weniger leichtes Spiel. Die ließen sich nichts bieten und trösteten sich mit den Bemerkungen, »dass hohle Fässer wohl am lautesten poltern« und »dass Hunde, die bellen, nicht beißen« würden. Heute, bei der Weihnachtsfeier in der Feuerwache, bestand keine Notwendigkeit, seine cholerische Art auszuleben und seine Mitarbeiter zusammenzustauchen. Er konnte auch anders, friedlicher und geselliger. Seine Gesichtszüge waren allerdings unkorrigierbar geworden wie die eines Filmstars nach der dreizehnten Schönheits-Operation. (Sein Hund war ein Boxer.)

Theoretische Grundlagen

Die Anzahl der Bücher, die über das Thema der Führungsstile weltweit geschrieben worden sind, geht in die Tausende. Seit man sich mit dem Thema Führung schriftstellerisch auseinandersetzt, werden verschiedene Arten und Weisen beschrieben, zu führen und zu leiten. Gute Führungskräfte reflektieren ihr Verhalten, schlechte Führungskräfte entscheiden »aus dem Bauch heraus«; sie sind nun einmal, wie sie sind und müssen von der Mitarbeiterschaft halt so genommen werden. Dieses Verhalten nennt man auch eindimensional, wie in der Geschichte oben. Damit wollen wir uns nicht abfinden und wenigstens bei uns selber anfangen, reflektiert zu führen. Diesen zusätzlichen Freiheitsgrad, bei dem man den Führungsstil der Situation anpasst, macht Führungsverhalten zweidimensional. (Werden zusätzlich zu den mehreren, durch eine Person angewandten Stilen noch die unterschiedlichen Reifegrade und Situationen der einzelnen Mitarbeiter berücksichtigt, spricht man auch von dreidimensionalem Führen. Darauf wird im Folgenden aber nicht näher eingegangen.)

Damit sind wir schon bei einer ersten und ganz banalen Einteilung von Führungsstilen: Führen mit und Führen ohne Stil. Etwas mit Stil zu tun – stilvoll sozusagen – wird sicher immer auf breite Zustimmung stoßen. Niemand schätzt eine stillose Wohnung, stillose Musik oder stillose Führung. Einen eigenen Stil zu haben und diesen auch zu kennen, ist immer erstrebenswert. Noch besser wäre es, zwischen geeigneten Stilen je nach Situation umschalten zu können. Das setzt eine Portion Selbsterkenntnis voraus und auch die Kenntnis der Anlässe, die ein Umschalten erfordert.

Eine zweite Einteilung der Führungsstile ist die nach dem Kriterium »Zeit des Aufkommens«: Es gibt klassische Führungsstile und moderne. Zu den Klassikern gehören in unseren Behörden und Organisationen der autoritäre und der kooperative Stil, die sich weit in der Geschichte zurückverfolgen lassen. Einen modernen Stil erkennt man daran, dass es dazu ein brandaktuelles Buch zu kaufen gibt, meist als Übersetzung aus dem englischen Sprachraum. Die Titel solcher Bücher beginnen häufig mit den Worten »Management by...«. Darin wurde meist ein Patentrezept gefunden, wie man heutzutage Mitarbeiter wirklich führen müsse. (Nebenbei bemerkt meint Management mehr »Verwaltung« als Führung.) Der Inhalt solcher Werke ist meist ein Aufguss von jahrtausendealten Weisheiten, nur in neuem Gewand, nach dem Motto: Alle Neuigkeiten sind alte Neuigkeiten, die von neuen Leuten kennengelernt werden. Diese Art Bücher ist weniger geeignet, aktiven Führungskräften in ihrem Alltag zu helfen, sondern befördert vielmehr Geld von einem Geldbeutel (des Käufers) in den eines Anderen (des Autors und des Verlags).

Darum entzündet sich an diesen tollen, neuartigen Prinzipien häufig Zynismus, was uns zur dritten möglichen Unterscheidung bringt:

Drittens lassen sich die ernsthaften und spaßhaft-zynischen Führungsstile unterscheiden. Die spaßhaften Bezeichnungen sind meist aus Enttäuschungen der Mitarbeiterschaft geboren, nämlich über ein in die Tat umgesetztes, oben erwähntes schlechtes Buch oder einen Vorgesetzten, der in eine Sprachwolke aus Neoanglizismen eingenebelt über die Flure schwebt, aber führungstechnisch nichts auf die Reihe bekommt. Das Internet ist voll von Witzen aus dieser Quelle des Humors. Eine Kostprobe: Management by Champignon heißt: Die Mitarbeiter im Dunkeln lassen, immer mal mit Mist bewerfen und rechtzeitig einen Kopf kürzer machen. Die Hubschrauber-Methode: In höheren Sphären schweben, kurz auf dem Boden der Tatsachen landen, Staub aufwirbeln und rechtzeitig wieder verschwinden. Methode Nilpferd: Kurz auftauchen, Maul aufreißen und wieder untertauchen. Man müsse Mitarbeiter so schnell über den Tisch ziehen, dass sie die Reibungshitze als Nestwärme empfänden usw. Die Reihe ist fast unendlich. Demgegenüber stehen die ernsthaften Stile, die überliefert, erprobt und getestet sind und die in der realen Welt funktionieren. Beschäftigen wir uns daher mit der Frage, welche ernsthaften Stile es gibt. Alle nachfolgend genannten sind in mehr oder weniger starker Ausprägung in den Blaulicht-Organisationen zu finden:

Autoritärer Stil (auch autokratischer Stil): Dieser Stil ist per Dienstvorschrift (in der Feuerwehr) entweder direkt oder indirekt vorgeschrieben. Geführt wird sehr strikt durch Anweisungen und/oder Befehle. Zwischen Vorgesetzten und Geführten gibt es eine gewollte Distanz und ein klares Unterstellungsverhältnis. Funktioniert sehr gut unter Stress, in Einsatzsituationen, aber auch dann nicht in Reinform. Es gilt das Motto: Besser ein schlechter (nicht abgestimmter) Plan heute, als ein perfekter Plan morgen.

Diktatorischer Stil: Dieser ist eine negative Übersteigerung des autoritären Stils. Die Führungskraft ist Alleinherrscher, hat ausgeprägte Macht über die Geführten und auch berechtigter Widerspruch wird bestraft. Verlangt wird »Kadavergehorsam«. Es versteht sich von selbst, dass sich dieser Stil verbietet, auch im Einsatz. Leider ist dieser Stil ausnahmsweise immer noch existent, auch in modernen Gesellschaften. Die Schuld dafür liegt nicht allein beim Diktator, sondern auch bei duckmäuserischen Untergebenen.

Charismatischer Stil: Geführt wird mittels Ausstrahlung und Persönlichkeit der Führungskraft. Dieser Stil setzt natürlich voraus, dass der Vorgesetzte eine solche auch hat. Unscheinbaren, farblosen Vorgesetzten steht dieses Mittel gar nicht zur Verfügung. Die Gefahr liegt darin, dass Blender und Schauspieler als Führungskräfte diesen Stil aufnehmen und die Geführten (die Fangemeinde) dem Chef nur aufgrund einer Ausstrahlung folgen (mehr Schein als Sein). Ein schönes Zitat von Friedrich Rückert kann am besten als Kritik an diesem Stil herhalten: »Es lassen Sein und Schein sich niemals einen. Nur Sein allein besteht aus sich allein. Wer etwas ist, bemüht sich nicht zu scheinen; wer scheinen will, wird niemals etwas sein.«

Kooperativer Stil (verwandt mit dem delegativen Stil): Die Führungskraft bezieht auch Meinungen der Unterstellten in ihre Entscheidungen mit ein, aber trägt weiterhin die Verantwortung dafür. Aufgaben und Verantwortung werden delegiert, wo immer es angebracht ist. Die Abstimmungsprozesse kosten etwas Zeit, aber dieser Stil funktioniert ausnahmsweise auch im Einsatz. Gegenüber dem autoritären Stil ergeben sich folgende Vorteile: höhere Identifikation der Mitarbeiter mit der Aufgabe, Originalität bei den Ergebnissen der Arbeit, Weiterarbeit auch bei Abwesenheit der Vorgesetzten, geringerer Organisationsgrad. Neben dem autoritären Stil ist auch dieser bei den Feuerwehren von den Dienstvorschriften gedeckt.

Partizipativer Stil: Partizipieren heißt »teilnehmen«. Hier nehmen also die Mitarbeiter Anteil an der Führungsleistung, indem sie sich einbringen und für die Führungskraft mitdenken. Dieser Stil ist eher locker und mit dem kooperativen Stil verwandt. Dieser Stil entspringt dem Wunsch, Verantwortung auf mehrere Schultern zu verteilen, was in der Praxis selten wirklich gelingt und eher Verwirrung stiftet. Letztlich muss immer eine Person die Verantwortung tragen und für Entscheidungen auch geradestehen.

Patriarchalischer Stil: Ein Patriarch ist von der Wortbedeutung her ein »Stammvater« oder »Urvater« und heute in manchen Kirchen eine hochrangige Führungsfigur. Geführt wird (im positiven Sinne) durch eine Art väterliche oder auch mütterliche Güte. Im Gegenzug wird von den Unterstellten Gehorsam erwartet. Die Rolle des Patriarchen wird nicht hinterfragt; seine Autorität ist schließlich von noch höherer Stelle verliehen. Problematisch in Behörden und Organisationen mit Sicherheitsaufgaben: Alter und Dienststellung sind gar nicht oder nicht immer ein Verdienst des Vorgesetzten und man kann durchaus hinterfragen, ob Lebens- oder Dienstalter einen Führungsanspruch begründen sollten. Umgekehrt kann nicht angenommen werden, dass ein geringes Lebensalter automatisch fehlendes Führungspotenzial und Unerfahrenheit bedeuten. Dieser Stil in seiner negativen Ausprägung erinnert an Familienclan-Strukturen und ist nur in kleinen Gruppen überhaupt praktikabel.

Bürokratischer Stil: Geführt wird mittels Vorschriften oder eng an Vorschriften orientiert. Jeder erfüllt seine gesetzliche Pflicht (und nur diese). Dieser Stil ist weit verbreitet in Behörden, da es hier in erster Linie darum geht, Gesetze »durchzuführen«. Dieser Stil fördert kaum die Kreativität und behindert Entscheidungen, die das reale Leben erfordert, aber die nicht von den Vorschriften abgedeckt sind.

Selbstverständlich sind Behörden an Recht und Gesetz gebunden, aber in seiner negativen Ausprägung kann dieser Stil mehr verhindern als ermöglichen und wird daher zum Gegenstand des Spotts über das immer noch verbreitete Beamtenklischee. In seiner Übertreibung führt dieser Stil zum »Dienst nach Vorschrift«, der eine Organisation komplett lahmlegen kann.

Demokratischer Stil: Entscheidungen, die eigentlich der Führungskraft obliegen, werden auf demokratische Art und Weise herbeigeführt. Das heißt, die Gewalt über Entscheidungen ist eigentlich an die Geführten übergegangen. Es gibt eine Meinungsbildung nach demokratischen Grundsätzen, die dann die Richtung bestimmen. Bekanntermaßen ist dieser Abstimmungsprozess aufwändig und man kommt nur durch Kompromisse voran. Dieser Stil gibt Raum für Agitation und Propaganda innerhalb der Geführten/der Mannschaft. Logischerweise macht dieser Stil nur dort Sinn, wo es um nichtdienstliche Veranstaltungen von geringer Bedeutung geht (etwa die Vorbereitung einer Weihnachtsfeier oder die Auswahl eines Jubiläumspräsents).

Laissez-faire: Zu Deutsch heißt dieser Stil »Laufen lassen« und bedeutet den Verzicht auf Führung in der Hoffnung, dass viele Dinge sich selbst regeln und organisieren, was sie dann auch tun. Dieser Stil wird gerne von Führungsschwachen, Sozialromantikern und in Organisationen praktiziert, wo es ohnehin nicht auf das Ergebnis ankommt. Im strengen Sinn ist Laissez-faire eigentlich kein Führungsstil, sondern der Verzicht auf Führung und eine genauso dumme und schädliche Idee, wie »antiautoritäre Erziehung«. Im englischsprachigen Raum wird dieser Stil auch »hands-off« genannt.

Situativer Stil: Dieser Stil ist eine Mischung aus den oben genannten Stilen, die je nach Situation verwendet und angepasst werden. Hier wird vorausgesetzt, dass der Vorgesetzte regelmäßig zu dieser Anpassungsleistung in der Lage ist, was wiederum voraussetzt, dass er Situationen erkennt, die den einen oder anderen Stilen erforderlich machen (zweidimensionale Führung). Zusätzlich muss sich auch noch auf den Typ des Mitarbeiters eingestellt werden (dreidimensionale Führung).

Visionärer Stil: Die Führungskraft hat eine Vision/eine Vorstellung von der Zukunft und führt, indem sie diese Idee kommuniziert und die Mitarbeiter für dieses Ziel befähigt und dorthin »mitnimmt«. Die Führungskraft versteht sich als Visionär, was allein noch nicht ausreicht, um erfolgreiche Führungsarbeit zu leisten. Vielmehr müssen die Mitarbeiter auch befähigt, angeleitet und »gecoacht« werden. In der Behördenwelt wird dieser Stil skeptisch gesehen und ist nicht verbreitet, dem Rat eines ehemaligen deutschen Bundeskanzlers folgend, wer Visionen habe, solle zum Arzt gehen.

Dienender Stil (auch karitativer Stil): Dieser Stil ist in der Praxis selten, klingt zunächst paradox und hat einen christlichen Hintergrund. (Jesus wäscht seinen Jüngern die Füße.) Die Führungskraft versteht sich als Diener/Unterstützer seiner Geführten und auch des Systems, indem er tätig ist. Ein Minister im Wortsinn ist tatsächlich ein Diener oder Bediensteter. Der Stil funktioniert nur, wenn der Vorgesetzte eine starke Persönlichkeit hat oder ist, zum Dienen wirklich bereit ist und birgt die Gefahr, missverstanden und dann ausgenutzt zu werden. Dienstbereitschaft und Demut werden von dummen Menschen als Schwäche interpretiert und die Führungskraft muss dann unter Zuhilfenahme eines anderen Stilmittels beweisen, dass sie immer noch der oder die Vorgesetzte ist.

Bild 15: ***Führungsstile nach Freiheitsgraden***

Dass für die Welt der Polizei, der Feuerwehr und des Rettungsdienstes nun nicht alle angeführten Ansätze geeignet sind, versteht sich von selbst. Der Dienst in unseren Organisationen hat einige Besonderheiten: Die Einsätze und deren Verläufe sind grundsätzlich nicht vorhersehbar, man arbeitet häufig unter Zeitdruck und in Grenzbelastungen. Daher bleibt oft nicht die Zeit für Abstimmungen und Überzeugungsarbeit und daher müssen im Vorfeld Unterstellungsverhältnisse klar definiert sein. Einsatzbewältigung funktioniert nur mit Pflichterfüllung und Gehorsam, strenger Kontrolle und Disziplin. Darum fordert für die Feuerwehr die Dienstvorschrift 100 (Führung und Leitung im Einsatz):
»Eine Führungskraft soll sich ihres persönlichen Führungsstils bewusst sein und die jeweilige Lage so zutreffend beurteilen können, dass sie erkennt, in welchem Maße ihr Verhalten vorwiegend der Durchsetzung von Befehlen und Maßnahmen zum Zwecke der unverzüglichen Lösung eines Sachproblems dient (Merkmale des autoritären Führungsstils) oder vorwiegend der motivierenden auftragsbezogenen Zusammenarbeit mit den unterstellten Kräften unter Einbeziehung ihres Sachverstands und ihrer Initiative dient (Merkmale des kooperativen Führungsstils).«

Sinngemäß kann man diese Forderung auch im Rettungsdienst und der Polizei anwenden. Bevor es an die praktische Aufgabe geht, fassen wir einige der wichtigsten Grundsätze zusammen:

- Nicht jeder Führungsstil ist für jede Situation geeignet.
- Der richtige Führungsstil trägt entscheidend zur Motivation bei.
- Jede Führungskraft muss sich ihres Führungsstils bewusst sein.
- Jede Führungskraft muss ihren Stil der jeweiligen Lage anpassen können.
- Auch die Geführten sollten von der Situationsabhängigkeit des Führungsstils wissen.
- Im Einsatzfall ist der autoritäre Stil die Regel, der kooperative Stil die Ausnahme.
- Im normalen Dienstbetrieb gilt das Umgekehrte.
- Manche Führungsstile sind gar keine und müssen vermieden werden.

Aufgabenstellung

1. Beantworten Sie für sich selbst die folgenden Fragen:
2. Welchen der im Kapitel angeführten Stile kann ich bei mir und anderen beobachten?
3. Welche Erfahrungen habe ich in der Praxis mit meinem Führungsstil gemacht?
4. Führe ich eindimensional, zweidimensional oder dreidimensional?
5. Merke ich, wann ich zwischen Stilen umschalten muss und gelingt mir das?
6. Was haben mir Unterstellte über meinen Stil bislang zurückgespiegelt?
7. Gibt es einen für mich neuen Stil, den ich anwenden sollte?

Wichtige Ergänzung

Man kann sich selbst weiter in die Lehren über Führungsstile vertiefen. Bei der Unmenge an Literatur über dieses Thema ist es hilfreich, für sich selbst eine Einteilung zu treffen. Weitere mögliche Unterscheidungen der Stile lassen sich treffen nach der Dauerhaftigkeit des Führungserfolgs, nach dem Fokus auf die Mitarbeiter oder nach dem Vorrang der Arbeitsergebnisse, nach der Nähe bzw. Distanz, die der Vorgesetzte zulässt oder herstellt, nach der Stellung des Vorgesetzten in der Gruppe (eher von extern oder intern), nach dem Umfang der Vorgaben und Unterstützung.

3.6 Ein Vorschlag zur Güte – Arbeit als Gottesdienst

Zielsetzung der Einheit

Im einführenden Kapitel zum Thema Ethik wurde allgemein dargelegt, was Ethik und Moral sind und wie Werte in konkrete Ziele umgemünzt werden können. Weniger zur Sprache kam die Frage, woher Ethik eigentlich kommt. Ethik und Moral werden seit Menschengedenken nicht nur aus dem Menschen selbst, sondern aus einer höheren Instanz und damit aus der Religion hergeleitet. Das heißt nicht, dass nichtreligiöse Menschen keine Werte hätten und sich nicht moralisch verhalten könnten, jedoch ist Glauben traditionell eine wichtige Quelle für Moral und Werte. In den Schulfächern Ethik und Religion, zwischen denen man bei uns wählen kann, wird in manchen Stoffgebieten darum tatsächlich auch der gleiche Lehrinhalt vermittelt. In unseren Breiten ist dieser Zusammenhang zwischen Ethik und Religion in Vergessenheit geraten und verdient vielleicht eine Auffrischung, getreu dem Motto: Man kann sich nur für oder gegen etwas entscheiden, wenn man es kennt. Es gibt tatsächlich auch heute noch Menschen, die der Herleitung von Ethik aus dem Glauben folgen und den Zusammenhang zwischen dem Übernatürlichen und dem Alltagshandeln versuchen, für sich herstellen. Ganz selbstverständlich ist dieses Kapitel nicht als Dogma zu verstehen, sondern als Vorschlag (wie man der Überschrift entnehmen kann).

Wenn ein Mann zum Fegen aufgerufen wird, sollte er die Straßen kehren, wie Michelangelo gemalt hat oder wie Beethoven seine Musik komponierte oder wie Shakespeare seine Gedichte schrieb. Er sollte die Straßen so gut fegen, dass alle Armeen des Himmels und der Erde anhalten und sagen können: Hier lebte ein großer Kehrer, der seine Arbeit gut gemacht hat.
Martin Luther King

An ihren Früchten werdet ihr sie erkennen. ... So bringt jeder gute Baum gute Früchte, der schlechte Baum aber bringt schlechte Früchte.
Die Bibel, Matthäus 7,16-18 (Schlachter)

Erlebte Geschichte aus dem Rettungsdienst

Es war ein kalter Freitagnachmittag im November, die Arbeit der Woche war immer noch nicht geschafft. Wahrscheinlich würde auch heute wieder vieles liegenbleiben; das kommende Wochenende gehörte eigentlich der Familie. Sie musste um diese Uhrzeit schon das Licht in ihrem Büro einschalten; die vergangenen trüben vierzehn Tage mit anhaltendem Nieselregen drückten gewaltig auf die Stimmung. Sie würde ihren Kaffee austrinken und egal, wie lange sie heute arbeitete, sie würde nicht fertig werden. Die Arbeit kam ihr vor wie ein zäher Brei, wie eine Nebelbank und die menschlichen Begegnungen, die sie als Wachenleiterin in der zurückliegenden Woche hatte, taten ihr Übriges. Die Mitarbeiter aus der Verwaltungsabteilung hatten schon längst ihren Feierabend angetreten und die Einsatzfahrzeuge waren allesamt immer noch oder schon wieder auf der Straße. Sie dachte an die Verhandlungen über die Kosten für den Rettungsdienst mit den Krankenkassen, die sie regelmäßig den letzten Nerv kosteten. Sie dachte an den beleidigenden Beschwerdebrief eines Patienten, der zu lange auf den Krankentransport hatte warten müssen. Sie dachte an die beiden unzufriedenen Kollegen, die sich auf dem Rettungswagen in die Haare bekommen hatten und fortan nicht mehr bereit waren, auf demselben Fahrzeug gemeinsam Dienst zu tun. Gestern noch hatte sie versucht, einen gekränkten Notarzt zu besänftigen, der sich über seine Abrechnung beschwerte und sie von oben herab behandelt hatte. Davor noch das Telefonat mit dem Landesverband, der ihr eine führende Rolle bei der nächsten Katastrophenschutzübung zugedacht hatte. Das alles war keinesfalls zu schaffen; das Tagesgeschäft ging doch vor. – Sie stand jetzt geschlagene fünf Minuten mit starrem Blick vor Ihrem Schreibtisch und versuchte sich zu erinnern, ob sie den Kaffee schon getrunken hatte. Alles in allem fiel es ihr heute schwerer als sonst, dem Ganzen einen Sinn abzuringen. Wozu tut man sich den Stress eigentlich an? Es gab schon mal bessere Zeiten. Kann man dieses Tempo bis zur Rente durchhalten? Lag ihre Niedergeschlagenheit einfach nur am Wetter? Würde es wieder einmal anders werden? Wenn ja, von allein oder konnte sie an ihrer Einstellung etwas ändern? – Ihr kam das letzte Wochenende in den Sinn mit dem Blaulicht-Gottesdienst in der Stadtkirche, den sie mit ihrem Mann besucht hatte. Der Pfarrer hatte von »Wüstenzeiten« gesprochen und wie diese Durststrecken zum Menschsein gehörten. Aus dieser Tatsache hatte er geschlossen, dass es auch einmal wieder anders kommen müsse und dass alles im Leben zu einer größeren Geschichte, einem übernatürlichen Plan gehöre. Von Jesus Christus war die Rede gewesen, der als Gott in Menschengestalt in die Abgründe unseres Seins herabgestiegen war. Dieser Jesus hatte offenbar dem Elend die Spitze abgebrochen und bot Hoffnung, wo sonst nur Verzweiflung war. An diesen Worten mochte etwas dran sein und auch wenn sie es mit dem Verstand nicht recht fassen konnte, ließ sie sich noch einmal etwas schwerfällig auf ihren Bürostuhl fallen und fuhr mit einem Lächeln den Computer für das Wochenende herunter.

Theoretische Grundlagen

Jede Führungskraft dieser Welt denkt mindestens einmal in ihrer Karriere über das Warum und Wozu des gewählten Berufs oder des Ehrenamts nach. Im Getümmel der

Alltagsgeschäfte gerät diese Grundsatzfrage schnell aus dem Blickfeld und Workaholics schaffen es sogar, dieser Frage ganz aus dem Weg zu gehen. Wie in anderen Kapiteln dieses Buches schon deutlich geworden ist, ist die Frage nach dem letzten Grund unseres Handelns eine ganz entscheidende. Solche Grundsatzfragen stellen sich oft erst dann, wenn die Dinge nicht wie geplant laufen, in Durststrecken und Lebenskrisen. Die Frage ist auch, warum man mehr leisten sollte, als die Mehrheit und warum man mit hohem Einsatz und sogar gegen Widerstände an einem hohen Qualitätsanspruch und an Berufsehre und Mitarbeiterorientierung festhalten soll.

Wir alle ahnen, dass wir eine Antwort auf diese ganz fundamentalen Fragen haben sollten. Und wir alle haben eine Weltsicht, ein Weltbild, eine Weltanschauung, die indirekt auf unsere Motivation und damit unsere Arbeitsleistung durchschlägt. In der sogenannten westlichen Welt ist diese immer noch und zumindest teilweise bestimmt von christlichen Werten. Die Wurzeln unserer Kultur liegen in der römisch-griechischen und jüdisch-christlichen Kultur (die Belege dafür würden an dieser Stelle den Rahmen sprengen). Es ist heute jedoch nur noch für eine Minderheit von uns modernen oder postmodernen Menschen nachvollziehbar, dass in vergangenen Jahrhunderten für viele Menschen diese Weltsicht nicht nur einen prägenden, sondern auch einen entscheidenden, ganz bewussten Einfluss auf das Alltagsleben hatte.

Die Idee war in früheren Jahrhunderten durchaus verbreitet, dass Arbeit an sich und die Art und Weise, wie sie getan wird, etwas mit den höheren Realitäten des menschlichen Daseins zu tun hat. Namentlich waren es die Führungspersönlichkeiten des Christentums aus verschiedenen Denominationen, die eine ganze Ethik in Bezug auf Arbeit und Beruf ausgearbeitet haben, die sich letztlich wiederum aus der Bibel ableitet. Diese besondere Ethik wird hier kurz dargestellt, ohne zu weit auszuholen. Aber ganz ohne einen Ausflug in die Theologie geht es nicht. Im Anschluss kann jeder seine eigenen Schlüsse ziehen; sich – im Bilde gesprochen – den Schuh anziehen, der ihm passt. Begeben wir uns also auf einen kurzen Ausflug in die Welt der Theologie und die biblische Sicht auf das Arbeitsleben.

Am Anfang der Bibel (genauer in 1. Mose 1,26), die auch respektvoll »Heilige Schrift« genannt wird, wird uns ein Gott vorgestellt, der nicht nur das Universum geschaffen hat, sondern dasselbe durch sein Wollen und Wirken immerfort am Laufen hält. Er ist keine sitzende Statue, keine geheimnisvolle Urkraft, kein zurückgezogenes »höheres Wesen«, sondern eine kreative Person und als solche ständig am Handeln. Dieser Schöpfergott ist über alle Maßen einfallsreich und betrachtet nach Fertigstellung sein Werk (die Welt) mit Wohlgefallen und darum sollten die ersten Menschen als Teile seiner Schöpfung ebenso wirkungsvoll unterwegs sein.

Doch der ungetrübten Freude über die Schöpfung kam etwas Verhängnisvolles dazwischen: Jeder kennt die Geschichte von Adam und Eva im Paradies. Und noch vor dem sogenannten Sündenfall, als die Beziehung zwischen dem Schöpfer und seinen Geschöpfen gründlich in die Brüche ging, gibt Gott den Menschen den Auftrag, die Erde zu bebauen und zu bewahren. Daraus ergibt sich für unsere heutige Ethik, dass Arbeit an sich zunächst etwas Positives hat, grundsätzlich einen Sinn ergibt und nach getaner Arbeit eine Zufriedenheit mit dem Werk vollkommen legitim ist. Daraus lässt sich umgekehrt folgern, dass Faulheit und Untätigkeit keine erstrebenswerten Ideale sind, wie das in anderen Kulturkreisen und in der Geschichte der Fall war. Arbeit an sich ist ehrenwert, sinnvoll und erfüllend – so war zumindest der ursprüngliche Plan.

Nach dem Bericht über die Erschaffung der Welt mit dem abschließenden Werturteil auf Gottes Seite »sehr gut«, passierte die Urkatastrophe der Menschheit, der Sündenfall (1. Mose 3,17 ff.). Die Menschheit verscherzt sich aus eigenem Verschulden die ungetrübte Beziehung mit ihrem Urheber, der sie fairerweise vorher gewarnt hatte. Die Folgen sind besonders hart, aber verdient: Gott selbst belegt alle menschliche Arbeit von nun an mit Schwierigkeiten aller Art. Der gute Charakter der Arbeit bleibt erhalten, aber sie wird von nun an bei jeder Unternehmung mit »Schmerzen«, »Härte« und »Sorgen« verbunden sein (so lässt sich jedenfalls der hebräische Urtext der Bibel übersetzen). Die Menschen werden ihrem Broterwerb nicht mehr allein zur Freude nachgehen, sondern sich ihren Lebensunterhalt hart und bitter erarbeiten müssen. Von einem Renteneintritt oder einem »wohlverdienten Ruhestand« ist in keinem Bibeltext die Rede. Daher gilt bis heute: Arbeit ist nirgends einfach und keineswegs immer nur spannend und schön. Es bleibt bei allen modernen Erleichterungen immer wieder anstrengend, stressig, manchmal qualvoll.

Im weiteren Verlauf des Alten Testaments begegnen wir immer wieder diesem Doppelcharakter aller menschlicher Arbeit: Sinnvoll und ehrenwert auf der einen, schmerzhaft und anstrengend auf der anderen Seite. Es wird dort als Ideal dargestellt, sich dieser Realität zu beugen und das Unvermeidliche zu akzeptieren und unter diesen Umständen wird der Arbeit als Belohnung ein Segen zugesprochen. Die Rede ist (v. a. in Psalm 128,1-2) nicht nur von einem Segen – heute synonym mit Glück und Erfolg – sondern mit gleich mehreren Segnungen. Das bezieht sich auf die Beziehung zum Schöpfergott, aber auch ganz praktisch, materiell, physisch auf den Wohlstand der Menschen. Ein ermutigendes Detail: Dieser Segen von oben bezieht sich nicht nur auf eine besondere Art von Berufen (etwa Geistlichen, Pfarrern und Priestern), sondern auf jeden einzelnen Menschen bei jeder Art von Beschäftigung. Jeder »Job« kann eine Berufung sein! Daraus wurde in der Reformation abgeleitet, dass jede auch noch so einfache Arbeit als Gottesdienst verstanden werden kann, weil es den

Schöpfer freut, wenn seine Geschöpfe sich nach seinen Geboten (u. a. ehrlich sein eigenes Brot zu verdienen) richten.

Ebenfalls im Alten Testament findet sich das Buch »Prediger«. Dieses Buch ist die gesammelte Lebenserfahrung eines Königs (Salomo), der auf verschiedenste Arten versucht hat, Befriedigung im Leben zu erlangen. Dieser Mann ist einer der wenigen Ausnahmemenschen überhaupt, die auf allen Gebieten des Lebens geglänzt und das Maximale erreicht haben. Vieles davon bezeichnet er aber im Rückblick als »Eitelkeit«, wörtlich als »Dampf«. Jedes menschliche Mühen ist also immer unbefriedigend, kräftezehrend, selbst wenn man alles erreicht hat! Auf der anderen Seite: Müßiggang, Faulsein und purer Lebensgenuss sind auch keine Antwort auf die innere Leere in uns Menschen. Daher das Fazit des Alten Testaments: Ehrlich seiner Arbeit nachgehen, auch um Bedürftigen abgeben zu können und dabei Gott fürchten.

Auch im Neuen Testament wird Arbeit an sich durchweg positiv gesehen. Die Schreiber der biblischen Bücher werden sogar deutlicher und konkreter und machen eine klare Ansage: Arbeiten ist Christenpflicht, wer nicht arbeiten will (nicht: nicht kann) solle auch nicht essen und es gibt keine »niederen Arbeiten« oder »unwürdige« Tätigkeiten. Schlussfolgerung: Darum soll sich niemand zu fein für einfache Arbeiten sein. Wenn eine Arbeit gemacht werden muss, ist sie es wert, gut gemacht zu werden. Daraus kann man auch ableiten, dass man letztlich nicht für seine Vorgesetzten arbeitet, nicht einmal für den Dienstherrn, sondern in seinem Beruf einer noch höheren Instanz verpflichtet ist.

Das Neue Testament ist nun auch keine Anleitung und kein Handbuch für eine Sozialreform oder gar eine Revolution in der damaligen Zeit (der Antike) oder der heutigen. Weil das Seelenheil an erster Stelle steht, werden die Untergebenen im Beruf angewiesen, ihren Vorgesetzten zu gehorchen (Epheser 6,5), und die Trägen mit ihrer eigenen Hände Arbeit ihr Tagwerk zu tun (1. Thessalonicher 4,11). Der strenge Apostel Paulus widmet in einem seiner Briefe an die Gemeinde in Thessaloniki einen ganzen Absatz, der den Umgang mit Müßiggängern regeln soll (2. Thessalonicher 3,6-13). Die damaligen Christen werden von ihren Autoritäten geradezu dazu verdonnert, ehrlich und fleißig zu arbeiten. Wo sich diese Ermahnung in der Kultur durchgesetzt hat, kann man den Erfolg und den resultierenden Wohlstand mit Händen greifen.

Man kann in unseren Tagen nun von diesen Ansichten halten, was man will. Man kann die aufgeführten Grundsätze auch in die Lebenspraxis umsetzen, ohne ein gläubiger Mensch zu sein. Das Prinzip von »Saat und Ernte« ist schließlich eine allgemeingültige Wahrheit in unserer Welt. Die Grundaussagen des Kapitels zusammengefasst sind die: Die jüdisch christliche Religion liefert eine ganze Theologie der Arbeit und schätzt die Anstrengung im Jetzt für den Lohn zu einer späteren Zeit.

Überall dort, wo diese Ideen auf fruchtbaren Boden gefallen sind, geht es sehr vielen Menschen wirtschaftlich sehr gut. Jeder kann für sich prüfen, ob diese Ideen tragen, wenn andere Gründe für das eigene Engagement nicht mehr tragfähig oder tragbar sind.

Wichtige Ergänzung

Aus diesem Kapitel folgt keine Aufgabe, sondern eine Anregung. Vielleicht merken Sie, dass die dargestellten Prinzipien keine schlechte Idee sind und möchten noch etwas tiefer graben. Sowohl die Christliche Feuerwehr-Vereinigung als auch die Christliche Polizei-Vereinigung senden Ihnen gerne kostenlos ein Neues Testament zu. Die Kontaktdaten finden Sie im Internet. Diese kleinen Bücher enthalten auch Lebensberichte von Kolleginnen und Kollegen und Kameradinnen und Kameraden, die die beschriebenen Grundsätze in ihren Alltag integriert und gute Erfahrungen damit gemacht haben. Die Neuen Testamente enthalten auch Nützliches zum Thema Ethik. Natürlich können Sie auch eine alte Familienbibel aus dem Regal holen oder sich in einer Buchhandlung eine besorgen. Tipp: Greifen Sie zu einer alten Übersetzung. Die sind zwar schwerer zu lesen, aber näher am hebräischen bzw. griechischen Urtext und für Sprachbegeisterte eine Quelle der Freude.

Tabelle 7: ***Die biblische Sicht auf menschliche Arbeit***

Positiv	Negativ
sinnvoll	anstrengend
geboten	kräftezehrend
ehrenwert	oft vergeblich
befriedigend	unbefriedigend

4 Qualitäten und Qualifikationen

4.1 Fragen zur Selbstreflexion

Tabelle 8: *Fragen zur Selbstreflexion 4 – Qualitäten und Qualifikationen*

Nr.	Frage	Ja / Nein / Weiß nicht
1	Registrieren Sie bei sich selbst, dass Ihr eigener Charakter Ihre Führungsarbeit ganz maßgeblich beeinflusst?	
2	Haben Sie schon einmal bewusst beobachtet, wie Sie auf andere Menschen wirken?	
3	Würden Sie sagen, der Charakter spielt beim Führen kaum eine Rolle, es gegt schließlich darum, dass die Arbeit gemacht wird?	
4	Hatten Sie schon einmal das Erlebnis, dass Ihnen jemand »den Spiegel vorgehalten« hat?	
5	Gibt es mindestens einen Menschen in Ihrem Leben, der Ihnen die Meinung sagen darf, auch wenn es unangenehm wird?	
6	Ist Ihnen bewusst, auf welche Art und Weise Sie mit eigenen und fremden Fehlern, Versagen und Schuld umgehen?	
7	Wirkt es auf Sie positiv und finden Sie es sogar gut, wenn jemand einen gemachten Fehler zugeben kann?	
8	Sind Sie gerne bereit, Fehler zu verzeihen oder sind Sie eher nachtragend?	
9	Betrachten Sie es als eine Schwachstelle, wenn ein Mensch Fehler zugeben kann?	
10	Halten Sie sich selbst für einen guten Menschenkenner? Können Sie Menschen »einordnen«?	
11	Sind Sie bereit, Ihren ersten Eindruck von einem anderen Menschen zu korrigieren?	
12	Können Sie mit dem Begriff »Typenlehren« etwas anfangen?	
13	Glauben Sie, dass Sie es im Dienst, in Ihrem eigenen Kollegenkreis/in Ihrer Kameradschaft gelegentlich mit Verrückten zu tun haben?	

Tabelle 8: ***Fragen zur Selbstreflexion 4 – Qualitäten und Qualifikationen (Fortsetzung)***

Nr.	Frage	Ja / Nein / Weiß nicht
14	Wissen Sie, woran man psychische Erkrankungen und Störungen der Persönlichkeit erkennt?	

4.2 Musst Du ein Schwein sein? – Charakterliche Anforderungen

Zielsetzung der Einheit

Eine These dieses Buches ist, dass charakterliche Kompetenzen eine wesentliche Grundanforderung an alle Führungskräfte in allen Behörden und Organisationen der Gefahrenabwehr sind. Daher widmet sich das erste Unterkapitel diesem Thema, bevor es späterhin auch um fachliche Kompetenzen geht. Der Titel rangiert unter der Hauptüberschrift »Qualitäten und Qualifikationen« und ist eine Anspielung auf ein Lied der ostdeutschen Gruppe »Die Prinzen«. Der Refrain des Liedes beginnt mit der Zeile »Du musst ein Schwein sein in dieser Welt«. Im Lied wird die Frage aufgeworfen, wie viel Charakter man aufbringen soll und muss, um in unserer Welt zurecht- und vorwärtszukommen. Offenbar haben zu viele Menschen diese Frage in dem Sinne beantwortet, dass man dazu halt »Schwein sein« müsse. Dieses Problem stellt sich insbesondere auch für jede Führungskraft. Neben den fachlichen Kompetenzen geht es beim Führen und Leiten immer auch um charakterliche, emotionale und soziale Kompetenzen. Bei unserer täglichen Arbeit stehen häufig Konzepte, Techniken und Methoden im Vordergrund. Verlieren Sie sich nicht darin und erinnern Sie sich regelmäßig daran, dass es bei der Führungsarbeit letztendlich immer um Menschen mit ihren Charakteren und Eigenarten geht. Diese Einheit soll verdeutlichen, wie wichtig Charakter und Persönlichkeit für Ihre eigene Führungsarbeit sind und wie Sie diese im positiven Sinne ausbauen können.

Jede Gabe ist ein Geschenk Gottes, der Charakter aber ein Produkt der eigenen Seele, weshalb Gaben entzücken, Charaktere aber geliebt werden.
Adalbert Stifter

Willst du den Charakter eines Menschen kennenlernen, so gib ihm Macht.
Abraham Lincoln

Ein Polizist wird in dem Maße ein guter Polizist, indem er zwei Fähigkeiten entwickelt: Intellektuell muss er menschliches Leiden erfassen. Moralisch muss er den Widerspruch lösen, gerechte Ziele mit Zwang erreichen zu sollen bzw. zu wollen. Ein Streifenpolizist, der einen Sinn für diese Tragik und ein inneres moralisches Gleichgewicht entwickelt, wächst meist an seinen Aufgaben, nimmt zu an Selbstvertrauen, Kompetenz, Sensibilität und Bewusstsein.
William Ker Jr. Muir

Erlebte Geschichte aus der Feuerwehr

Das mit echter Tinte von Hand geschriebene Namensschild auf der blütenweißen Tischdecke machte Eindruck. Die angenehm ruhige Atmosphäre im Veranstaltungssaal wirkte auf alle Gäste der Führungskräftetagung ansteckend. Ab und an braucht man eine solche Auszeit vom Alltagsstress und einen Rahmen, in dem man neue Impulse erhält und sich selbst hinterfragen kann – den Horizont erweitern, über den Tellerrand schauen und neue Kraft tanken! Den Rahmen dafür herzustellen, war den Gastgebern in dem Kongressraum eines großen Hotels in einer ostdeutschen Landeshauptstadt zweifellos gelungen. Man hatte den Generaldirektor eines internationalen Großkonzerns der Chemieindustrie als Referenten gewinnen können und was ich als Jahrzehnte jüngerer Mensch von ihm zu hören bekam, hätte ich so nicht erwartet, mich selbst nicht zu sagen getraut, aber schon immer irgendwie gewusst: Die wichtigste charakterliche Qualifikation einer Führungskraft sei Nächstenliebe. Wer Menschen nicht lieben könne, könne sie auch nicht führen – er solle es bitte auch nicht versuchen. Wer nichts für Menschen übrig habe, könne sie zwar kommandieren, aber nicht führen. Führung und Leitung seien zwei grundverschiedene Dinge und der Begriff Leiterschaft eine Fehlübersetzung des englischen Begriffs »Leader-

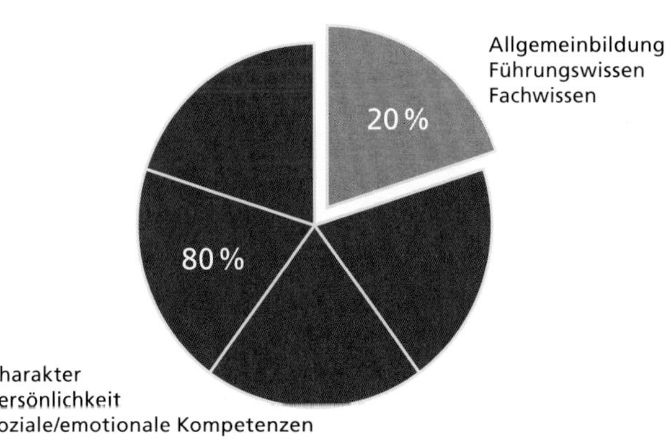

Bild 16: ***Anteil des Charakters am Führungserfolg***

ship«. Und jetzt das Wichtigste: Führungsarbeit, Führungskompetenz oder Führungserfolg bestünden zu achtzig Prozent aus dem Charakter der jeweiligen Führungskraft und nur zu zwanzig Prozent aus deren Fachwissen. Und je weiter man die Karriereleiter erklimmt, desto krasser macht sich dieses Verhältnis bemerkbar; desto mehr mögen sich die Anteile von 80 zu 20 hin zu 90 zu 10 verschieben. Hätten Sie das gedacht? – Diese einfachen, wie genialen Gedanken musste ich zunächst erstmal verdauen; aber über die Jahre in einer Führungsfunktion habe ich noch keinen Gegenbeweis finden können. Der Mann hatte einfach Recht!

Theoretische Grundlagen

In unseren Tagen und nach vielen Jahren der Beschäftigung mit der Thematik dieses Buches und ein wenig mehr an Lebens- und Führungserfahrung, kann man die Thesen aus der »Erlebten Geschichte« nur bejahen. Sowohl Feuerwehr und Rettungsdienst, als auch die Polizei stehen bei dem Thema Personalführung immer wieder vor großen Herausforderungen; im Haupt- und auch im Ehrenamt: Woher gute Leute nehmen, wenn die Leistungsträger alle in der »freien Wirtschaft« in Lohn und Brot sind und die Arbeitswelt, auch in Behörden, immer fordernder wird? Wie werden wir effektiver, wenn alle Methoden des Zeitmanagements ausgereizt sind? Welche Motivatoren bieten wir, wenn althergebrachte Anreize nicht mehr ziehen? Wie stellen wir Kontinuität sicher, wenn Stellen immer schneller neu besetzt werden müssen? Was fangen wir mit Kollegen und Kameraden an, die auch nach intensiver Aus- und Fortbildung zu nichts zu gebrauchen sind?

Nach der Lektüre hunderter Literaturquellen und unzähligen Gesprächen mit Kameraden und Kollegen über die Zukunft unserer Feuerwehren, der Polizeien und der Hilfsorganisationen beschleicht einen der dringende Verdacht, dass sich auch die Probleme der Gegenwart nur zu zwanzig Prozent mittels Fachwissen und neuen Methoden und Organisationsformen lösen lassen. Die restlichen achtzig Prozent muss wohl Charakterstärke bei den führenden Köpfen richten. Die von mir im Jahr 2009 durchgeführte Online-Befragung von 1 000 deutschen Feuerwehrleuten bestätigt dieses Bild (Müller, 2009): Die »harten«, v. a. messbaren Faktoren (Tageseinsatzbereitschaft, Erreichungsgrad der Schutzziele, Funktionsträgermangel, Finanzsorgen) sind ein Teil unserer Probleme, die »weichen« Faktoren (Zwischenmenschliches, Generationenkonflikte, Führungsfehler) ein anderer, wahrscheinlich größerer. Letztere werden jedoch schneller als unabänderliche Gegebenheit und viel seltener als Gestaltungsfeld wahrgenommen. Persönlichkeit kann man eben nicht messen und Charakter nicht organisieren.

Die Bedeutung von Charakterbildung kann gar nicht überschätzt werden. Unzählige gute Funktionsträger und Führungskräfte im Ehrenamt »schmeißen hin«, weil zwischenmenschliche Konflikte und Kompetenzmängel bei anderen Führungskräften Ihnen die Freude an der Arbeit nehmen. Auch im Hauptamt gehen die Kolleginnen und Kollegen in die Tausende, die einmal mit Enthusiasmus im Berufsleben gestartet sind, irgendwann aber »innerlich kündigen« und »Dienst nach Vorschrift« verrichten. Ein nicht geringer Teil davon arbeitet in »freizeitorientierter Schonhaltung« (Begriff nach Dieter Lange), eigentlich nicht mehr für, sondern schon gegen die Behörde. Häufiger Grund für dieses Dilemma: Ein charakterlich ungeeigneter Vorgesetzter. Ein häufiges Diskussionsthema unter Kollegen ist daher die Frage nach der Qualität des/der Vorgesetzten: Ein fachlich guter Chef mit einem ordentlichen Charakter (führungsstark, gütig, gerecht) erscheint schon fast als ein Lottogewinn. Für viele andere stellt sich die Wahl zwischen Pest und Cholera: Ein fachlich fitter Vorgesetzter mit einem miesen Charakter, alternativ ein fachlicher Versager, der aber einen guten Charakter mitbringt. Was wäre Ihnen lieber? Wie man es dreht oder wendet – wir alle müssen mit den Gegebenheiten leben! In den seltensten Fällen ändern sich erwachsene Menschen freiwillig und aufgrund eigener Einsicht. Daher bleibt nur eins: Wir müssen bei dieser großen Baustelle bei uns selbst anfangen!

Die Tatsache der enormen Bedeutung der charakterlichen Eignung für eine Führungsfunktion hat eine gute und eine schlechte Seite. Die schlechte zuerst: Weil Führung zum großen Teil eine Charaktersache ist, können Sie durch organisatorische, taktische, strukturelle und technische Anstrengungen wenig beeinflussen. Wenn Sie einmal versucht haben, mit Methoden nicht vorhandenen Charakter zu ersetzen bzw. auszubügeln, verstehen Sie, was gemeint ist. Es funktioniert nicht. Der Charakter eines Menschen steht in der Regel unverrückbar fest, wie ein Fels in der Brandung. Mit zunehmendem Lebensalter wird das beim Einzelnen nicht besser. Mit einem weiteren Vorurteil muss an dieser Stelle aufgeräumt werden: »Erwachsene Menschen kann man erziehen.« Die Lebenserfahrung und die Psychologie sagen uns, dass die Charakterbildung eines Menschen bereits im Kindheits- oder frühen Jugendalter abgeschlossen wird. Danach gelingt es nur noch unter Mühe und Schmerzen (v. a. durch erfahrenes Leid im eigenen Leben), sich wirklich grundlegend zu wandeln. Danach hat auch kaum noch jemand ein echtes Interesse, jemanden zu erziehen. Es können daher in Wirklichkeit nur die Eltern sein, denen an ihren Kindern und deren (Charakter-)Bildung selbst gelegen ist. Wenn Sie selbst Vater oder Mutter sind, ahnen Sie etwas von dieser gewaltigen Verantwortung? Lehrern, Vorgesetzten, Arbeitgebern, Dienstherren ist mit ganz wenigen Ausnahmen nur an Ergebnissen, am Nutzen für die Organisation gelegen, nicht am Arbeitnehmer als Menschen an sich. Das wäre im hektischen Alltag auch zu viel verlangt. Lehrer in der Schule können nicht ausbügeln, was Eltern zuhause an ihren Kindern unterlassen und versäumen. (Genau das wird aber oft erwartet oder sogar lautstark verlangt und das kurioserweise von denjenigen, die am wenigsten Zeit und Kraft in ihre eigenen Kinder investieren.) Auch in der Feuerwehr, in Ihrer Hilfsorganisation oder der Polizei sind zuerst Sie selbst und jeder andere Mitarbeiter für das gute Klima, das Zwischenmenschliche, das Miteinander zuständig; die dienstliche Leitung nur insofern, als sie einen Rahmen dafür schaffen kann. Sagen Sie das Ihren wehklagenden Mitarbeitern, die während des Mittagessens das Smartphone nicht beiseitelegen können und sich gleichzeitig beschweren, dass das Miteinander schlechter wird und die Kameradschaft nachlässt.

Die gute Nachricht zum Schluss: Weil Führung zuerst Charaktersache ist, brauchen Sie für den Erfolg Ihrer Führungsarbeit keine methodischen oder organisatorischen Kunstgriffe oder Zaubertricks anzuwenden. Sie brauchen für den Erfolg Ihrer Organisation oder Unternehmung einfach nur gute Leute. Daher ist das Feld der Nachwuchsgewinnung und Personalentwicklung eine Kernführungsaufgabe, egal wie Sie dieses Kind nennen mögen. Und darum müssen Sie sich auch Freiräume für diese wichtige Aufgabe schaffen. Viele Ihrer derzeitigen Probleme klären sich dann ganz von allein.

Was Sie selbst als Führungskraft ganz persönlich angeht, sollten Sie wissen, dass Ihre unterstellten Mitarbeiter bzw. Kameraden sich mit Ihnen identifizieren möchten, und zwar nach innen (gegenüber anderen Feuerwehren, Abteilungen, Wachen) und nach außen (gegenüber der Gemeinde, dem Kreisverband, dem Hilfesuchenden). Jeder in Ihrer Truppe ahnt zumindest oder weiß, dass man von Ihnen weniger Fachwissen verlangen kann, je weiter oben Sie in der Hierarchie stehen. Aber Charakter und Integrität wird man umso mehr erwarten und verlangen – und das zu Recht. Rechtfertigen Sie dieses Vertrauen; erfüllen Sie diesen Wunsch!

Aufgabenstellung

Vielleicht haben Sie beim Lesen des Textes oben den meisten Aussagen zugestimmt. Ältere Kollegen und Kameraden wissen meist schon besser, was gemeint ist und haben beim Lesen den einen oder anderen Vorgesetzten vor Augen. Vieles hört sich gut und richtig an, aber wie kommt man bei sich selbst zu mehr Charakterbildung? Erste Voraussetzung ist der Wille zum Arbeiten an sich selbst. Das ist eine Lebensaufgabe; man wird nie fertig damit. Dieses Mammut-Projekt in eine kleine Aufgabe am Kapitelende zu packen, ist ein Unding. Aber es ist ein Anfang, bewusst darauf zu hören, was Ihre Mitarbeiterinnen und Mitarbeiter zu diesem Thema so von sich geben. Wenn es um Charakter und Führungsverantwortung geht, hören Sie also zukünftig genauer hin. Hören Sie auch auf unterschwellige Botschaften »zwischen den Zeilen« und reflektieren Sie auf der Heimfahrt vom Dienst die Erlebnisse. Weil Sie Vorgesetzter sind, wird man Ihnen Kritik nicht immer direkt ins Gesicht sagen und in allgemeine Aussagen Botschaften verstecken, die eigentlich für Sie bestimmt sind. Filtern und sortieren Sie in Gedanken diese Bemerkungen aus.

Wenn Sie in der angenehmen Lage sind, eine befreundete Führungskraft in greifbarer Nähe zu haben, streben Sie einen regelmäßigen Austausch an. Das muss kein Kollege aus derselben Organisation, aber möglichst aus derselben Ebene sein. Sprechen Sie ihn oder sie auf die Alltagsprobleme an (»Wie machst Du das bei Dir?«), mit denen jede Führungskraft zu tun hat. Solche Themen können zum Beispiel sein:

1. Welche Möglichkeiten haben Vorgesetzte heute noch, überhaupt Einfluss auf ihre Mitarbeiter zu nehmen?
2. Was kann man bei »problematischen« Mitarbeitern wirklich ändern? Den Charakter, die Persönlichkeit, das Verhalten?
3. Wie geht man mit Mitarbeitern um, die sich jeder Kritik verweigern und bei denen keine Druckmittel greifen?
4. Wie erreicht man, dass weiter gut gearbeitet wird, auch wenn der Vorgesetzte nicht vor Ort ist?
5. Was ist Ihnen lieber? Ein fachlich hervorragender Mitarbeiter/Vorgesetzter mit deutlichen Charaktermängeln oder ein gutmütiger, umgänglicher Kollege, der eine fachliche Niete ist?
6. Überlegen Sie außerdem, wo man in Ihrer Behörde, Dienststelle oder Organisation in der letzten Zeit versucht hat, Charaktermängel durch Methoden auszubügeln. Sind Sie v. a. selbst auf Seminaren gewesen, in denen Ihnen Instrumente zur Mitarbeiterführung nahegebracht wurden? Kramen Sie in einer ruhigen Minute alte Unterlagen Ihrer Führungsseminare aus Ihrer Ausbildungszeit heraus.
7. Haben Sie den Eindruck, dass diese Instrumente im Alltag Ihren Zweck auch erfüllen? Wenn nein, warum nicht?
8. Unter welchen Voraussetzungen könnten solche Seminare und Lehrgänge erst ihren Zweck erfüllen?

Literatur-Tipp

Gerster, Petra; Nürnberger, Christian: Charakter – Worauf es bei Bildung wirklich ankommt; Rowohlt, 2010.

4.3 Mist gebaut und dann? – Umgang mit Fehlern

Zielsetzung der Einheit

Nicht wenige Führungskräfte unterliegen dem verbreiteten Irrglauben, komplett fehlerfrei sein und arbeiten zu müssen und halten das sogar für eine grundlegende charakterliche Anforderung an Menschen in Führungspositionen. Viele Vorgesetzte erwarten wiederum von ihren Unterstellten ausschließlich fehlerfreies Handeln. In den Spitzenfunktionen der Politik und Verwaltung können unterlaufene Fehler einen schnell den Ruf, die Stelle oder mehr kosten. Nun weiß aber bereits jedes Kind ab einem gewissen Alter, dass es keine fehlerfreien Menschen gibt. Der Anspruch nach Fehlerfreiheit bei sich selbst oder anderen (Mitarbeitern oder auch Familienmitgliedern) führt vielmehr zu einem unguten Perfektionismus. Wir alle haben seit unserer Kindheit Verhaltensweisen erlernt und verinnerlicht, wie man mit Versagen, Schuld und Fehlern umgeht. Diese Art und Weise kann für Sie selbst und für andere entweder nützlich oder schädlich, gewinnbringend oder vernichtend sein. Als Führungskraft kommen Sie häufig mit eigenen Fehlern (wenn Sie diese bemerken oder gesagt bekommen) und mit den Fehlern Ihrer Mitarbeiter in Berührung. Diese Einheit soll Ihnen helfen, Ihren Umgang mit Versagen zu hinterfragen und wenn nötig, einen besseren Weg einzuschlagen.

Irren ist menschlich, aber aus Leidenschaft im Irrtum zu verharren ist teuflisch.
Aurelius Augustinus

Wer wirklich Autorität hat, wird sich nicht scheuen, auch Fehler zuzugeben.
Bertrand Russell

Da trat Petrus hinzu und sprach [zu Jesus]: Herr, wie oft muss ich denn meinem Bruder, der an mir sündigt, vergeben? Ist's genug siebenmal? Jesus sprach zu ihm: Ich sage dir: nicht siebenmal, sondern siebzigmal siebenmal.
Die Bibel, Matthäus 18,21-22 (Luther 2017)

Erlebte Geschichte aus der Polizei

Er war genau das, was man gewöhnlich als »Machtmensch« bezeichnen würde. Sein Selbstbewusstsein war exorbitant hoch und er bescheinigte sich selbst ein gesundes Urteilsvermögen, einen hohen Gerechtigkeitssinn und einen enormen fachlichen Weitblick. Er wusste, »wie der Hase lief«, ihm würde niemand ein »X für ein U vormachen« und seine »Pappenheimer« in der Dienststelle kannte er auch. Stufe um

Stufe hatte er sich dort innerhalb von anstrengenden zwanzig Jahren von ganz unten zum Dienststellenleiter hochgearbeitet. In seiner Persönlichkeitsentwicklung war er allerdings irgendwo im Alter zwischen 10 und 15 Jahren stehen geblieben. Seine kräftige Statur, seine breiten Schultern und sein energisches Auftreten standen oft im Widerspruch zu seinem Verhalten als beleidigtes Kind. Eine lautstarke Ansage, auch mal über den ganzen Flur, tat noch immer ihre Wirkung. Mit dem Fuß stampfte er nicht auf, aber wegen einer Kleinigkeit konnte er »von jetzt auf gleich« völlig außer sich geraten. Das verursachte regelmäßig Probleme mit seinen Unterstellten, die er oft wie Fußabtreter behandelte. Was seine Leute oft irritierte: Er konnte durchaus auch kollegial sein und sich sogar freundschaftlich und ausgesprochen fürsorglich verhalten, aber seine Gemütsschwankungen im Dienst waren eben nicht kalkulierbar. Auch in seiner Ehe hatte sein Verhalten Spuren hinterlassen, worunter wiederum seine Unterstellten zu leiden hatten. Seine Frau fand, er sei mit den Kindern zu streng und müsse ihnen auch mal etwas durchgehen lassen. Schlechte Schulnoten, ein bekleckerter Tisch oder ein verbeultes Fahrrad waren für ihn unverzeihliche Todsünden. Weil er die Missgeschicke und Fehltritte von zuhause mitunter ganz ohne falsche Scheu am Mittagstisch erzählte, konnte man ein einfaches Muster ausmachen: Frieden zuhause – Frieden im Dienst; Krieg zuhause – Krieg im Dienst. Mittlerweile zog sein Verhalten Kreise, v. a., weil sich einige Kollegen seine Ausbrüche nicht mehr gefallen ließen. Sie konterten ebenfalls mit erhobener Stimme, was auf ihn aber nur stimulierend zu wirken schien. Für ihn waren diese Schlagabtausche offenbar eine Art Sport. Daher hielten sich die Meisten an das bewährte Sprichwort »Gehe nie zu deinem Fürst, wenn du nicht gerufen wirst.« Die Konflikte hatten mittlerweile eine Eskalationsstufe erreicht, die nicht mehr zu verantworten war. Daher kam seinem direkten Vorgesetzten in der Direktion der rettende Einfall: Ein Führungskräfte-Seminar über Konfliktbewältigung außer Haus, in Zivil und mit einem externen Referenten. Thema der Einheit am Nachmittag: Fehler und Versagen als Ursache von Konflikten. Überraschenderweise ging er bereitwillig hin (»alles gediente Zeit«) und schrieb sogar einige eigene Gedanken in das Handout. Einen ganzen Ordner mit kopierten Unterlagen und ausgedruckten Präsentationen schob er nach dem Seminar etwas zögerlich in seinen Aktenschrank, den Ordnerrücken säuberlich beschriftet. Zurück im dienstlichen Alltag hatte schon nach zwei Wochen die Praxis die Theorie wieder eingeholt.

Theoretische Grundlagen

Die Fehler des Fehlerlosen aus der Beispielgeschichte sind unschwer zu erkennen. Bei einem selbst fallen die Charaktermängel (hier ein unguter Perfektionismus) weniger ins Auge. Wir halten unseren eigenen Maßstab für den einzig wahren und wundern uns, warum andere Menschen anders ticken. Offenkundig sind auch Seminare zu Problemlösungsstrategien nicht immer der Schlüssel zu Erfolg. Warum erreichen teure Schulungen zu sozialen Kompetenzen überhaupt so selten ihren Zweck? Der Grund: Das an sich gute Seminar im Beispiel vermittelte Grundlagen über Konflikte, ihr Zustandekommen, danach Methoden und Techniken damit umzugehen und fertigzuwerden. Der Kardinalfehler: Man hatte angenommen, Charakter durch Methoden ersetzen zu können. Man war nicht bis zum Grund des Problems vorgedrungen und hatte sich eingebildet, mit Techniken tiefsitzende Persönlichkeitsfehler korrigieren zu können. Manche Tatsachen der menschlichen Existenz (zum Beispiel das typische »menschliche Versagen«) lassen sich offenbar nicht wegpsychologisieren und auch nicht mit oberflächlichen Methoden aus der Welt schaffen. Das kann man die »Charakterfalle« nennen. Daher spare ich mir an dieser Stelle die Ausbreitung von Konfliktlösungsstrategien und lade Sie als Leser wiederum auf die persönliche Ebene ein.

Wie geht man als Führungskraft im Allgemeinen mit Fehlern um? Reflektieren Sie beim Umgang mit Schwächen, Schuld und Fehlern von Ihren Mitmenschen und sich selbst die psychologischen Grundwahrheiten, die beispielsweise in der Bibel enthalten sind: Erwarten Sie erstens nicht zu viel von Menschen; auch nicht von sich selbst. Niemand ist perfekt. Alle machen Fehler. Wir sind »allesamt Sünder«. Das ist kein Kompliment, aber unglaublich entlastend, wirkt entspannend und schützt vor tausend Enttäuschungen am Arbeitsplatz, aber auch in Partnerschaften. Wir sind Menschen, deshalb machen wir Fehler. So einfach ist das. Angesichts von Versagen und Schuld sollten wir daher nicht außer Rand und Band geraten. Wir sollten vielmehr Fehler sogar erwarten und in unsere Planungen mit einkalkulieren. Auf jedes Projekt sollten wir einen Zeitaufschlag für die Fehlerbeseitigung einrechnen und an jedem Arbeitstag eine halbe Stunde einplanen, wo wir mit der Schadensbegrenzung wegen persönlichem Versagen beschäftigt sind.

Das wiederum soll zweitens auf keinen Fall heißen, dass man darüber einfach hinweggehen und hinwegsehen soll und muss. Ignorieren Sie Versagen und Fehler nicht einfach. Die Methode »Schwamm drüber« oder »unter den Teppich kehren« ist auch nicht das Mittel der Wahl. Eine gute Grundregel stammt wiederum aus der Bibel: »Langsam sein zum Zorn und schnell zur Vergebung«. Die meisten Mitmenschen wissen um Schwächen und Fehler bei sich selbst; oft tun sie ihnen auch aufrichtig leid und sie ärgern sich selbst mehr darüber, als es der Vorgesetzte tut. Angezeigt ist dann auf der Seite des Chefs guter Wille und Vergebungsbereitschaft. Wenn Sie allerdings nicht um Verzeihung gebeten worden sind, besteht auch keine Pflicht zum Vergeben.

Für den Umgang mit geschehenen Fehlern und Versäumnissen gibt es drittens auch bewährte Regeln: »Schieben Sie nichts auf die lange Bank.« Klären Sie Schuld und Versagen baldmöglichst und schleppen Sie das Problem nicht herum. Warten Sie nicht bis zum nächsten Dienst oder sogar bis nach dem langen Wochenende oder Urlaub. Lassen Sie sich nicht das Betriebsklima verhageln. Vereinbaren Sie ein Gespräch/eine Aussprache, vielleicht eine Wiedergutmachung und setzen Sie ein Ziel, damit so etwas nicht wieder vorkommt. Viele Menschen sind sehr gut darin, Schuld von anderen im Kopf zu speichern und diese bei unpassender Gelegenheit wieder hervorzukramen. Wenn es die oben genannte Aussprache gegeben hat, Einsicht vorhanden war und Wiedergutmachung geschehen ist, besteht Anspruch auf Vergessen. Erinnern Sie andere nicht ständig an ihre Fehler und holen Sie vergangene Schuld nie wieder hoch (auch nicht durch Anspielungen). Wenn das Gegenteil der Fall ist, krasse Uneinsichtigkeit vorliegt und alles nichts hilft, muss natürlich eine Strafe folgen.

Bild 17: ***Eine gute Fehlerkultur***

Auf die Gefahr hin, als Abschreiber zu gelten, gebe ich unten ein längeres Zitat von Charles Haddon Spurgeon wieder (Spurgeon, 2018), das in seinem Buch »Guter Rat für allerlei Leute« unter der Überschrift »Fehler« steht. (Der altmodische Schreibstil rührt daher, dass der Text ca. zwei Jahrhunderte auf dem Buckel hat.) Ausgewählt wurde das lange Zitat wegen seiner sprachlichen Originalität, das heißt wegen der Vielzahl der einprägsamen sprachlichen Bilder. Der Autor schlüpft in seinem Werk gedanklich in die Rolle eines Bauern, um seine Gedanken auch für einfache Menschen zugänglich zu machen. Wenn wir uns die folgenden, ganz einfachen Lebensweisheiten zu eigen machen würden, wären uns viele Konflikte fremd:

»Wer sich rühmt, dass er vollkommen sei, der ist ein vollkommener Narr. Ich habe mich schon ein gutes Stück in der Welt umgesehen, aber ich habe noch nie ein vollkommenes Pferd gesehen oder einen vollkommenen Menschen, und ich werde es auch nie, solange nicht zwei Sonntage auf einen Tag fallen. […] Wenn wir immer daran denken würden, dass wir uns unter unvollkommenen Menschen in der Welt bewegen, so würden wir nicht in solche Aufregung geraten, wenn wir die Fehler unserer Freunde bemerken. […] Die besten Menschen sind im besten Falle immer nur Menschen, und auch das beste Wachs schmilzt. […] Es ist töricht, sich von einem bewährten Freund wegen einiger Fehler zu trennen, denn man mag einen einäugigen Gaul los werden und einen blinden dafür kaufen. […] Da wir alle voller Fehler sind, sollten wir es lernen, uns gegenseitig zu ertragen […] Die Unvollkommenheiten anderer Menschen zeigen uns unsere eigenen Unvollkommenheiten, denn ein Schaf ist so ziemlich wie das andere. Wir sollten unsere Mitmenschen wie Spiegel gebrauchen, in denen wir unsere eigenen Fehler erkennen, und das in uns selbst bessern, was wir an ihnen wahrnehmen. Ich habe keine Geduld mit denen, die ihre Nasen in jedermanns Haus stecken, um seine Fehler zu erschnüffeln, und die Vergrößerungsgläser benutzen, um die Fehler ihrer Nachbarn herauszufinden. Solche Leute sollten lieber zu Hause herumsuchen, sie könnten den Teufel da finden, wo sie ihn wenig erwartet haben. […] Es wäre weitaus angenehmer – wenigstens für die anderen –, wenn die Fehlerjäger ihre Hunde dazu abrichten würden, die guten Seiten anderer Leute aufzuspüren. Was unsere eigenen Fehler betrifft, so würden wir eine ziemlich große Schiefertafel haben müssen, um sie darauf verzeichnen zu können. So lasst uns also nicht verzagt einhergehen, sondern hoffen, dass wir leben und lernen und noch, ehe wir sterben, einiges Gutes werden tun können. Wenn auch die Karre zuweilen knarrt, so wird sie doch mit ihrer Last nach Hause kommen, und das alte Pferd wird, obwohl es die Knie gebrochen hat, doch noch ein wahres Wunderwerk verrichten. Es nützt nichts, uns hinzulegen und nichts zu tun, weil wir nicht alles so tun können, wie wir es möchten.«

Dem ist nichts hinzuzufügen.

Aufgabenstellung
Lesen Sie den obigen Text einschließlich des Zitats von C. H. Spurgeon noch einmal durch. Sie können hier mindestens fünf Prinzipien für den Umgang mit Fehlern ausmachen. Formulieren Sie für sich selbst diese Grundsätze in einem kurzen, knackigen Hauptsatz. Wenn Sie mögen, schreiben Sie diese Grundsätze auf ein Flipchart-Blatt und hängen dieses an Ihre Bürotür (innen).

Wichtige Ergänzung

Wenn Sie möchten, geben Sie Ihrer Partnerin/Ihrem Partner den Text oben zu lesen und besprechen Sie diese Grundsätze auch mit Ihren Kindern. Vielleicht möchten Sie ein paar neue »Familienregeln« aufstellen. Holen Sie tief Luft, bevor Sie loswettern. Richten Sie sich nach diesen Regeln, wenn andere versagen oder auch Sie selbst. Keine Angst vor Rückschlägen. Möglicherweise ist dies der Beginn einer langen Reise, weg vom eigenen Perfektionismus und überzogenen Erwartungen. Haben Sie Geduld, wiederum mit anderen, aber auch mit sich selbst.

Auch in Ihrem Dienst ist ein gesundes Maß an »Fehlertoleranz« angebracht. Projekte und Vorhaben können Sie nicht zu einhundert Prozent »wasserdicht« durchplanen. Sie müssen mit Fehl- und Rückschlägen rechnen. Wenn wirklich alles funktionieren muss (wie bei Einsätzen), müssen Sie zwingend Redundanzen und »Rückfallebenen« vordenken und vorplanen (Variante B und C). Auch wenn das für Sie ein neuer oder ketzerisch klingender Gedankengang ist: Sie müssen jeder Organisation einen Anteil an Chaos und Unordnung zugestehen, sonst machen Sie die Organisation handlungsunfähig.

Literatur-Tipp

Spurgeon, Charles Haddon: Guter Rat für allerlei Leute, Reden hinterm Pflug, Christliche Literaturverbreitung, 2018.
Abrahamson, Eric; Freedman, David H.: Das perfekte Chaos – Warum unordentliche Menschen glücklicher und effizienter sind, Econ Verlag, 2007.

4.4 Fit werden und fit bleiben – Fachliche Anforderungen

Zielsetzung der Einheit

Nachdem wir uns in den vorangegangenen Kapiteln vorwiegend mit charakterlichen Anforderungen an Führungskräfte beschäftigt haben, geht es in diesem Abschnitt um die fachlichen Anforderungen. Älteren Kollegen und Kameraden fällt eine wichtige Tatsache wahrscheinlich mehr ins Auge, als den Jüngeren: Eine große Herausforderung für jede Führungskraft im Rettungsdienst, bei der Polizei und Feuerwehr ist es, mit den fachlichen Entwicklungen Schritt zu halten und in seinem Beruf oder im Ehrenamt immer auf der Höhe der Zeit zu bleiben. Diese Einheit soll Ihnen helfen, Ihr Beurteilungsvermögen zu entwickeln oder zu verbessern, zu unterscheiden, was Sie tatsächlich wissen müssen und was Sie getrost vergessen können. Dadurch bauen Sie Stress ab und versorgen sich mit der nötigen Portion Gelassenheit in hektischen Zeiten. Sie werden dadurch in die Lage versetzt, sich um das Wesentliche in Ihrer Arbeit zu kümmern und eigene Prioritäten zu setzen, wenn es um Ihre fachliche Weiterentwicklung geht.

Erfolg bedingt lebenslanges Lernen.
Robert Schumann

Besorgt mir Ingenieure, die noch nicht gelernt haben, was nicht geht!
Henry Ford

Überall treibt man auf Akademien viel zu viel, und gar zu viel Unnützes. Auch dehnen die einzelnen Lehrer ihre Fächer zu weit aus, bei weitem über die Bedürfnisse der Hörer. … Wer klug ist, lehnet daher alle zerstreuenden Anforderungen ab und beschränkt sich auf ein Fach und wird tüchtig in einem.
Johann Wolfgang von Goethe

Erlebte Geschichte aus dem Rettungsdienst
Pause nach dem Unterricht für die Klasse der angehenden Notfallsanitäter. Geistesabwesend sortierte er die Unterrichtsmaterialien zurück an ihren Platz und säuberte gewissenhaft das Whiteboard. Die Klasse hatte er etwas vorzeitig in die Mittagspause entlassen. Seine Gedanken kreisten beim Aufräumen um allerhand Fachthemen, ohne dass er das wollte. Es war auch seine Mittagspause. Eigentlich tat er seine Arbeit gern, war zeitlebens feuerwehrtechnisch und auch rettungsdienstlich allseits gebildet, aber derzeit wurde ihm alles zu viel. Ständig wurde etwas Neues eingeführt. Wieder ein neues Schema, eine neue Datenbank, neue Medikamente, ein Entwurf zur Konzeption, eine Arbeitsgruppe. Ständige Weiterbildungen raubten ihm die Zeit, sein Unterrichtsmaterial auf den aktuellen Stand zu bringen. Seit Jahren lebte er »von der Substanz«. Seiner Meinung nach ging das vermittelte Fachwissen zu sehr in die Tiefe; ein Medizinstudium müsste man eigentlich haben, Akademiker sein und gleichzeitig sollte man Praxiserfahrung mitbringen, um »auf der Straße«, »handwerklich« und in den praktischen Dingen geschickt zu sein. Seine Schülerinnen und Schüler waren nicht auf den Kopf gefallen, konnten meist auf Abiturwissen zurückgreifen und zudem sehr gut auswendig lernen. Aber wenn es um die ganz einfachen, die praktischen Dinge ging, schauten sie ihn manchmal vollkommen hilflos an. Aus seinem Ehrenamt in der Freiwilligen Feuerwehr kam ihm das alles bekannt vor. Den Jungen konnte man im Einsatz getrost ein Tablet in die Hand drücken, um irgendeine Abfrage zu machen, aber einen Feuerwehrschlauch gerade auszurollen, gehörte

offenbar zu den unlösbaren Aufgaben. Vor zwanzig Jahren war die Welt aus seiner Sicht noch halbwegs in Ordnung gewesen. Aus heutiger Sicht konnte man die »gute alte Zeit« auf eine einfache Formel bringen: »Weniger Unterrichtsstoff plus mehr Einheitlichkeit im ganzen Land gleich weniger Sorgen.« Die Informationsflut führte bei ihm manchmal zu einer Art Lähmungserscheinung und am Ende eines Arbeitstages musste er festhalten, dass er eigentlich nichts Abrechenbares geschafft hatte, obwohl er den ganzen Tag am Rechner zugebracht hatte. Bis zur Pensionierung würde er in seinem Fach wohl noch irgendwie bestehen können und danach konnte ihm alles gleichgültig sein. Eigentlich stand ihm der Sinn aber nicht mehr nach großen Herausforderungen. Er würde keine »Bäume« mehr »ausreißen«. – Nach einem kurzen E-Mail-Check an seinem Arbeitsplatz war die Mittagspause verflogen. Unterrichtsbeginn. Nach zehn Minuten macht sich Unruhe in der Klasse breit. Etwas an seiner PowerPoint-Präsentation stimme nicht und wäre veraltet. Es war ohnehin nicht sein Tag und nun hatte er den Fehler gemacht, auf seiner Position zu beharren, anstatt seine Wissenslücke einzugestehen und der Klasse Nachbesserung zu versprechen. Wie sollte er aus der Nummer wieder rauskommen?

Theoretische Grundlagen

Von der breiten Masse der Bevölkerung höchstens unbewusst zur Kenntnis genommen, hat sich in den vergangenen Jahren eine stille Revolution abgespielt, die auch an den Behörden und Organisationen mit Sicherheitsaufgaben keineswegs spurlos vorübergegangen ist. Wir sind vom Industriezeitalter ins Informationszeitalter geschlittert. Ohne diese Epochen mit allen ihren Merkmalen und Konsequenzen ausführlich gegenüberzustellen, kann man das Heute folgendermaßen kurz beschreiben: Alles ist digital und mobiler geworden: Waren, Finanzen, Dienstleistungen, Menschen – vor allem aber Informationen. Die neuen Möglichkeiten der Informationsverarbeitung haben auch in den Behörden neue Chancen, aber auch Einsparpotenziale ermöglicht und können die Effizienz von Prozessen unglaublich steigern. Gleichzeitig ist der Mensch im Allgemeinen nicht intelligenter geworden. Daher sind auch die Möglichkeiten, sehr effizient sehr viel Unsinn zu machen, enorm gestiegen. Die freigewordenen Ressourcen werden offenbar mit tausend Kleinigkeiten und Modethemen aufgefüllt und mit Beratungen, wie man die Einsparung und Digitalisierung noch weitertreiben kann. Neben unser aller Privatleben hat sich auch unser Berufsleben enorm verändert und unsere moderne Arbeitswelt lässt sich mit dem englischen Akronym VUCA treffend beschreiben. Das gilt im Übrigen auch für das Ehrenamt.

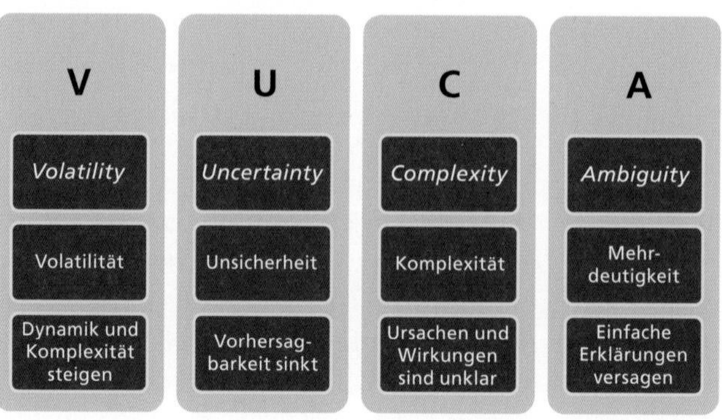

Bild 18: ***Arbeiten in der VUCA-Umgebung***

VUCA ist ein Akronym für die englischen Begriffe für Unbeständigkeit, Unsicherheit, Komplexität und Mehrdeutigkeit (Volatility, Uncertainty, Complexity und Ambiguity). Es beschreibt die Schwierigkeiten der Unternehmensführung in modernen Zeiten und lässt sich getrost auch auf die Behördenwelt übertragen. Eigentlich entstammt diese Theorie aus dem US-Militär zur Zeit des Kalten Krieges; später fand sie auch in der Unternehmensführung Verbreitung. Kurz gesagt, leben wir alle mit immer größeren Veränderungen in immer kürzeren Abständen. Unsere Welt ist unbeständiger geworden, die Grundlagen für Entscheidungen sind unsicher und ungeheuer komplex. Auch in früheren Jahrzehnten und Jahrhunderten konnte man natürlich falsche Entscheidungen treffen, aber wegen der geringeren Informationsdichte erfuhr man davon ggf. nichts.

Diese schlichten Tatsachen verändern unsere Behörden und Organisationen mindestens genauso stark, wie der demografische Wandel im Land, Arbeitsmarkteinflüsse und Wertewandel. Dadurch verändert sich auch das Anforderungsprofil an Feuerwehrleute, Polizisten und Rettungsdienstler, insbesondere natürlich an die Führungskräfte in allen Bereichen. Diese Uhr lässt sich nicht mehr zurückdrehen. Besonders interessant im Zusammenhang dieses Kapitels sind die Strategien zum Bestehen in einer sich ständig und zu schnell verändernden Welt. Wie kommen wir mit all den Veränderungen zurecht? Wie bestehen wir in einem solchen Umfeld? Die Lösungsansätze zum Arbeiten in VUCA-Umgebungen kann man vom selben Akronym herleiten: eine Vision haben, Verständnis für die eigene Arbeitsumgebung herstellen, in jedem Fall Klarheit und Einfachheit anstreben und Beweglichkeit sicherstellen (Vision, Umgebung, Klarheit, Agilität). In all dem sind wir als Behörden erstaunlich schlecht. Wenn Sie das für Ihren eigenen Arbeitsbereich erreichen möchten, benötigen Sie als Grundvoraussetzungen Zeit und Muße, ein wenig Input aus Aufsätzen oder Büchern und den Willen, dies in konkreten Schritten umzusetzen. Die folgenden Leitsätze und die praktische Aufgabe sollen den Anfang erleichtern:

Auch im Informationszeitalter mit allen elektronischen Helfern gilt, was schon vorher richtig war: Ohne fundiertes Fachwissen und eine richtige Taktik ist die beste Technik wertlos. (Die richtige Taktik ohne die entsprechende Technik ist allerdings hilflos.) Das kam im Buch schon an mehreren Stellen zum Ausdruck. Eine ganz fundierte Grundausbildung ist auch heute enorm wichtig. Auch Führungskräfte brauchen offenbar »handwerkliche« Grundkenntnisse; nicht um späterhin alles in der Berufspraxis ausführen zu können, sondern um ein Grundverständnis für die Arbeit zu entwickeln und Neuerungen kritisch beurteilen zu können. Die aktuellen Sonderthemen dürfen die »Basics« nicht aus dem Rennen werfen. Alle Aus- und Fortbildungsstätten sollten sich diesen Grundsatz hinter die Ohren schreiben und das Pendel muss im Zweifelsfall zu den einfachen, grundlegenden Schulungsinhalten ausschlagen. Wir müssen weg von hochspezialisierten, überzüchteten Inhalten, weg von den Spielwiesen und Tummelplätzen der Fachidioten, wo immer es geht.

Auch Fachwissen hat schon von jeher eine Halbwertszeit, die allerdings immer schneller immer kürzer wird. Das, was Sie in zahlreichen Lehrgängen gelernt haben, wird immer schneller von neuen Inhalten über den Haufen geworfen. Die Folge: Ohne lebenslanges Lernen kann niemand mehr und in keinem Beruf auf Dauer bestehen. Auch einfachste Berufe sind davon betroffen. Umso mehr sollte jede Chance ergriffen werden, sich weiterzubilden. Führungskräfte müssen Fortbildung propagieren und aktiv auch innerhalb des laufenden Dienstbetriebs ermöglichen. Fortbildung ist in allen Bereichen der Polizei, des Rettungsdienstes und der Feuerwehren rechtlich vorgeschrieben und geplant. Der Eindruck aus der Praxis ist jedoch, dass Führungskräfte aus Zeitmangel häufig davon ausgenommen sind. Hier ist Luft nach oben! Aus pädagogischer Sicht sind kleine Einheiten, die in das »Tagesgeschäft« integriert werden, am sinnvollsten. Eine viertel oder halbe Stunde Zeit für Fortbildung im alltäglichen Dienst sollte sich finden lassen. Wo ein Wille ist, ist ein Weg! Lassen Sie Ihrer Fantasie freien Lauf. Schauen Sie über den eigenen Tellerrand und laden Sie Referenten von der jeweils anderen Organisation ein. Gehen Sie unkonventionell Themen an und nutzen Sie alle »Umsetzungsformen« abseits von PowerPoint: Planspiele, Gerätetrainings, Kurzvorträge usw.

Der letzte Tipp bezieht sich auf unser aller Umgang mit Neuerungen: Machen Sie nicht den Fehler, generell alle Neuerungen und Veränderungen von vornherein als Bedrohungen wahrzunehmen und zu verteufeln. Fällen Sie keine Pauschalurteile wie: »Früher war alles besser; heute wird nur noch Mist gebaut!« Es gilt, diese Herausforderungen anzunehmen, weiter eine gute Arbeit abzuliefern und bei alledem den Blick fürs Wesentliche zu bewahren. Das muss man von Führungskräften verlangen dürfen.

Aufgabenstellung

Unter dem Abschnitt »praktische Aufgabe« stehen vier Schritte, die Ihnen helfen sollen, in schnelllebigen Zeiten auf der Höhe derselben zu bleiben. Bei jedem Schritt lassen Sie den Blick in Ihrem Büro schweifen (falls Sie gerade da sind) und überlegen Sie, wie Sie den Tipp gleich umsetzen können.

1. Ein erster Schritt, neuen fachlichen Herausforderungen zu begegnen, ist, sich zunächst von alten Materialien zu trennen. Nur so bekommen Sie den Kopf frei für Neues. Es gibt eine Zeit zum Sammeln und eine Zeit zum Wegwerfen. Die Zeit zum Sammeln ist definitiv vorbei, weil Wissen heute besser denn je verfügbar ist. Nehmen Sie sich dafür eine Auszeit vom Tagesgeschäft. Packen Sie Ihre »gesammelten Werke« aus den Schränken im Büro/im Schulungsraum/in der Wache auf den Schreibtisch. Entsorgen Sie veraltete Ausbildungsmaterialien und Fachliteratur großzügig. Hand aufs Herz: Von vielen Dingen wissen Sie nicht einmal mehr, dass Sie diese überhaupt besitzen. Machen Sie nur zwei Stapel: einen mit wirklich aufhebenswerten Dingen für die Vitrine, fürs Museum oder für die Weitergabe und einen mit weiter zu nutzenden Materialien. Vielleicht möchten Sie einen Teil an einen Kollegen oder Kameraden weitergeben, der noch etwas damit anfangen kann. Alles andere wandert in den Papierkorb.
2. Heben Sie Zugangsbeschränkungen zu Fachwissen auf. Ermöglichen Sie Ihren Mitarbeitern den Zugang zu Schulungsmedien, Fachzeitschriften und zum Internet. Viele Kollegen und Kameraden werden das Angebot schon deshalb nutzen, einfach weil es besteht. Horten Sie Material nicht in Ihrem Schreibtisch und sichern Sie nicht alles mit Vorhängeschlössern. Keine Angst, das Prinzip »Führen durch Herrschaftswissen« hat ausgedient. Heute zählt Ihr Vorsprung durch Charakter (soziale und emotionale Kompetenz). Bei den vorhandenen Materialien (auch in elektronischer Form) handeln Sie nach dem Prinzip, dass Ihre Mitarbeiter es sich holen, wenn Sie es brauchen. Überfluten Sie niemanden ungefragt mit Rundmails und Newslettern, auch wenn es gut gemeint ist.
3. Wo viel Wissen umgewälzt wird und jeder seinen Senf dazugeben kann, verbreitet sich zwangsläufig auch viel Unsinn. Das Internet beweist es. Warum wird dort so viel Mist verbreitet? Antwort: Einfach, weil es möglich ist! Lassen Sie sich daher von E-Mail, Internet und Co. nicht Ihren gesunden Menschenverstand rauben. Auch hier gilt: »Mut zur Lücke!« Es gibt neuerdings viele Modethemen, die heute hochgekocht werden und morgen schon wieder vergessen sind. Die Fachwelt erscheint manch-

mal als ein »Jahrmarkt der Eitelkeiten«; Menschen profilieren sich dort mit blumigen Projekten, die keinerlei praktischen Nährwert haben. Lesen Sie Ihre Fachzeitschriften einmal unter diesem Gesichtspunkt oder lesen Sie dann eben nicht mehr. Kultivieren Sie »selektive Ignoranz«, sitzen Sie Dinge aus und warten Sie einfach ab, bis dieses Feuerwerk der Neuigkeiten von selbst verglimmt.

4. Halten Sie sich ansonsten, so gut es geht, fachlich auf dem neuesten Stand. Beobachten Sie Klima, nicht Wetter. Will meinen: Lesen Sie Bücher, nicht Zeitungen. Nur das versetzt Sie in die Lage, unsinnige Neuerungen von Ihrem Hintergrundwissen her kritisch beurteilen zu können. Denken Sie in Ihrer Rolle als Führungskraft immer auch an Ihre Mitarbeiter. Verteilen Sie anfallende Arbeiten so, dass diese fachlich fit bleiben. Lassen Sie Ihre Mitarbeiter gerne an Ihrem Wissen teilhaben. Wenn Sie von einem Lehrgang wieder zum Dienst kommen, werten Sie mit allen den Zugewinn an Fachwissen aus. Verlangen sie das auch, wenn ein Kamerad vom Lehrgang kommt. Geben Sie Ihr Wissen auch unaufgefordert an jüngere Mitarbeiter, Praktikanten und Hospitanten weiter. Es wird nicht weniger, wenn man es teilt.

Literatur-Tipp

von Mutius, Bernhard: Disruptive Thinking, Das Denken, der der Zukunft gewachsen ist, Gabal, 2017.
Gris, Richard: Die Weiterbildungslüge: Warum Seminare und Trainings Kapital vernichten und Karrieren knicken, Campus Verlag, 2008.

4

4.5 Menschen in Schubladen – Menschenkenntnis, Typenlehren

Zielsetzung der Einheit

Unter die große Überschrift »Qualitäten und Qualifikationen« gehört mit Sicherheit das spannende Thema »Menschenkenntnis«. Diese stellt keine Charaktereigenschaft dar, sondern eine erworbene Kompetenz und resultiert teilweise aus Hintergrundwissen und der Lebenserfahrung. Sie kann keinesfalls von jetzt auf gleich erworben werden und ist für Führungskräfte unbestritten ungeheuer hilfreich. Wir alle eignen uns Menschenkenntnis im Laufe des Lebens zwangsläufig an, aber sollten auch darüber nachdenken. Menschen sollten aus Respekt vor dem Einzelnen eigentlich nicht systematisiert und in »Schubladen« gesteckt werden, jedoch gibt es gute Kategorisierungen, die sich im Führungsalltag als nützlich erweisen, ohne dem Gegenüber zu schaden. Diese Einheit verfolgt ein anspruchsvolles Ziel: Lernen Sie sich und andere besser kennen! Verstehen Sie, warum Sie und andere in einer bestimmten Situation so und nicht anders reagieren. Menschenkenntnis kann Sie weitherziger machen und damit zu einem angenehmeren und erfolgreicheren Menschen, Kollegen und Vorgesetzten. Die psychologischen Grundwahrheiten dieses Kapitels können Ihnen auch helfen, im Privatleben besser zurecht zu kommen.

Es ist immer gewagt, Menschenkenner zu sich zu Gast zu laden, und es ist immer lohnend für Menschenkenner, in eines Nachbarn Haus zu treten.
Peter Rosegger

Jeder sieht am andern nur soviel, als er selbst auch ist; denn er kann ihn nur nach Maßgabe seiner eigenen Intelligenz fassen und verstehen. Ist nun diese von der niedrigsten Art, so werden alle Geistesgaben, auch die größten, ihre Wirkung auf ihn verfehlen, und er an dem Besitzer derselben nichts wahrnehmen als bloß das Niedrigste in dessen Individualität, also nur dessen sämtliche Schwächen, Temperaments- und Charakterfehler.
Arthur Schopenhauer

Erlebte Geschichte aus der Freiwilligen Feuerwehr

Der »erste Eindruck« ist angeblich der entscheidende. Für den ersten Eindruck gibt es auch keine zweite Chance. Nach diesem ersten Eindruck war Kamerad X ein lustloser, desinteressierter Verweigerer. In meiner Erinnerung kam er nur in der Sitzposition am »Stammtisch« des Gerätehauses vor, niemals laufend oder anderweitig arbeitend. Er tat sich vor allem mit destruktiven Kommentaren und spitzfindigen Bemerkungen zum Dienstbetrieb hervor und ich als sein Zugführer konnte das alles gut und gerne als persönlichen Angriff auffassen. Er verstand es meisterhaft, seinen Unmut über die allgemeine Weltlage mit dem aktuellen Dienstgeschäft in Verbindung zu bringen, was im Kameradenkreis für Erheiterung, bei mir für anhaltende Verärgerung sorgte. Er hatte eine merkwürdige Art, seine gedanklichen Exkursionen vor der Truppe vorzutragen und dabei in das jämmerliche Kunstblumen-Arrangement auf dem Tisch vor ihm hineinzureden. Ich musste mich ständig fragen, wie ich diese Extraportion Zynismus und Sarkasmus einfangen konnte und aus welchem Grund er sich wohl überhaupt irgendwann einmal für die Feuerwehr entschieden haben mochte. Seine Ausbildung zum Rettungssanitäter hatte er im vergangenen Jahr irgendwie abgeschlossen; von der Prüfungskommission hatte man nichts Gutes über X gehört. Eines war jedenfalls sicher: Wir beide waren nicht aus demselben Grund hier. Die Frage nach seiner wirklichen Motivation blieb für mich über ein Jahr lang unbeantwortet. Nach meiner Einschätzung bis dahin war er zu allem fähig und zu nichts in der Lage. Diese Beurteilung hielt der Wirklichkeit so lange stand, bis ich mit ihm einen anspruchsvollen Einsatz fuhr. Meldereinläufe, Wasserrohrbrüche und schwelende Müllcontainer ließen ihn kalt. Aber bei einem Wohnhausbrand oder wenn sonst irgendwo echte Flammen zum Vorschein kamen, erwies er sich als waschechter Feuerwehrmann, der keine Erschöpfung kannte und den Pressluftatmer nur zum Flaschenwechsel absetzte. Unser Verhältnis war nie wirklich schlecht gewesen, aber mein Vorurteil weigerte sich immer noch hartnäckig, widerlegt zu werden. Dann musste ich ihn als Ausbilder bei einem Truppführer-Lehrgang einbinden. Was er dort vorlegte, musste bei Jedem Erstaunen hervorrufen, der ihn auch sonst kannte. Er erschien ungewohnt korrekt gekleidet, sehr pünktlich, gut vorbereitet und übertraf sich selbst in fachlicher und sozialer Kompetenz gegenüber dem Nachwuchs. Er hatte sich zuhause einige Stunden hingesetzt, alle eventuellen Nachfragen vorab recherchiert und sich Notizen für den Lehrgang gemacht. Was ihm bisher offenbar gefehlt hatte, war eine wirkliche Aufgabe und ein kleiner Vertrauensvorschuss. – Wie konnte ich mich über so lange Zeit und derart in einem Menschen täuschen? Die Dinge sind offenbar nicht immer, wie sie aussehen, und wir Menschen sind es auch nicht.

Theoretische Grundlagen

Vermutlich seit es Menschen gibt, haben die einen versucht, die anderen in irgendwelchen Schubladen unterzubringen. Die tiefere Ursache ist vermutlich, dass unsere Welt, einschließlich der menschlichen Persönlichkeit, so schrecklich kompliziert und vielschichtig ist. Wir hätten es aber gerne einfach. Daher wünschen wir uns simple Kategorien, nach denen wir unseren zwischenmenschlichen Umgang ausrichten können – auch wenn das auf Kosten und zu Lasten der Wirklichkeit geht. Die Schrankwände und Regalsysteme, in der die Schubladen stecken, in der unsere Mitmenschen untergebracht sind, heißen Typenlehren. Schon im Altertum wurden Menschen dadurch kategorisiert. Vielen dieser Versuche ist gemeinsam, dass sie äußerliche Erscheinungen (Körperbau und Auftreten) mit Charaktereigenschaften verknüpfen.

Heute sind die Psychologen für die Typisierung des Menschengeschlechts zuständig. Dagegen ist an sich nichts einzuwenden; leider wird jegliches Schubladendenken den menschlichen Eigenarten nur ansatzweise gerecht. Viele dieser Ansätze sind zu oberflächlich und vereinfachen unzulässig, weil sie unsere Mitmenschen einschließlich unserer selbst auf zu wenige Wesenszüge reduzieren und wichtige psychologische Grundwahrheiten außer Acht lassen. Bei einigen Modellen kommt es lediglich auf die »Performance« im Berufsleben an, was für die Beurteilung des Gegenübers oft auch ausreicht.

In diesem Kapitel sollen schon aus Platzgründen also nicht die Für und Wider einzelner Typenlehren abgehandelt werden. Vielmehr sind hier die besten Erkenntnisse der gängigen Kategorisierungen zusammengefasst. Die wichtigsten Lehren aus verschiedenen Typisierungen sind die folgenden:

1. Jeder Mensch mit seiner Psyche ist sehr vielschichtig und hochkomplex und kann darum nicht nur durch ein oder zwei Wesensmerkmale hinreichend genau beurteilt werden. Jede Typenlehre, die weniger als fünf Merkmale oder Menschentypen verwendet, hat vielleicht einen gewissen Unterhaltungswert, wird aber für den Dauergebrauch als unbrauchbar angesehen. Ein guter Einstieg und die derzeit einzige, international anerkannte und wissenschaftliche Einteilung ist eine Kategorisierung nach 5 Persönlichkeitswerten, den sogenannten »Big Five« (Offenheit, Neurotizismus, Gewissenhaftigkeit, Verträglichkeit, Extraversion). Weil in der englischen Sprache die Anfangsbuchstaben der Merkmale das Akronym OCEAN ergeben, wird das Modell manchmal auch mit diesem Wort bezeichnet.

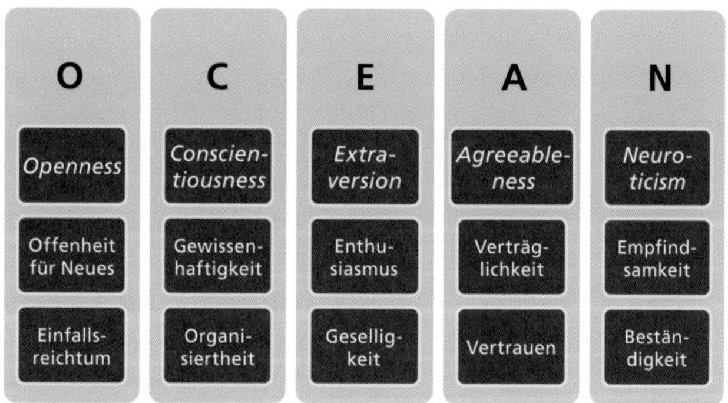

Bild 19: ***Big-Five-Persönlichkeitsmodell***

2. Jede Typenlehre ordnet einzelne Menschen bestimmten Grundtypen mit bestimmten verallgemeinerten Eigenschaften zu. Obwohl zu einem bestimmten Typus gehörend, können sich sowohl ein und derselbe Mensch als auch zwei Menschen in ein und derselben Situation höchst unterschiedlich verhalten. Ein Choleriker kann bspw. erstaunlich gelassen agieren, während ein Melancholiker in bestimmten Situationen »aus sich

herausgehen« kann. Inwieweit ein Mensch auf veränderte Situationen angemessen reagieren kann, kann als Zeichen seiner Unreife bzw. Reife angesehen werden. Der »Grundtyp« bleibt allerdings lebenslang erhalten.

3. Drittens sollte Beachtung finden, welches Menschenbild eine Typenlehre generell vertritt. Jedes Modell wurzelt letztlich in irgendeiner Weltanschauung. Realistisch ist es, jeden Menschen nicht nur als die Summe seiner Triebe, nicht nur als den Ausführenden seiner Hirnchemie oder als das Opfer seiner äußeren Lebensumstände anzusehen. Vielmehr hat jeder Mensch – unabhängig vom individuellen Hintergrund und seiner Herkunft – einen eigenen Willen, woraus sich eine eigene Verantwortung herleitet. Trotz widriger Lebensumstände kann und muss jedem Menschen eine Selbstbehauptungskraft, eine sogenannte »Trotzmacht des Geistes« zugestanden werden.
4. Von jeder Ausprägung ein und desselben Menschentyps existieren stets eine gereifte und eine unreife Variante. Das Vorliegen der jeweiligen Variante in unserem Gegenüber und bei uns selbst ist nicht vom Lebensalter abhängig. Reife meint hier Lebenstauglichkeit, Kompetenz, Charakterentwicklung. Unreife meint kindisches Verhalten (nicht kindliches Verhalten) und Verantwortungslosigkeit. Und auch hier gibt es Ausnahmen vom Regelverhalten.
5. Charaktermerkmale sind nicht von vornherein als gut oder schlecht zu werten. Jeder Mensch ist einzigartig, hat eine eigene Würde und verdient Respekt. Es besteht immer die Möglichkeit, sich selbst in die eine oder andere Richtung zu entwickeln. Mit anderen Worten und etwas persönlicher: Deine größte Schwäche kann zu deiner größten Stärke werden. Und umgekehrt: Deine größte Stärke kann zu deiner größten Schwäche werden. Weil dieser fünfte Punkt bei der Menschenführung im Alltag so entscheidend ist, drei Beispiele zur Erklärung:

Ein engagierter, eigenverantwortlich handelnder, selbstbewusster Kollege (positiv) kann unter Umständen dazu neigen, eigenmächtig, arrogant und verantwortungslos zu handeln (negativ).

Ein freundlicher, harmoniebedürftiger, ausgleichender Charakter (positiv) kann unter Umständen dazu neigen, harmoniesüchtig, konfliktscheu und sogar feige zu agieren oder zu reagieren (negativ).

Ein gründlicher, sorgfältiger, sehr ordentlicher Mensch (positiv) kann unter Umständen dazu neigen, penibel, perfektionistisch und unbarmherzig gegenüber anderer Leute Versehen zu reagieren, sich in Details zu verlieben und das Große und Ganze aus dem Blick zu verlieren (negativ).

Diese Liste ließe sich beliebig fortsetzen. Nehmen Sie eine Person aus Ihrem Bekanntenkreis, ihre oder seine hervorstechendste Charaktereigenschaft und schauen Sie, ob dieser Mensch normalerweise zur reifen oder unreifen Variante tendiert. Wenn Sie diese Beurteilung für sich selbst vornehmen wollen, fragen Sie einen wohlwollenden Mitmenschen um Hilfestellung.

Mit diesen wenigen grundlegenden Gedanken haben Sie sich etwas Grundwissen zum Thema Menschenkenntnis angeeignet. Sie können die Thematik nach Belieben durch Literatur oder auch Internet-Videos selbst weiter vertiefen. Es liegt nun an Ihnen, das erworbene Wissen in Ihrer Führungsfunktion gewinnbringend einzusetzen. Damit ist gemeint, dass Sie nicht manipulieren, sondern durch ein besseres Verständnis Ihren Mitarbeitern helfend zur Seite stehen können. Nichts ist praktischer, als eine gute Theorie. Gut muss sie aber sein. Dieses Kriterium erfüllt eine Typenlehre, die oben genannte Grundsätze berücksichtigt. Wie Sie sicher bemerkt haben, habe ich auf die Empfehlung einer bestimmten Typologie verzichtet. Die genannten Punkte können Sie nun selbst als Qualitätskriterien an jede Typenlehre anlegen.

Aufgabenstellung

Zur weiteren Vertiefung eine praktische Aufgabe:

1. Reflektieren Sie, mit welchen Ihrer Mitarbeiter bzw. Kameraden Sie in der letzten Zeit Probleme hatten. Dabei ist es nicht so wichtig, ob Sie sich selbst geärgert haben oder ob es zu einem offenen Streit gekommen ist.
2. Überlegen Sie, welches negative Charaktermerkmal bei Ihnen und/oder Ihrem Gegenüber die Ursache für die Auseinandersetzung war (v. a. Sturheit, Pingeligkeit, Schlampigkeit).
3. Denken Sie darüber nach, wie diese erkannte Schwäche bei anderer Gelegenheit oder an anderer Stelle möglicherweise zu einer Stärke geworden ist (v. a. Beharrungsvermögen, Genauigkeit, Gelassenheit).

Charaktereigenschaften sind uns zunächst mitgegeben oder wir haben sie im Laufe unseres Lebens erworben. Sie sind nicht »an sich« gut oder schlecht. In der folgenden Tabelle finden sich erstrebenswerte Charaktermerkmale jeweils in ihrer positiven und negativen Ausprägung. Bitte ergänzen Sie selbst und fügen Sie gerne weitere Zeilen hinzu.

Tabelle 9: ***positive Charaktermerkmale und deren negative Ausprägungen***

Positives Charaktermerkmal	Negative Ausprägung
aufmerksam	detailverliebt
gelassen	emotionslos
bescheiden	unterwürfig
stark	protzig
selbstbewusst	arrogant
entschlossen	aggressiv
ruhig	still
entschieden	verbohrt
kameradschaftlich	kumpelhaft
mutig	waghalsig

Wichtige Ergänzung

Wenn es Ihre Zeit erlaubt, gehen Sie an eine weitere Aufgabe: Natürlich können Sie Ihre Leute nicht immer nach deren Neigung und Fähigkeiten für eine bestimmte Arbeit einsetzen. Die folgende Übung soll lediglich dazu dienen, Ihre Menschenkenntnis zu verbessern. Darum werden wir einmal so tun, als ob Sie alle Freiräume bei der Aufgabenverteilung hätten. Dadurch schärfen Sie Ihre Urteilskraft. Hier folgt eine Liste von Aufgaben, wie sie beispielsweise im Alltagsgeschäft einer Wachabteilung einer Berufsfeuerwehr vorkommen. Stellen Sie sich Ihre Wachabteilung vor und überlegen Sie, wer und warum für welche Aufgaben in Frage kommt und wer aufgrund welcher Charaktereigenschaften/Persönlichkeitsmerkmale am besten dafür geeignet ist.

- Beurteilungen von Praktikanten sollen angefertigt und besprochen werden.
- Ein Kollege soll in Notfallseelsorge/Krisenintervention ausgebildet werden.
- Eine Einsatzübung soll vorbereitet und durchgeführt werden.
- Die Belehrungen in Arbeitssicherheit sollen durchgeführt werden.
- Eine Gruppe von Besuchern soll durch die Wache geführt werden.
- Die Fachliteratur der Feuerwache soll neu organisiert und verwaltet werden.
- Eine Vertretung für den Innendienstleiter/Gruppenführer Innendienst soll übernommen werden.

- Ein Truppmann-Lehrgang muss organisiert und geleitet werden.
- Eine Streitigkeit zwischen zwei Kollegen soll geschlichtet werden.

Genauso können Sie diese Aufgabe für die Sachbearbeiter-Ebene einer Fachabteilung lösen. Stellen Sie sich Ihre Abteilung vor Augen und überlegen Sie, wer und warum für welche Aufgaben in Frage kommt und wer aus welchem Grund am besten dafür geeignet ist.

- Eine Hausanweisung/Dienstanweisung muss überarbeitet werden.
- Eine Präsentation mit den Arbeitsergebnissen eines Jahres soll erstellt werden.
- Die Neuaufteilung/Neueinrichtung der Büroräume soll geplant werden.
- Ein neues System für die Aktenablage der Abteilung soll gefunden werden.
- Ein Gutachten einer Firma zu einer Angelegenheit der Feuerwehr muss bewertet werden.
- Eine Schulung für Einsatzkräfte soll durchgeführt werden.
- In einer Beratung mit einer anderen Abteilung sollen die Interessen der eigenen Abteilung vertreten werden.
- Eine Streitigkeit zwischen zwei Kollegen soll geschlichtet werden.

Literatur-Tipp

Howard, Pierce J.; Mitchell, Jane: Führen mit dem Big-Five-Persönlichkeitsmodell, Campus Verlag, 2002.
Rohr, Richard; Ebert, Andreas: Das Enneagramm – die neun Gesichter der Seele, Claudius Verlag, 2009.

4.6 Krank oder böse? – Psychopathologie bei Führungskräften

Zielsetzung der Einheit

In den vorangegangenen Kapiteln haben wir uns mit »normalen« Menschen und »normalen« Führungskräften auseinandergesetzt. Normal meint dabei beim Einzelnen – trotz allgemeiner menschlicher Schwächen und Fehler – ein gewisses Maß an Anstand, ein moralisches Empfinden, ein Mindestmaß an Umgänglichkeit und Verträglichkeit. Ohne Zweifel ist der Maßstab dafür auch gesellschaftlich bedingt. Genauso unbestritten ist aber, dass zahlreiche Mitmenschen aus diesem Normalmaß herausfallen, dass im Miteinander zwischen Führungskraft und Geführten oft Grenzen überschritten werden und solches Fehlverhalten zwangsläufig toleriert wird. Diese übergriffigen, unangenehmen Zeitgenossen finden sich selbstverständlich und unvermeidlich auch in unseren Behörden und Organisationen wieder. Deren Verhalten wird gewöhnlich mit den Attributen »krankhaft« versehen, ohne dass die Betreffenden deswegen eine ärztliche Behandlung aufnehmen würden. Im Gegenteil finden Neurotiker und Psychopathen ihr eigenes Verhalten meist höchst angebracht und akzeptabel und es sind die Opfer solcher Mitmenschen, die sich dann selbst hinterfragen und nicht selten auch die Flucht vor ihrem Chef in eine andere Abteilung, Dienststelle, Feuerwehr oder Hilfsorganisation antreten. Naivität hilft hier nicht; man sollte sich mit dem Thema Psychopathologie einmal auseinandersetzen, um gegen die Übergriffe missbräuchlicher Menschen gewappnet zu sein. Das ist das Hauptziel dieses Kapitels.

Meistens sind die Führer keine Denker, sondern Männer der Tat. Man findet sie namentlich unter den Nervösen, Reizbaren, Halbverrückten, die sich an der Grenze des Irrsinns befinden.
Gustave Le Bon

Nach manchen Gesprächen mit Menschen hat man den Wunsch, einen Hund zu streicheln, einem Affen zuzulächeln und vor einem Elefanten den Hut zu ziehen.
Maxim Gorki

Wenn man als Psychiater und Psychotherapeut abends Nachrichten sieht, ist man regelmäßig irritiert. Da geht es um: Kriegshetzer, Terroristen, Mörder, Wirtschaftskriminelle, eiskalte Buchhaltertypen und schamlose Egomanen – und niemand behandelt die. Ja, solche Figuren gelten als völlig normal. Kommen mir dann die Menschen in den Sinn, mit denen ich mich den Tag über beschäftigt habe, rührende Demenzkranke, dünnhäutige Süchtige, hoch sensible Schizophrene, erschütternd Depressive und mitreißende Maniker, dann beschleicht mich mitunter ein schlimmer Verdacht: Wir behandeln die Falschen! Unser Problem sind nicht die Verrückten, unser Problem sind die Normalen!
Manfred Lütz

Erlebte Geschichte aus dem Rettungsdienst

Eigentlich war sie gerade damit beschäftigt gewesen, für ihren Chef Termine zu koordinieren und E-Mails zu beantworten. Das gehörte nicht zwingend zu Ihren Aufgaben, aber sie tat es gern. Schließlich hatte er sich bei ihr vor einem Vierteljahr als neuer Chef mit einem Strauß Blumen vorgestellt, was bisher noch keinem Vorgesetzten in den Sinn gekommen war. Jetzt jedenfalls standen ihr Tränen in den Augen und die Wochen des Wandkalenders verschwammen vor ihren Augen. Sie verstand die Welt nicht mehr; gestern noch hatte sie ein Lob ihres Vorgesetzten bekommen und heute hatte er sie einfach ignoriert; war wortlos, ohne ein »Guten Morgen« in seinem Büro verschwunden. Das gehörte sich einfach nicht, aber irgendwie versuchte sie sein Verhalten zu ergründen und zu entschuldigen. Jetzt konnte sie sein Telefonat mit jemandem in seiner Praxis durch die geschlossene Tür mitverfolgen. Seine Karriere bis hierher konnte man getrost »bilderbuchmäßig« nennen. Er war ganz neu auf der Stelle als Ärztlicher Leiter Rettungsdienst und fuhr selbst regelmäßig als Notarzt. Nebenher führte er eine private Praxis und jeder in seinem Bekanntenkreis wunderte sich, wie er alle diese Aufgaben unter einen Hut brachte. Von enormem Nutzen im Vorstellungsgespräch war ihm sein gutes Aussehen und sein charismatisches Auftreten gewesen. Der Kollegenkreis aus der Rettungswache kannte Geschichten über ihn aus seiner vorherigen Beschäftigung, aber davon konnte man sicher nur die Hälfte glauben, man müsste Menschen vorurteilsfrei begegnen und sich selbst ein Bild machen. Dafür ergaben sich nun mehr als genug Gelegenheiten. Täglich brachte der Flurfunk neuen Stoff für die Urteilsbildung: Mehrere Notfallsanitäter wussten zu berichten, dass er beim Patienten ohne gründliche Befunderhebung Medikamente verabreichen ließ, dass er gegenüber dem Krankenhauspersonal großkotzig auftrat und auch in seinen privaten Beziehungen mit seinen noch nicht vierzig Jahren eine Spur der Verwüstung hinterlassen hatte. Kann man sich in einem Menschen derart täuschen? Kann sich ein Mensch derart verstellen? Braucht nicht jeder Mensch ein Mindestmaß an Kollegialität, um seine Arbeit zu machen?

Theoretische Grundlagen

Die Frage angesichts der Beispielgeschichte ist, ob das Verhalten des beschriebenen Vorgesetzten als normal anzusehen und moralisch zu rechtfertigen ist. Mit Sicherheit gehört derartiges Verhalten zur Normalität vieler von uns, zu tolerieren ist es aber keinesfalls. Wenn Mitarbeiter unter ihren Führungskräften zu leiden haben, wenn sie deswegen gesundheitliche Probleme bekommen und als Fußabtreter behandelt werden, ist eine Grenze überschritten.

Der Psychiater Dr. Manfred Lütz hat ein empfehlenswertes Buch geschrieben, mit der Schlusszeile des obenstehenden Zitats als Titel. Seine Sätze summieren die erste Hälfte des aktuellen Kapitels, lässt aber eine Frage unbeantwortet: Wie kann man dem Problem abhelfen? Wie soll man mit diesen Menschen umgehen? Kann man überhaupt vernünftige Tipps zu diesem monumentalen Menschheitsproblem geben?

Je nachdem, welcher der zahlreichen wissenschaftlichen Studien man folgen will, sind ca. fünf Prozent der Weltbevölkerung Psychopathen. Für den Zusammenhang dieses Buches: Unter Führungskräften sind es im Vergleich zum Bevölkerungsdurchschnitt mehr als drei- bis viermal so viele! Andersherum und etwas vereinfacht ausgedrückt: Unter Führungskräften findet man im Vergleich zum Bevölkerungsdurchschnitt überdurchschnittlich viele Psychopathen. Warum das so ist, wird später erklärt.

Zunächst einmal müssen wir uns um klare Begriffe bemühen: Was ist eigentlich ein Psychopath? In dem Wort stecken gleich zwei griechische Wörter, erstens das Wort »Psyche«, was man vereinfacht mit Seele/Seelenleben übersetzen kann. Für den Zweck dieses Kapitels wollen wir hier nicht tiefer einsteigen. Jeder hat immerhin eine Vorstellung, was die Psyche ist. Zweitens steckt darin das Wort »Pathos«, was vereinfacht mit Leiden(schaft) oder auch Krankheit übersetzt werden kann. Setzen wir zusammen: Psychopathologie ist die Lehre von den Leiden der Seele. Das ist auch eine wissenschaftliche Disziplin, die einen Teilbereich der Psychiatrie und der Klinischen Psychologie darstellt. Dieses Fachgebiet kümmert sich um die Erfassung der verschiedenen Formen eines krankhaft veränderten, gestörten Erlebens und Verhaltens. Außerdem beschreibt diese Disziplin psychische Symptome, die in ihrer Komplexität dann als Erscheinungsformen psychischer Erkrankungen benannt werden. Davon gibt es eine ganze Menge; je nach Patient in unterschiedlichsten Ausprägungen und Übergangs- und Mischformen.

Für unsere Zwecke und im Kontext dieses Buches sind nur einige praktische Fragen interessant: Woran erkenne ich eigentlich solche Menschen? Und genauso wichtig: Wie schütze ich mich vor ihrem Einfluss auf mein Leben? Psychopathen sind nicht immer als solche zu erkennen. Sie stechen aus der Masse nicht immer heraus und viele Klischees aus Filmen sind genau das: Klischees aus Filmen. Nicht alle Psychopathen sind überdurchschnittlich intelligent; viele sind auch erstaunlich dumm. Über die Dummen werden nur weniger Filme gemacht.

Begegnet man einem Psychopathen im Privaten, im Beruf oder im Ehrenamt, hat man als Gegenüber oft nur ein unbestimmtes Gefühl, dass hier etwas nicht stimmt, kann es aber nicht benennen oder greifen. Solche Menschen glänzen oft durch außergewöhnliche verbale Fähigkeiten. Sie können sich ganz hervorragend ausdrücken. Das ist eine Erklärung, warum man unter Führungskräften mehr psychisch Auffällige als im Bevölkerungsdurchschnitt findet. Sie können nämlich beispielsweise im Vorstellungsgespräch ihr Gegenüber um den Finger wickeln, das dann Ausdrucksfähigkeit mit echtem Potenzial verwechselt.

Eine zweite Eigenschaft kommt ihnen ebenso zugute: ein sehr oft oberflächlicher Charme. Psychopathen haben auch meist ein überzogenes Selbstwertgefühl und sind oft allen Ernstes davon überzeugt, alles solle sich um sie drehen und sogar die Sonne ginge allmorgendlich wegen ihnen auf. Mit diesen Eigenschaften ist man normalerweise nicht oder nicht lange erfolgreich, weil man an der Realität abstirbt. Daher können Psychopathen pathologisch lügen. Wir alle lügen manchmal, aber das Krankhafte besteht darin, dass sie dabei keine Schuldgefühle oder Reue entwickeln.

Psychopathen haben außerdem nur ein sehr armes Gefühlsleben; nur seichte, oberflächliche Emotionen. Das Trügerische: Sie haben durch Beobachten gelernt, wie »man« sich fühlt v. a. anlässlich eines freudigen oder traurigen Ereignisses. Aber das nachgeahmte Echte ist eben nur gespielt und dieser feine Unterschied in der Wahrnehmung macht bei Normalen dann häufig das nicht greifbare Warnsignal aus, dass hier etwas nicht stimmt. Psychopathen haben also ein Defizit an Sensibilität und Empathie, weshalb sie ihr Gegenüber ganz direkt und ohne Schuldgefühle verletzen können. Sie können boshaft und manipulativ sein und finden das vollkommen in Ordnung. Ihren Lebensstil kann man ganz ungeschminkt als parasitisch beschreiben. Sie hängen sich an andere Menschen (meist Leistungsträger) und lassen sich so durchs Leben tragen.

Psychopathen zeigen alle diese Merkmale mehr oder weniger ausgeprägt von Kindheit an. Sie fallen auf durch mangelnde Selbstkontrolle über das eigene Verhalten und sind nur eingeschränkt dazu fähig, Verantwortung zu übernehmen. Ihnen fehlen langfristige, realistische Lebensziele. Sie zeigen einen eindeutigen Hang zur Kriminalität. Manche werden auffällig – das sind die weniger intelligenten. Deren Biografie führt sie häufig in den Knast. Die intelligenteren hingegen werden Führungskräfte! Psychopathen findet man also überdurchschnittlich vertreten im Gefängnis und in der Führung von Unternehmen und anderen Organisationen.

Die große Frage für die Praxis ist, wie man einen wirksamen Schutz vor solchen Typen für sich und andere errichtet. Die folgenden Hinweise beziehen sich allesamt auf die persönliche Ebene und die Beziehung zu einem solchen Menschen. Daneben gibt es selbstverständlich auch den »Rechtsweg«, der aber aus verschiedenen Gründen nicht immer beschritten wird.

Zuerst eine Klarstellung und Warnung: Von niemandem kann verlangt werden, einen erwachsenen Menschen im dienstlichen Kontext zu erziehen, zu therapieren oder zu verändern. Das ist zu viel verlangt und auf diese Idee können ohnehin nur Menschen mit einem Helfersyndrom kommen, die zu den bevorzugten Opfern der Psychopathen gehören. Es kann also hier nur um Eigenschutz und Notwehr oder Nothilfe gehen.

Ein wichtiger Grundsatz beim Umgang mit solchen Menschen ist, denjenigen nicht bloßzustellen, weder im persönlichen Umgang oder vor anderen. Vielleicht riechen Sie den Braten und haben das Spiel durchschaut? Behalten Sie es für sich und ziehen Sie ihre eigenen Schlüsse! Konfrontieren Sie den Menschen nicht mit seinem Problem, es sei denn, Sie möchten einen Krieg anfangen und sind auf den Gegenschlag gefasst. Das maximale, was Sie tun können, ist Grenzen aufzuzeigen. Sprechen Sie das Gegenüber nicht auf sein Problem an, sondern benennen Sie höchstens, wie weit er bei Ihnen gehen darf. Zeigen Sie auf keinen Fall Schwäche und Verletzlichkeit. Solches wirkt bei Psychopathen eher stimulierend.

Die beste Methode für die Dauer ist, die Aufmerksamkeit des Psychopathen von sich selbst wegzulenken. Vermeiden Sie Treffen und Beratungen, wo es geht. Machen Sie sich rar und dünn. Wechseln Sie die Örtlichkeiten, wenn es geht. Rein inhaltlich können Sie sich auch entziehen, indem Sie undurchsichtig bleiben. Kommunizieren Sie keine Erfolge und spielen Sie ein langweiliges Privatleben vor. Denken Sie sich das langweiligste Hobby der Welt aus und erzählen Sie gelegentlich davon.

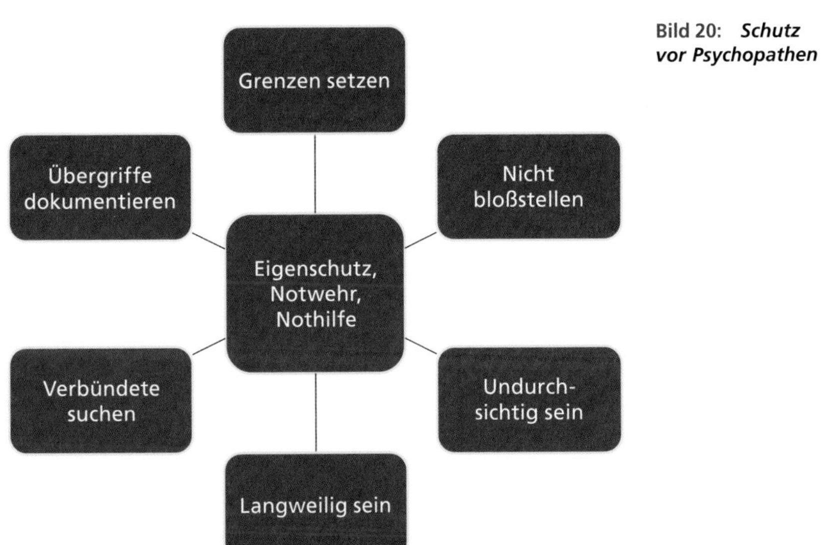

Bild 20: ***Schutz vor Psychopathen***

Wenn alles nichts hilft und die Grenze zur Widerrechtlichkeit überschritten und gegen Gesetze verstoßen wird, steht natürlich der Rechtsweg offen. Dabei ist es unbedingt empfehlenswert, die Übergriffe und Verstöße schriftlich festzuhalten. Sammeln Sie böswillige E-Mails und fertigen Sie kurze Stichpunkte/Aktennotizen an. Sammeln Sie alles zuhause in einem Karton. Legen Sie die Dinge einfach chronologisch ab, ohne sich dann weiter damit zu beschäftigen. Hoffentlich werden Sie den Karton irgendwann einfach entsorgen können, aber im schlimmsten Fall kann Ihnen Ihre Sammlung die eigene Haut retten.

Hilfreich kann es sein, sich beim Vorgehen Verbündete zu suchen. Die Erfahrung zeigt aber, dass diese schnell wieder wegfallen, sich distanzieren oder sich sogar gegen Sie wenden können. Rechnen Sie daher damit, dass Sie allein dastehen, wenn es »hart auf hart« kommt.

Literatur-Tipp

Lütz, Manfred: Irre! Wir behandeln die Falschen. Unser Problem sind die Normalen, Verlag Goldmann, 2011.
Lütz, Manfred: Neue Irre! Wir behandeln die Falschen, eine heitere Seelenkunde, Verlag Kösel, 2020.

5 Instrumente und Methoden

5.1 Fragen zur Selbstreflexion

Tabelle 10: *Fragen zur Selbstreflexion 5 – Instrumente und Methoden*

Nr	Frage	Ja / Nein / Weiß nicht
1	Haben Sie genügend Freiraum, um selbst über Ziele und Inhalte Ihrer Arbeit bestimmen zu dürfen?	
2	Arbeiten Ihre Unterstellten in Ihrer Abwesenheit (v. a. während Ihres Urlaubs) selbständig weiter?	
3	Haben Sie ein gutes Gefühl dabei, wenn Sie einen Teil Ihrer Arbeit abgeben (delegieren)?	
4	Wissen Sie, wie man erfolgreich Arbeit abgeben kann; wie man richtig delegiert?	
5	Meinen Sie, dass Sie die Arbeit schon selbst machen müssen, wenn das Ergebnis perfekt werden soll?	
6	Können Sie sich vorstellen, dass einmal ein Nachfolger im Amt ihre Arbeit gut weiterführen wird?	
7	Arbeiten Sie als Führungskraft ganz bewusst oder wenigstens intuitiv mit Lob und Tadel?	
8	Haben Sie selbst noch ein Empfinden dafür, wie es ist, gelobt oder getadelt zu werden?	
9	Glauben Sie, dass ein Lob durchaus auch fehl am Platz sein kann?	
10	Glauben Sie, dass ein Tadel, wenn er gut gemeint ist, auch Positives bewirken kann?	
11	Wenn es richtig stressig wird, arbeiten Sie dann besser oder macht Sie das vollkommen fertig?	
12	Wissen Sie, was in Ihrem Körper und mit Ihrer Psyche unter starkem Stress passiert?	
13	Wissen Sie, wie man Stress entgegenwirken, vermindern und abbauen kann?	
14	Haben Sie langfristige, strategische Ziele für Ihren Zuständigkeitsbereich oder retten Sie sich von Tag zu Tag?	

Tabelle 10: ***Fragen zur Selbstreflexion 5 – Instrumente und Methoden (Fortsetzung)***

Nr	Frage	Ja / Nein / Weiß nicht
15	Haben Sie offene Augen für Personalentwicklung und kommende personelle Veränderungen?	
16	Wissen Sie, worüber sich Ihre Kameraden/Kollegen als Auszeichnung wirklich freuen?	
17	Verfügen Sie selbst über die Möglichkeiten, engagierte Kollegen und Kameraden auszuzeichnen?	
18	Glauben Sie, dass Digitalisierung unser Berufsleben einfacher macht und die moderne Technik viel für uns tun kann?	
19	Halten Sie es für notwendig, dass Ihre Behörde/Organisation in den sozialen Medien vertreten ist?	
20	Haben Sie in Ihrer Ausbildung ein bestimmtes Führungsmodell erlernt?	
21	Wenden Sie selbst im Einsatz bewusst ein bestimmtes Schema/ Führungsmodell an?	
22	Könnten Sie nach Einsatzentscheidungen jederzeit erklären, warum Sie so und nicht anders entschieden haben?	

5.2 Alles liegt auf meinem Tisch – Delegieren als Überlebensfrage

Zielsetzung der Einheit

»Wer führen will, muss frei von Arbeit sein.« heißt es bei der Bundeswehr. Dieser Satz ist eine fundamentale Erkenntnis für jede Führungskraft, die sich allerdings erst einstellen muss. Das Ziel dieser Einheit besteht darin, die Vorteile des Delegierens von Aufgaben schätzen zu lernen und diese Praxis lebenslang einzuüben. Die Vorteile bestehen für Sie darin, mehr Zeit für Ihre eigentlichen (strategischen) Aufgaben als Führungskraft zu haben. Für Ihre unterstellten Mitarbeiter besteht der Gewinn darin, dass Vertrauen in sie gesetzt wird und sie dadurch an ihren Aufgaben wachsen können. Beim Delegieren gibt es einiges zu beachten. Welche Punkte das sind, lesen Sie im Folgenden.

Schreiben sie den Leuten nicht vor, wie sie etwas erledigen sollen. Sagen sie ihnen, was zu tun ist, und sie werden sie mit ihrem Einfallsreichtum überraschen.
George S. Patton

Unserer Kraft verschafft das Schicksal Spielraum; nur dem Trägen, dem Willenlosen stellt es sich entgegen.
William Shakespeare

Wenn eine Führungskraft zuviel an sich reißt, bleibt nicht mehr viel übrig für die unterstellten Führungskräfte und die Mannschaft. Auf diese Art verliert die Mannschaft an Initiative, an Antrieb und wird keine Entscheidungen mehr treffen. Sie wird nur herumsitzen und auf Anweisungen warten.
Jocko Willink

Erlebte Geschichte aus der Feuerwehr
So direkt würde er es nie sagen. Innerlich war er aber fest überzeugt, dass nur er selbst die anfallenden Aufgaben in seiner Freiwilligen Feuerwehr mit etwa fünfundvierzig Aktiven am besten erledigen könnte. Nach seinem Amtsantritt als Wehrführer vor fünfzehn Jahren hatte er sich schnell die wichtigsten Aufgaben an Land gezogen. Er war ein perfektionistisches Arbeitstier. Der Laden lief danach wie ein Präzisions-Uhrwerk. Sein Schreibtisch allerdings ähnelte einem Bergdorf nach einem Lawinenunglück. Er verwaltete alle Kassen, machte alle Ausschreibungen selbst, gab die Dienst- und die Einsatzkleidung aus und prüfte die Gerätschaften. Im Einsatz war er stets der Einsatzleiter, er fuhr das Löschfahrzeug auch gern selbst an die Einsatzstelle, funkte und nahm dem Angriffstrupp auch schon mal Strahlrohr oder hydraulisches Rettungsgerät aus der Hand. Doch, es hatte Versuche gegeben, bestimmte Aufgaben an geeignete Kameraden abzugeben. Diese hatten aber nach einiger Zeit frustriert das Handtuch geworfen, weil sie sich bevormundet vorkamen und weil man ihm nichts recht machen konnte. Das wiederum bestätigte ihn in seiner Meinung: Er müsste eben doch alles selber machen; letztendlich hinge alles von ihm ab. Dass die eigentlich motivierten und wohlwollenden Kameraden sich hinter seinem Rücken über sein ständiges Reinreden beschwerten, bemerkte er nicht. Dafür stand er schon zu hoch auf dem Sockel. Schließlich hatte er auch Bürgermeister und Gemeinderat hinter sich. Und so hatten sich der Chef und die Truppe über die Jahre gegenseitig erzogen. Der Wehrführer war sich sicher, dass alles am Ende von ihm abhinge; in der Wehr drängelte sich niemand mehr an irgendwelche Aufgaben. Immerhin fünfzehn Jahre dauerte dieses fragwürdige (Zusammen-)spiel nun schon an. Bis die Herzschmerzen kamen, die er zuerst noch übergehen konnte. Als seine Frau ihn zum

Hausarzt befahl, traf ihn die Diagnose wie ein Donnerschlag: Er hatte einen Herzinfarkt gehabt.

Theoretische Grundlagen

Mittlerweile hat es auch der Letzte bemerkt: In unseren Freiwilligen Feuerwehren hat der demografische Wandel zugeschlagen. Die Mitgliederzahlen sind allgemein gesunken (auch wenn es mancherorts besser geworden ist), die personelle Situation hat sich verschlechtert. Fakt ist: Immer mehr Arbeit muss von immer weniger Leuten geschultert werden. Das gilt sinngemäß für alle Einsatzorganisationen und hat ein ganzes Bündel von Ursachen. Trotzdem ist es in den allermeisten Fällen immer noch möglich, Aufgaben zu delegieren, v. a. auf mehrere Schultern zu verteilen. Das ist nicht nur möglich, sondern geradezu eine Notwendigkeit in Zeiten, in denen immer mehr Arbeit von immer weniger Leuten erledigt werden muss. Auch in den hauptberuflichen Behörden und Organisationen ist dieser Zustand Alltag: Grundsätzlich fällt stets mehr Arbeit an, als durch das Personal erledigt werden kann und es mangelt an Fachkräften.

Die Tatsache, dass allgemein eher zögerlich delegiert wird, liegt in dem verbreiteten Missverständnis, gute Führungskräfte müssten alles selbst erledigen. Besonders anfällig sind Führungskräfte, die sich in den Hierarchien hochgedient haben (Aufsteiger), die ihren Beruf »von der Pike auf« gelernt haben. Quer- oder Seiteneinsteiger verfallen meist weniger auf die Idee, dass sie alles selbst erledigen müssten. Auf der persönlichen Ebene ist es oft ein unguter Perfektionismus und ein ängstliches Klammern an Aufgaben, der Führungskräfte davon abhält, Arbeit abzugeben. Höchste Zeit also, auf diesem Feld die eigene Führungskompetenz zu verbessern. Im Einsatz machen wir es schließlich auch: Kein Notarzt der Welt würde jedes Pflaster selber kleben, kein Einsatzleiter der Feuerwehr wird ein Standrohr selber setzen, kein Polizeiführer wird selbst eine Einsatzstelle absperren.

Für das planmäßige Delegieren von Aufgaben gibt es sehr gute Argumente. Zunächst die Vorteile für den Delegierenden, der wahrscheinlich Sie selbst sind:

- Sie werden gewaltig entlastet und haben somit Zeit, sich um wirkliche, strategische Führungsaufgaben zu kümmern. Es ist eine einfache Regel: Wer immer nur im Hamsterrad rennt, kommt nirgendwo hin. Es ist wichtiger, einmal einen Tag über seine Arbeit nachzudenken, als einen Monat zu arbeiten. Dazu brauchen Sie zwingend Zeit und Muße und Abstand zum Tagesgeschäft.
- Es ist schon aus reinen Vernunftgründen Ihre Pflichtaufgabe, für eine geeignete, gleichwertige Vertretung in Ihrer Funktion/Position zu sorgen. Nur dann können Sie beruhigt in den Urlaub fahren; nur so können Sie

guten Gewissens auch einmal krank sein und sich auskurieren, bevor aus der Erkältung eine Herzmuskel-Entzündung wird.

- Auch wenn das seitens Ihrer Dienststelle nicht immer vorgesehen ist: Es ist für ältere Führungskräfte immer eine weise Idee, frühzeitig einen geeigneten Nachfolger heranzuziehen und parallel dazu langsam »loslassen« zu lernen. Ihre delegierten Aufgaben unter Ihrer Aufsicht sind ein wichtiges Betätigungsfeld für diesen in Frage kommenden Personenkreis.
- In der Regel sind auf diesem Feld Führungskräfte gefährdet, die sich ausschließlich über ihre Arbeit definieren. Das gelassene Abgeben-Können von Aufgaben ist ein wichtiger Prüfstein für Sie, ob Sie eine wirklich gute Führungskraft oder ein Burnout-gefährdeter Workaholic mit Herzinfarkt-Garantie sind.

Auch wenn Sie es vielleicht nicht auf den ersten Blick erkennen mögen, es ergibt sich auch eine Reihe von Vorteilen für die Menschen, denen Sie Arbeiten übertragen:

- Klar umrissene Teilaufgaben sind eine hervorragende Möglichkeit, persönliche Verantwortung zu übernehmen und an Aufgaben zu wachsen. Was zunächst wie eine Zumutung aussehen mag, ist oft die Kehrseite von Zutrauen in eine Person. Nehmen Sie Ihren Kameraden bzw. Kollegen nicht diese Gelegenheiten! Kommunizieren Sie diesen Zusammenhang: »Ich mute dir das mal zu, weil ich dir etwas zutraue. Ich bin aber da, wenn es Fragen gibt und du mich brauchst.«
- Für die Freiwilligen Feuerwehrleute: Obwohl es Ihnen selber so geht, kommt es Ihnen bei anderen vielleicht merkwürdig vor: Die Möglichkeit einer wirklich sinnvollen Freizeitgestaltung ist für viele ein gewichtiger Grund, ehrenamtlich in der Feuerwehr mitzuarbeiten. Degradieren Sie Ihre unterstellten Führungskräfte also nicht zur Einsatzkraft und bloßen Ausbildungskonsument.

Zum Schluss: Würden Sie alle Talente kennen, die in Ihrer Mannschaft verborgen liegen, würde Ihnen das Delegieren leichter fallen. Und: Seien Sie auch einmal mit dem zweitbesten Arbeitsergebnis zufrieden.

Delegieren ist schließlich ein gemeinsamer Lernprozess für Führungskräfte und unterstellte Mitarbeiter, der am Anfang ein wenig Mehraufwand mit sich bringt, am Ende aber einen gewaltigen Gewinn abwirft. Henry David Thoreau war ein amerikanischer Philosoph des neunzehnten Jahrhunderts, der das Wesen des Delegierens einmal auf den Punkt zugespitzt hat: »Tu, was keiner für dich tun kann. Alles andere unterlasse.«

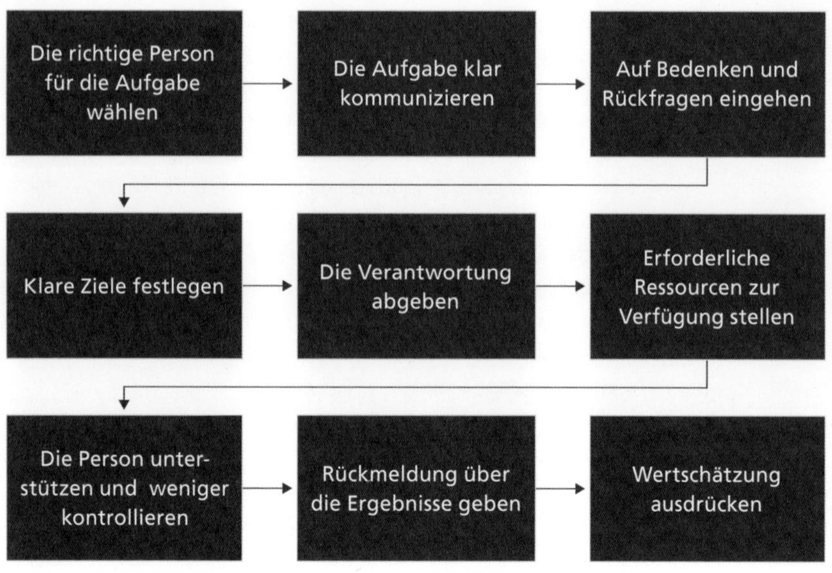

Bild 21: ***Richtig delegieren***

Aufgabenstellung

Beantworten Sie zunächst ehrlich folgende Fragen:

1. Sind Sie mit Ihrer Arbeitsorganisation/Aufgabenzuteilung zufrieden? Sind Sie überlastet?
2. Wenn ja, kann es sein, dass Sie selbst zu dieser unbefriedigenden Situation beitragen?
3. An wen können Sie welche Arbeiten übertragen? Nutzen Sie den in der Ergänzung aufgeführten Vorschlag und machen Sie sich eine Tabelle.
4. Haben Sie wirklich ein gutes Gewissen und Vertrauen in Ihre Leute beim Delegieren?

Überschlafen Sie Ihre Gedankengänge und dann gehen Sie ans Werk! Besprechen Sie die neue Arbeitsorganisation zuerst mit den Betreffenden. Die einleitende Standardfrage dabei kann heißen »Würdest du dir zutrauen…?« Bieten Sie Hilfestellung an und definieren Sie ein klares Ziel. Dann geben Sie das Ganze Ihrer Mannschaft bekannt: »Wir werden in einigen Punkten in Zukunft etwas anders machen…«

Wichtige Ergänzung

Als Hilfsmittel für Ihre Neuorganisation können Sie eine Tabelle benutzen, die Sie wie folgt aufbauen:

Spalte A: Meine bisherige Aufgabe als … (Versuchen Sie eine möglichst vollständige Übersicht.)

Spalte B: … kann ich abgeben an [Name]

Spalte C: … alternativ kommt in Frage [Name]

Spalte D: Bemerkung/Terminsetzung/Hinweis

Delegieren will gelernt und geübt sein. Wie viel Spielraum Sie dem Beauftragten lassen können, müssen Sie in der täglichen Praxis selbst herausfinden. Zum Delegieren gehört natürlich auch das Kontrollieren. Tun Sie das nicht am laufenden Band, überwachen Sie nicht alles, sondern heben Sie sich die Kontrolle für das Ende der Aufgabenstellung auf.

Beginnen Sie mit kleineren Aufträgen und wenn es klappt, gehen Sie zu größeren Aufgaben über. Anfangs müssen Sie möglicherweise viel kontrollieren und ggf. nachbessern (lassen). Es mag Ihnen erneut so vorkommen, als sei es das Beste, alles gleich selbst zu machen. Lassen Sie sich nicht entmutigen. Längerfristig lohnt sich die Zeit, in der Sie Ihre Mitarbeiter befähigen, die Aufgaben selbst zu erledigen.

Literatur-Tipp

Gerigk, Dagmar: Die Kunst zu Delegieren – loslassen lernen. 5 Schritte für mehr Eigenverantwortung (Leadership Nuggets), Books on Demand, 2022.

5.3 Nicht geschimpft, genug gelobt? – Umgang mit Lob und Tadel

Zielsetzung der Einheit

In dieser Lektion setzen Sie sich mit dem etwas altmodisch klingenden Thema »Lob und Tadel« auseinander. Eine ebenso passende, modernere Überschrift hieße »Kritik und Kritikfähigkeit«. Hierbei geht es im Grunde wieder um Motivation – genauer um deren Verwirklichung im (Dienst-)Alltag, mit einfachen Mitteln, die Sie keinen Cent kosten. Falls Sie bis heute noch nicht oder nicht bewusst mit Lob und Tadel arbeiten, sollten Sie dieses Instrument nach dem Bearbeiten dieses Kapitels in Ihrer Führungspraxis ganz bewusst einsetzen. Sie lernen oder frischen auf, wie wichtig Rückmeldungen – egal ob positiver oder negativer Art – für Ihre Unterstellten, aber auch Sie selbst sind.

Die meisten Menschen wollen lieber durch Lob ruiniert als durch Kritik gerettet werden.
Amerikanische Redensart

Von einem guten Kompliment kann ich zwei Monate leben.
Mark Twain

Über den Tadel sind viele erhaben, wenige über das Lob.
Carl Gustav Jochmann

Erlebte Geschichte aus dem Rettungsdienst

Der Rettungswagen war nach dem letzten Einsatz pünktlich zum Abendessen zurück in der Wache. Bei der heutigen Wetterlage mit Schneematsch und Unmengen von Streusalz auf den Straßen würde das Fahrzeug eine gründliche Wäsche brauchen, bevor man es an die nächste Schicht übergeben könnte. Bedächtig und ohne viele Worte füllte der Notfallsanitäter Verbrauchsmaterialien und Medikamente aus dem Lager in einen Tragekorb; neben ihm ein wenig verloren und hilflos die neue Praktikantin. Für ihn hatte es im heutigen Dienst bisher nur Routineeinsätze gegeben, für sie waren durchaus einige Fragen offen. Einiges lief hier offenbar anders, als sie es nach ihrem Unterricht an der Rettungsdienstschule erwartet hätte. Die junge Frau wollte gerne mit anpacken, traute sich aber nicht so recht. »Nicht geschimpft, ist genug gelobt.« war sein Motto, zuhause und im Dienst. Er war eben eher introvertiert und sogar ein wenig menschenscheu. Damit war er bis jetzt ganz gut gefahren, denn er hatte kaum Führungsverantwortung für irgendwelche Mitarbeiter, höchstens als Fahrzeugführer auf dem Rettungswagen. Dort lief es auch ohne viele Worte; man kannte sich und die Teams waren eingespielt. Das Ganze änderte sich schnell, nachdem er als Notfallsanitäter und stellvertretender Wachenleiter deutlich mehr Verantwortung für seine Kollegen übertragen bekommen hatte. Er war schon immer ein eher verschlossener Typ gewesen; keiner, der »sein Herz auf der Zunge« trägt, kein Freund vieler Worte. Seine Kollegen warteten deshalb oft vergeblich auf eine Reaktion, sie rätselten seiner Meinung hinterher, sie erwarteten eine Meinungsäußerung oder wenigstens ein Lebenszeichen von seiner Seite. Doch das Warten wurde nicht belohnt. Es gab keinerlei Dienstberatungen, keine Einsatzauswertung, keine Rückmeldungen, keine Reaktion. Nach der Meinung einiger älterer Kollegen aus der anderen Schicht müssten gegenüber den Neulingen in der Wache einige Punkte einmal angesprochen werden. Da er aber das Ansprechen von Problemen scheute, hingen die Kleinigkeiten in der Luft und steigerten sich allmählich zu größeren Konflikten. Seit einem halben Jahr standen einige grundlegende Veränderungen im Rettungsdienstbereich an. Der Flurfunk funktionierte natürlich nach wie vor; in der Wache drehte man sich v. a. um sich selber und das Arbeitsklima verschlechterte sich zusehends. Dienstliche Informationen bekam man nur, wenn man über die entsprechenden Kontakte verfügte. Kollegen, die jahrelang gut miteinander ausgekommen waren, fuhren sich scheinbar ohne Grund wegen irgendwelcher Kleinigkeiten in der Fahrzeughalle an und selbst beim gemeinsamen Essen war die gute Laune von früher wie weggeblasen. Gab es einen Zusammenhang zwischen seiner Unfähigkeit zu führen, seinem Unwillen zur Meinungsäußerung und dem kollegialen Klimawandel?

Theoretische Grundlagen

Dieses Kapitel beginnt mit einer verallgemeinernden Unterstellung, die kein Wissenschaftler der Welt mit Zahlen untermauern könnte, die jedoch allgemein geteilt wird: In unseren Organisationen (egal ob hauptberuflich oder freiwillig) erhalten die Geführten von ihren Vorgesetzten zu wenig Rückmeldungen über ihre Arbeit. Nicht so einfach zu ergründen ist die Antwort auf die Frage, warum dem so ist: Hängt es damit zusammen, dass man im Dienst zu einem Großteil auf der Sachebene kommuniziert? Sind Rettungsdienstler, Polizisten und Feuerwehrleute solch harte Typen, die Lob nicht nötig haben (weil sich alle selbst motivieren) und auf Tadel und Kritik überhaupt nicht mehr anspringen? Oder – was der schlimmste aller denkbaren Gründe wäre – haben Führungskräfte so wenig Charakter- und Wissensvorsprung, dass sie gar keinen Grund und Anlass sehen, aktiv zu loben oder zu tadeln? Unterschätzen wir die zwingende Notwendigkeit, anderen Menschen eine Rückmeldung über ihr Tun und Lassen zu geben? Hier setzt dieses Kapitel an, verdeutlicht die Notwendigkeit von guter Kritik und gibt einige praktische Hinweise.

Kritik setzt zunächst voraus, dass der Kritisierende kompetent genug ist, über den Gegenstand bzw. die Zielperson seiner Kritik zu urteilen. Von daher wiegt Lob bzw. Tadel nur etwas, wenn Sie als Vorgesetzter Ihr (Führungs-)Handwerk verstehen und keine fachliche und charakterliche Niete sind. Diese Fähigkeit einmal vorausgesetzt, hier einige Praxis-Tipps für den Gebrauch der beiden Instrumente »Lob und Tadel«:

Wenn Sie bisher nicht oder nicht bewusst mit Lob und Tadel arbeiten, fangen Sie noch heute damit an. Sie werden staunen, wie herzlich dankbar die meisten Menschen für ein kleines Lob sind. Auch wenn die Wenigsten ihre Freude darüber Ausdruck verleihen werden, können Sie in jedem Fall von der nachhaltigen Wirkung ausgehen. Wenn Sie bei diesem Thema ein Anfänger sind: Erschrecken Sie nicht, wenn man Ihnen und Ihrem Lob gegenüber anfangs misstrauisch begegnet, nach dem Motto: »Was wird er/sie wohl jetzt von mir wollen?« Wenn Sie allerdings ein positiver Mensch sind, kann die Praxis des Lobens zum Öl im Getriebe eines manchmal frustrierenden Alltags sein. Ein aufmunterndes Wort und ein wenig Wertschätzung seitens der Führungskräfte sollten nicht zu viel verlangt sein.

Grundsätzlich sollten Sie wesentlich häufiger loben als tadeln. Wenn Sie bei einem Anlass gleichzeitig loben können und tadeln müssen, fangen Sie zunächst mit dem Lob an und kommen Sie dann zur negativen Kritik. Haben Sie ein ganzes Gespräch vor sich, bei dem es um eine einzelne Person geht (v. a. Beurteilungs- oder Vorgesetzten-Mitarbeiter-Gespräch), nutzen Sie als Hilfsmittel den sogenannten »Feedback-Burger«. Das bedeutet, dass Sie das Gespräch mit etwas Positivem beginnen und auch beenden. Die Kritik gehört dazwischen, wie das Fleisch zwischen die Hälften des Brötchens. Diese Methode funktioniert bei Menschen, die für ehrliche Kritik offen sind. Bei sehr von sich selbst überzeugten Kollegen kommt diese Methode nicht an, aber solche sind Gott sei Dank nicht in der Mehrheit. Wenn es ein akutes Fehlverhalten gab (v. a. ein selbst verschuldeter Unfall mit einem Einsatzfahrzeug oder Alkoholkonsum vor dem Dienst) sollten Sie auf den Feedback-Burger ganz verzichten und natürlich gleich zur Sache kommen. Alles das setzt natürlich voraus, dass Sie sich die Zeit nehmen, ein Gespräch ein wenig vorzubereiten.

Wenn Sie beim einzelnen Kollegen keinen Grund zum Loben unmittelbar vor Augen haben, liegt das wahrscheinlich an Ihrer eingeschränkten Sichtweise. Sie sollten dann Gründe suchen. Potenzielle Fundstellen gibt es meistens dort, wo Ihnen zugearbeitet wurde oder Sie auf Arbeitsergebnisse anderer zurückgegriffen haben. Wenn Sie das herausstellen und einen Kollegen durch das Austeilen eines Lobes ein Stück wachsen lassen können, wird Sie das nicht kleiner machen – im Gegenteil! Vergessen Sie niemals, bei derartigen Projekten und Aufgaben den eigentlichen Urheber in angemessener Art und Weise zu würdigen. Das gilt auch für den Fall, dass Sie ein Arbeitsergebnis nur nach oben durchreichen und auch, wenn Sie nicht zu einhundert Prozent mit der Leistung zufrieden waren.

Nehmen Sie sich vor, an jedem Dienst- bzw. jedem Arbeitstag einen Kollegen oder Kameraden gezielt zu loben. Tun Sie das je nach Anlass öfters unter vier Augen, aber auch einmal vor versammelter Mannschaft (v. a. wenn angetreten wird). Versuchen Sie über einen längeren Zeitraum (vielleicht über ein halbes Jahr) möglichst allen Ihren Unterstellten eine Rückmeldung in Form von Lob und Tadel zukommen zu lassen.

Falls Sie selbst von Ihrem eigenen Vorgesetzten niemals gelobt werden, machen Sie das nicht zum Maßstab ihres eigenen Verhaltens. Umso mehr sollten Sie Ihre Mitarbeiter loben. Sie wissen doch sehr gut, was Ihnen selbst fehlt und was Sie vermissen. Sie vergeben sich dadurch nichts. Es ist ein Naturgesetz und manchmal eine selbsterfüllende Prophezeiung: Wenn Sie etwas Positives in die Welt geben, bekommen Sie immer etwas Positives zurück.

Manche Menschen werden hellhörig und sind skeptisch und misstrauisch, wenn Sie einmal gelobt werden – vielleicht, weil es ihnen so selten passiert. Flechten Sie daher bei solchen Kollegen und Kameraden eine kleine Portion konstruktiver Kritik ein. Zum Beispiel kann auch bei der engagiertesten Ausbildung ein technisches Detail verbessert werden oder ein inhaltlich gutes Dokument professioneller gestaltet werden.

Ein wichtiger Grundsatz für das Tadeln stammt von Georg Christoph Lichtenberg: »Ehe man tadelt, sollte man immer erst versuchen, ob man nicht entschuldigen kann.« Eine moralische Pflicht zum Entschuldigen/zum Verzeihen ergibt sich allerdings erst, wenn beim Gegenüber Einsicht in die Schuld vorliegt und eine Entschuldigung erbeten oder verlangt wird. Insofern ist jeder Tadel auch immer ein Anlass zur Selbstprüfung. Wir müssen auch an uns tadeln, was wir an anderen Menschen tadeln. Wir müssen an anderen entschuldigen, was wir an uns entschuldigen. Dieses Instrument ist gleichzeitig ein Indikator für ihre ethischen Maßstäbe. Hieran entscheidet sich die Glaubwürdigkeit des Konzepts »Führen durch Vorbild«. Es soll nicht »mit zweierlei Maß« gemessen werden.

Wenn es etwas zu tadeln gibt, vermeiden Sie versteckte Anspielungen und das Tadeln vor versammelter Mannschaft. Suchen Sie immer zuerst ein Gespräch unter vier Augen und sagen Sie Ihrem Gegenüber gerade heraus, was Sie meinen. Erst bei Uneinsichtigkeit auf der Gegenseite stünde die Aussprache mit dem nächsthöheren Vorgesetzten an. Erst, wenn auch das ergebnislos geblieben ist, sollten Sie vor der Truppe/der versammelten Mannschaft tadeln. Und erst danach ziehen Sie arbeits-/ oder dienstrechtliche Konsequenzen in Betracht.

Ein Nachsatz für die Bedenkenträger: Wenn man regelmäßig mit Lob arbeitet, gerät man vielleicht in den Verdacht, als Chef ein sozialromantischer »Kuschelweich« zu sein. Vielleicht haben Sie Angst, durch ein Lob Ihre Autorität zu verspielen. Die Bedenken kann ich Ihnen zerstreuen: Wenn es ehrlich gemeint ist, können Sie (fast) alles sagen. Wenn Sie ein Lob durchaus nicht über die Lippen bringen, hilft als Einstiegsübung, dem zu Lobenden kameradschaftlich auf die Schultern zu schlagen (mit der flachen Hand und nicht beim Kaffeetrinken oder Essen). Dabei sollten Sie aber mindestens ein freundschaftliches Grinsen zeigen.

Tabelle 11: ***Lob und Tadel***

Lob	Tadel
mehr loben, als tadeln	wenn möglich, zunächst unter vier Augen
wenn möglich, öffentlich	klare Worte finden, keine Anspielungen
bewusst Gründe suchen	Rechtfertigungsgründe prüfen

Tabelle 11: ***Lob und Tadel (Fortsetzung)***

Lob	Tadel
auch »Selbstverständlichkeiten« loben	»Feedback-Burger« nutzen
auch unspektakuläre Ergebnisse würdigen	auch sich selbst hinterfragen
ggf. mit einer kleinen Kritik verbinden	wenn möglich, zunächst unter vier Augen

Alle diese Ratschläge zusammen ergeben einen tauglichen Rahmen für einen guten Umgang mit dem Führungsinstrument »Lob und Tadel«. Mit der nachfolgenden Aufgabe sollen Sie der Umsetzung der angeführten Grundsätze im Alltag ein gutes Stück näherkommen.

Aufgabenstellung

Wenn Sie mögen, holen Sie sich einen Kaffee oder einen Tee. Nehmen Sie Ihren Terminkalender zur Hand. Gehen Sie in Gedanken nochmals Ihren letzten Arbeitstag, Ihre letzte Schicht oder Ihren letzten Dienst durch. Beantworten Sie ehrlich folgende Fragen:

1. Hätte es Anlässe zu Lob und Tadel gegeben? Wenn ja, haben Sie die Gelegenheiten genutzt?
2. Wann wurden Sie selbst das letzte Mal gelobt bzw. getadelt? Wie haben Sie sich dabei gefühlt?
3. Welche Art von Rückmeldung erhalten Sie in der Regel von Ihren Vorgesetzten? Glauben Sie, dass diese Kritik ehrlich ist?
4. Welche Art von Rückmeldungen kamen bisher von Ihrer Mannschaft? Darf man Ihnen offen die Meinung sagen oder sind Sie schon »beratungsresistent«?
5. Stellen Sie sich jeden Ihrer Unterstellten in Situationen vor Augen, in der er oder Sie besonders gut oder schlecht ist. Fährt Ihr Rettungssanitäter im Rettungswagen besonders patientenschonend? Bekommt Ihr Maschinist immer schnell und zuverlässig Wasser an den Brandherd? Macht Ihr Gerätewart immer sorgfältig seine Arbeit in der Werkstatt? – Warum sagen Sie das den Betreffenden dann nicht?

Wichtige Ergänzung

Eine Zusatzübung für den Fall, dass Sie mehr Zeit haben und von den Ansätzen im Text auch ein wenig begeistert sind: Lesen Sie den Text oben noch einmal durch.

Notieren Sie mindestens drei Grundsätze für das Loben und drei für das Tadeln auf eine kleine Karte. Stecken Sie die Karte in Ihre Beintasche und versuchen Sie, die Grundsätze in den nächsten Tagen und Wochen in die Praxis umzusetzen.

Übrigens: Was im Beruf oder im Ehrenamt als gut und richtig gilt, kann zuhause nicht ganz falsch sein. Wann haben Sie Ihre Frau/Partnerin, Ihren Mann/Partner und Ihre Kinder das letzte Mal gelobt? Auch (und gerade!), wenn Ihnen nicht danach zumute ist, sollten Sie damit anfangen. Sie werden erleben, wie viel Positives Sie damit anrichten. Nach einem alten Gesetz des menschlichen Zusammenlebens kommt das wiederum auf Sie zurück: »Wie man in den Wald hineinruft, so schallt es heraus.«

Literatur-Tipp

Kessler, Volker: Kritisieren ohne zu verletzen: Lernen von den Sprüchen Salomos, Edition Brunnen, 2020.

5.4 Orden, Titel und Befrackung – Auszeichnung und Beförderung

Zielsetzung der Einheit

Polizei, Feuerwehr und auch der Rettungsdienst sind äußerst traditionsreiche Organisationen, die zumindest im Einsatz streng hierarchisch funktionieren. In der Praxis schlägt sich diese Hierarchie – nach außen erkennbar – in Dienstgraden und Funktionen nieder, die auf unterschiedliche Arten kenntlich gemacht werden. Auch wenn es für Sie selbst keinen allzu hohen Stellenwert hat: Auszeichnungen, Ehrungen und Beförderungen sind nach wie vor ein wichtiges Führungsinstrument, nicht nur im ehrenamtlichen Bereich. Auf diesem Gebiet kann man eine Menge Fehler machen und ungewollt Mitglieder und Mitarbeiter vor den Kopf stoßen. Widmen Sie diesem Kapitel ausreichend Zeit und verwenden Sie es, um (auch im Kreis Ihrer Führungskräfte) diese Praxis zu überdenken.

Geschmeide und Geräte von Silber und Gold trägt nicht mehr zur Bequemlichkeit bei, als das von Stahl und Zinn, aber die mit diesem Besitz verbundene Auszeichnung reizt zu Anstrengungen des Körpers und des Geistes, zur Ordnung und Sparsamkeit und diesem Reiz verdankt die Gesellschaft einen großen Teil ihrer Produktivität.
Daniel Friedrich List

Orden sind ein kostensparender Gegenstand, der es ermöglicht, mit wenig Blech viel Eitelkeit zu befriedigen.
Aristide Briand

Ehrenamt ist keine Arbeit, die nicht bezahlt wird. Es ist die Arbeit, die unbezahlbar ist.
Unbekannt

Erlebte Geschichte aus der Feuerwehr

Von außen, aus der Perspektive einer Zivilperson betrachtet, war der Anblick eher zum Lachen. Seine Orden an der Tuchuniform mussten zwangsläufig irgendwann zu einem Haltungsschaden führen. Wie praktisch, dass seine Frau Physiotherapeutin war. Als Gemeindewehrleiter war er heute auf den Tag zwölf Jahre im Amt, als er die aktuellste Auszeichnung angeheftet bekam. Er nahm sie mit stolz geschwellter Brust entgegen und stand auf der Tribüne des Vereinshauses, wie ein Hahn im Hühnerhof. Die Ehrennadel fand ihren würdigen Platz zwischen Ortswappen-Anstecknadel und Fluthelferorden. Die jungen Kameraden, die sich in ihren noch blanken Uniformen sichtlich unwohler fühlten, munkelten bei der Jahreshauptversammlung, dass man ihn nach seinem Ableben einmal verschrotten müsse und die Älteren rätselten, wer ihn um alles in der Welt immer für die Auszeichnungen vorschlug. War er es am Ende selber? Das Blau der Uniformjacke jedenfalls schimmerte hinter dem angesteckten Stoff und Blech kaum noch durch. Er selbst schien die Späße und Anspielungen seiner Kameraden gar nicht zu bemerken. Die Situation wäre auch durchaus komisch, wenn nicht in seiner Feuerwehr und unter seiner Regie fast ausschließlich nach Gesicht und Dienstalter befördert wurde. So hatten es langjährige Mitglieder mit Vollbart und Bierbauch im Rentenalter bis an die Spitze der Hierarchie geschafft, ohne je einen Lehrgang besucht zu haben. Währenddessen gingen die besser ausgebildeten und auch schon einsatzerfahrenen Jüngeren meistens leer aus. Alter war hier eben doch ein Verdienst. Diese offensichtliche Schieflage führte dazu, dass es innerhalb der Wehr im Vorfeld der alljährlichen Jahreshauptversammlung regelmäßig gärte. Beim »geselligen Teil« der Veranstaltung hatten die Jungen sich auch schleunigst ihrer altmodischen Tuchjacken und der Krawatten entledigt, während die Hochdekorierten ihre Uniformen heute wahrscheinlich erst im heimischen Schlafzimmer ablegen würden.

Theoretische Grundlagen

Im Laufe dieses Buches ging es bereits mehrfach um das Thema Motivation: Obwohl man es anders vermuten könnte, stellt die Form der Anerkennung ehrenamtlichen Engagements durch Auszeichnungen und Beförderungen heute und vermutlich auch zukünftig einen nicht zu unterschätzenden Motivationsfaktor in allen ehrenamtsbasierten Organisationen dar. Besonders Freiwillige Feuerwehren pflegen einen ortsspezifischen und eingeschliffenen Umgang mit diesem Führungsinstrument.

Widmen wir uns zunächst den Ehrungen: Im hauptamtlichen Bereich erhalten die Beamtinnen und Beamten eine hoffentlich ausreichende Besoldung für ihre Dienste an der Allgemeinheit. Daher scheint man in den meisten Dienststellen diesem Thema überhaupt keine Aufmerksamkeit zu widmen und formelle Ehrungen werden vielerorts nur vorgenommen, wenn dies landesseitig vorgesehen ist (v. a. nach einem Katastropheneinsatz). Im Ehrenamt ist man hier besser aufgestellt, wird doch der Dienst unentgeltlich geleistet. Bei Jahreshauptversammlungen und öffentlichen Anlässen werden Orden und Ehrenzeichen angeheftet, meist verbunden mit einem Präsent und selten mit einem Geldbetrag. Diese Routine kann dazu führen, dass wenig über Sinn und Ziel dieser Praxis nachgedacht wird.

Die bei Ehrungen überreichten Gegenstände und Ehrenzeichen haben sowohl einen materiellen als auch einen ideellen Wert. Obwohl der materielle Wert keine Entschädigung oder Entlohnung für die geleistete Arbeit darstellen soll, gibt es doch einen Zusammenhang zwischen dem materiellen und symbolischen Wert des Präsents. Dieser Grundsatz wird viel zu wenig beachtet, wird aber von den Ausgezeichneten sehr wohl wahrgenommen. Man weiß sehr genau, dass ein Präsent keine Bezahlung darstellt; man hat aber ein feines Gespür dafür, ob es der geleisteten Arbeit angemessen ist oder nicht und – ob die Auszeichnung/Beförderung verdient geschieht, oder nicht. Das Sprichwort, dass Orden und Bomben immer ins »Hinterland« und meist die Falschen treffen, ist durchaus allgemein bekannt.

Damit Ehrungen ihren beabsichtigten Zweck erreichen, hier einige grundsätzliche Gedanken:

- Herausragende Leistungen sollten genauso honoriert werden, wie kontinuierlich gute Arbeit. Auch Tätigkeiten im Verborgenen (»hinter den Kulissen«) sollten berücksichtigt werden. Oft verlangt kontinuierlich und treu getane Arbeit mehr Kraft als eine gelegentliche »Heldentat« oder ein Projekt, mit dem man glänzen kann.
- Auch bei angespannter Haushaltslage sind Präsente ein falscher Ansatzpunkt von Sparmaßnahmen. Wenn es dafür keine Haushaltsstelle gibt, muss eine eingerichtet werden. Die Finanzmittel sollten keinesfalls aus der Vereinskasse kommen. In der Regel erkennen die Geehrten, ob hier Geld ausgegeben wurde oder nur ein Werbegeschenk weitergereicht wird.
- Anerkennende Worte gehören natürlich zu den genannten Veranstaltungen wie das Amen in die Kirche. Diese sollten allerdings nicht (nur) von der Wehrführung ausgesprochen werden, sondern von einem Vertreter der

Gemeinde/des Landkreises/des Bundeslandes in deren Namen. Diese Worte haben einen hohen Stellenwert und bleiben für manch einen lebenslang im Gedächtnis. Man hüte sich daher vor floskelhaften Musterreden und bemühe sich um Originalität und echte Wertschätzung (▶ Kapitel 6.5).

- Als Präsente empfehlen sich solche, die die Individualität des Geehrten oder der eigenen Organisation ausdrücken. Fragen Sie doch einmal in lockerer Runde nach, was sich Ihre Kameradinnen und Kameraden wirklich als Präsent wünschen, wenn die Reihe an sie kommt. Meine Erfahrung: Auch die Älteren fahren nicht mehr so sehr auf die klassischen Zinnteller, Wanduhren und Bierkrüge ab. Wollen Sie mit einer Auszeichnung wirklich eine Freude machen, versuchen Sie es doch mal mit einem individuellen Geschenk, z. B. einer robusten Armbanduhr, einem Rettungsmesser oder einem Modellfahrzeug. Vielleicht fragen Sie vertraulich bei der Partnerin/beim Partner nach, was der zu Ehrende sich wünschen könnte.

Bild 22: ***Grundsätze für Auszeichnungen und Ehrungen***

Das Thema Beförderung ist deutlich mehr formalisiert und unterliegt strengeren rechtlichen Regelungen und Grenzen. Für den hauptamtlichen Bereich gibt es dafür Richtlinien, Literatur und Seminare, die für eine faire Beurteilungspraxis sorgen sollen. Schließlich hängt hier die Besoldung/die Besoldungsstufe bzw. die Entlohnung für die geleistete Arbeit am erreichten Amt. Fairness, Gerechtigkeit und Angemessenheit sind die Kriterien der Wahrheit.

Besonders kompliziert wird die Beurteilung des Einzelnen in großen Behörden und wenn der Beurteiler (der mit seiner Beurteilung die formellen Voraussetzungen für die Beförderung schafft) den Kandidaten nicht oder nur aus der Ferne kennt. Hier ist daher große Sorgfalt und Transparenz (soweit eben möglich) gegenüber dem Personal angezeigt. Ein Vorgesetzter, der gut beurteilen kann und eine Dienststelle, die befördern könnte, sollte das auch tun. Vor allem in wirtschaftlich klammen Zeiten ist die Beamtenbesoldung in der Regel nicht mehr so fürstlich, wie manche

Zeitgenossen meinen. Und die Praxis, höherwertige Planstellen dauerhaft mit niedrigeren Besoldungsstufen zu besetzen, ist unethisch und macht sich langfristig nicht bezahlt.

Im Ehrenamt ergibt sich bei Beförderungen immer noch das Problem, dass hier die tatsächlich erreichten Dienstgrade der freiwilligen Angehörigen der Feuerwehr manchmal nicht mit den geltenden Rechtsvorschriften übereinstimmen. Die Sächsische Feuerwehrverordnung beispielsweise knüpft die Beförderung an folgende Kriterien: § 6 Absatz 1 schreibt für das Erreichen des nächsthöheren Dienstgrades folgendes vor:

»Zur Erreichung des nächsthöheren Dienstgrades in der Freiwilligen Feuerwehr sind nachfolgende Kriterien zu erfüllen: die erfolgreiche Teilnahme an den erforderlichen Aus- und Fortbildungslehrgängen, der nicht nur vorübergehende Einsatz in einer dem vorgesehenen Dienstgrad zugeordneten Funktion und die Ableistung der vorgeschriebenen Mindestanzahl von Dienstjahren im aktiven Dienst. Die konkreten Voraussetzungen, die für den jeweiligen nächsthöheren Dienstgrad erfüllt werden müssen, ergeben sich aus Anlage 2.«

In der genannten Anlage sind die Dienstgrade und der Zusammenhang zu den erbrachten Leistungen tabellarisch klar verknüpft. Die immer noch verbreitete Praxis, bei Beförderungen vorwiegend das Dienstalter zu berücksichtigen, kann auf motivierte und engagierte Kameradinnen und Kameraden einen demotivierenden Einfluss haben.

Eine schrittweise Anpassung der Beförderungspraxis an das geltende Recht steht also vielerorts noch aus. Dass Sie dabei manchen vor den Kopf stoßen, ist nahezu unvermeidlich. Um der Fairness willen müssen Sie aber irgendwann damit anfangen. Unabhängig davon, welchen Wert der Einzelne auf eine Auszeichnung/Beförderung legt, muss das Potenzial dieser klassischen Motivationsmöglichkeit auch in Zukunft mit Sinn und Verstand ausgeschöpft werden.

Aufgabenstellung

Im Rahmen Ihrer nächsten Dienstberatung oder Wehrleitersitzung sollten Sie einmal folgende Punkte zur Diskussion stellen:

1. Ist es an der Zeit, einmal die Praxis der Auszeichnung und Beförderung zu überdenken? Muss dazu ggf. eine geltende Vorschrift überarbeitet werden? Wer soll an der Beratung über dieses Thema beteiligt werden?
2. Wie können auch Tätigkeiten honoriert werden, die zuverlässig, aber im Verborgenen durchgeführt werden? (Denken Sie auch an Reinigungsarbeiten, Prüfpflichten von Geräten und Ausrüstungen usw.)

3. Sind die überreichten Präsente noch zeitgemäß und repräsentieren sie in etwa den Wert der geleisteten Arbeit? (Einem Kameraden für 25 Jahre Dienst in der Freiwilligen Feuerwehr ein Präsent im Wert von 10 Euro zu überreichen, tut dies nicht.)
4. Für die Freiwillige Feuerwehr: Entspricht Ihre Beförderungspraxis den geltenden Rechtsvorschriften oder haben Sie hier eine Schieflage? Wie und in welchem Zeitrahmen können Sie Ihre Praxis den rechtlichen Vorgaben anpassen?

Wichtige Ergänzung

In der Praxis scheint vielen Mitgliedern und Kameraden die Trageweise der Auszeichnungen unbekannt zu sein. Wie bei der Dienstkleidung an sich, erzeugt auch eine korrekte Trageweise der Orden und Ehrenzeichen eine gute oder schlechte Außenwirkung. Eine gute Vorgabe sind die Richtlinien der Landesfeuerwehrverbände und des Deutschen Feuerwehrverbandes, die im Internet nachgelesen werden können. Auch einzelne Kreisfeuerwehrverbände haben dazu Richtlinien erlassen, die einzuhalten sind bzw. an denen man sich orientieren sollte. Die Bundeswehr mit ihren Dienstanweisungen zur Anzugsordnung und zur Trageweise von Uniformen für Soldatinnen und Soldaten kann als Vorbild dienen. Diese sind ebenfalls im Internet nachlesbar.

Literatur-Tipp

Deutscher Feuerwehrverband: Ehrungen und Auszeichnungen verdienter Personen, online abrufbar unter: https://www.feuerwehrverband.de/service/auszeichnungen/

5.5 Die Welt geht unter! – Führen unter Extremstress

Zielsetzung der Einheit

In der Führungslehre ist das Thema »Umgang mit Stress« fast immer präsent, da Stress in unserer modernen Welt in allen Berufen zum Alltag gehört. Alltagsstress ist das »Grundrauschen« in unserer Gesellschaft. Allerdings haben Stress im Einsatz und Führen unter Stress noch einmal eine ganz andere Qualität. Einsätze der Feuerwehr, des Rettungsdienstes und der Polizei können zu persönlichen Grenzerfahrungen werden. Eine allgemeine Regel: Je seltener Ihre Einsätze sind, desto höher wird Ihr Adrenalinspiegel sein. Anders herum: Routine und Erfahrung bauen Stress ab. Aber auch, wenn Sie täglich oder wöchentlich ausrücken, erleben Sie Stress und die aktuellen Probleme in Ihrer Organisation oder Behörde im Hintergrund können Ihnen den letzten Nerv rauben. In dieser Einheit bekommen Sie einige praxiserprobte Tipps und Hilfsmittel an die Hand, wie Sie in schwierigen Einsatzsituationen souverän und selbstsicher Ihre Mannschaft bzw. Ihre unterstellten Einheiten führen können. Nicht alle untenstehenden Hinweise gelten für Polizei, Feuerwehr und Rettungsdienst gleichermaßen. Jede Organisation hat ihre Besonderheiten. Jedoch arbeiten wir im Einsatz alle nach ähnlichen Führungsgrundsätzen und einige Prinzipien lassen sich auf die jeweils andere Organisation übertragen.

Geschäftige Torheit ist der Charakter unserer Gattung.
Immanuel Kant

Das Ziel des Krieges ist der Friede und das der Geschäftigkeit die Muße.
Aristoteles

Ein jegliches hat seine Zeit, und alles Vorhaben unter dem Himmel hat seine Stunde.
Die Bibel, Prediger 3,1 (Luther 2017)

Erlebte Geschichte aus der Polizei

Sein Zuständigkeitsbereich als Revierführer lag im ländlichen Raum und seiner Heimatstadt konnte man getrost das Attribut »verschlafen« anhängen. Die Kriminalitätsrate lag im Landesvergleich schon viele Jahre weit unter dem Durchschnitt und soweit er zurückdenken konnte, waren einige größere Unfälle und ein paar aus dem Ruder gelaufene Dorffeste die einzigen Höhepunkte seiner bisherigen Dienstzeit im Revier gewesen. Im Rahmen der Strukturreform bei der Polizei waren drei Polizeiposten geschlossen worden und wegen Personalmangels führte man schon länger kaum noch Verkehrskontrollen durch. Die Zusammenarbeit mit anderen Behörden funktionierte gut; man kannte und schätzte sich und der »kleine Dienstweg« stand immer offen. Trotz allem fragte er sich manchmal, ob er für alle Eventualitäten des Polizeidienstes noch gut vorbereitet wäre. Schließlich waren die letzten Übungen für lebensbedrohliche Einsatzlagen immer wieder verschoben worden und seine eigene Fortbildung war aufgrund von Personalmangel wieder einmal dem Dienstplan zum Opfer gefallen. Vor diesem Hintergrund musste er den Dienst erleben, den der Landrat im Nachgang als den »schwärzesten Tag des Jahres« für den Landkreis bezeichnen würde. Am städtischen Gymnasium hatte es einen Amoklauf gegeben. Die Einsatzakte sah vor, dass er in diesem Fall als Polizeiführer vor Ort den Einsatz führen sollte. Ein ehemaliger Schüler hatte das Gebäude gestürmt und im Eingangsbereich zuerst Feuer gelegt. Die Anfahrt der Polizeikräfte gestaltete sich schwierig, da zwei neue Baustellen eine Umleitung erzwangen. Unterwegs waren aus dem Führungs- und Lagezentrum keine präzisen Informationen zu bekommen, da sich die Anrufer am Notruf teilweise widersprachen. Beim Eintreffen musste man feststellen, dass Rettungsdienst und Feuerwehr bereits vor Ort waren und das Schulgelände betreten hatten. In der Feuerwehrleitstelle war der Alarm als normaler Brandmelderalarm eingelaufen. Zeitgleich mit dem Polizeiführer trafen andere Streifenwagen ein, deren Einsatz unbedingt koordiniert werden musste. Aus dem Hofeingang des Gymnasiums strömten mehrere Klassen, unter die sich bei dem allgemeinen Chaos gut und gerne der Amokläufer gemischt haben könnte. Schließlich war bislang auch noch unklar, ob es sich um einen oder mehrere Straftäter handelte. Zu allem Überfluss versagte der Akku seines Funkgerätes und den Einsatzleiter der Feuerwehr hatte er immer noch nicht finden können, obwohl er mittlerweile das gesamte Objekt gut im Blick hatte. Die Ordnung des Raumes und der Einsatzstelle funktionierte nicht so, wie es die Theorie und die Vorschriften vorsahen. Damit stand und fiel aber die gesamte Taktik. Die Chaosphase würde noch eine Weile anhalten. – Im Nachhinein stellte sich heraus, dass der Straftäter es beim Feuerlegen belassen hatte und seine Waffe nur eine Schreckschusspistole gewesen war. Trotzdem hatte er es geschafft, Angst, Schrecken und Chaos zu verbreiten. Es hatte bei Schülern und Lehrern nur leichte Verletzungen gegeben, aber in seiner eigenen Rückschau hatte er das Maximum an Stress erlebt, was einem Menschen zugemutet werden kann.

Theoretische Grundlagen

Führungskräfte in allen Einsatzorganisationen brauchen jahrelange Praxis und eine Vielzahl großer Einsätze, bevor sie alle erdenklichen Lagen routiniert und souverän meistern. Selten verläuft ein Einsatz »lehrbuchmäßig« und wenn Unwägbarkeiten und Störfaktoren hinzukommen, erreichen auch erfahrene Führungskräfte schnell ein sehr hohes Stresslevel. Den Einsatz zu bewältigen und dabei alle Grundsätze der Einsatzregeln, des Eigenschutzes und der Dienst- und Unfallverhütungsvorschriften einzuhalten, wird zur ultimativen Zerreißprobe für die eigenen Nerven.

Dabei ist Stress an sich zuerst einmal nichts Negatives; es gibt positiven Stress, der uns antreibt und zu Hochleistungen befähigt. Negativ wird Stress immer dann, wenn die Belastung zu hoch wird, wenn die eigene Tagesform nicht stimmt und wenn der Stress nicht mehr abgebaut werden kann. Wichtig in diesem Zusammenhang ist, dass vielen Menschen die Wahrnehmung für ihren Stresslevel abhandengekommen ist, weil sie dauernd »unter Strom« stehen. Wir stressen uns gegenseitig, machen uns Stress auch selbst, d. h. wir überlasten uns beruflich und privat und dann auch im

Ehrenamt. Das ist eine Ursache für das Phänomen »Burnout«, welches in einem anderen Kapitel behandelt wurde.

Die Anzeichen von negativem Stress sind real und werden durch den eigenen Stress wiederum gerne übersehen: Man verliert die Übersicht, die zeitliche und räumliche Wahrnehmung ändert sich. Das kann zu Kopflosigkeit führen, zu einer Überaktivität um ihrer selbst willen (Aktionismus). Das Gegenteil kann auch der Fall sein, indem man keine Entscheidungen mehr trifft und gar keine Prioritäten setzt (Entscheidungsangst). Körperliche Symptome sind ggf. Schweißausbrüche, Konzentrationsstörungen, Schreckhaftigkeit.

Welche Ratschläge kann man aber in Bezug auf Einsatzstress und in aller Kürze geben; welche Grundsätze helfen einem in solch einer Einsatzsituation wirklich weiter? Einige Tipps aus der eigenen Praxis sind hier zusammengefasst. Sie können beim Lesen der folgenden Punkte gedanklich Ihren letzten außergewöhnlichen Einsatz noch einmal durchgehen und sich bei jedem Punkt fragen, ob Sie daraus noch etwas lernen können. In der Einleitung des Kapitels wurde ein konkretes Beispiel geschildert. Sicher haben Sie Ähnliches erlebt. Stellen Sie also vor Ihr geistiges Auge den letzten Einsatz, der für Sie mit extremen Stress verbunden war und prüfen Sie, ob Sie mit den nachfolgenden Praxistipps etwas anfangen können:

Zunächst ist eine solche Einsatzsituation (wie im obigen Beispiel) nicht der Platz für Ursachenforschung und Schuldzuweisungen. Das können andere und im Nachgang tun, was ja auch geschieht. Wer aus welchem Grund nicht erschienen ist, wer woher kam und wie drauf war und wo die Ursachen dafür liegen, dass Dinge nicht funktionieren, muss vorerst gänzlich ausgeblendet werden. Das tun Sie im Stress meist ganz automatisch. Sie müssen in der konkreten Situation mit dem leben, was Sie haben. Punkt.

Der folgende Tipp ist bekannt und gilt zumindest für die Feuerwehr: Geht es um eine Menschenrettung, kann von den ansonsten heiligen Grundsätzen der Unfallverhütung abgewichen werden. Wenn Sie beim besten Willen keinen Sicherheitstrupp stellen können, können Sie keinen stellen. Wenn es »nur« um den Schutz von Sachwerten geht, sieht das natürlich anders aus.

Steht weniger auf dem Spiel, dürfen die bewährten Führungsgrundsätze der Dienstvorschriften unter keinen Umständen aufgeweicht werden. Was wie eine Binsenweisheit klingt, ist durchaus nicht immer selbstverständlich: Es gibt immer einen Einsatzleiter und es gibt immer nur einen Einsatzleiter. Jede Führungskraft hat immer mehrere Unterstellte und alle Unterstellten haben eine Führungskraft. Falls Sie selbst Einsatzleiter sind oder werden, bestimmen Sie für Ihre eigene Einheit einen anderen als Führungskraft und geben Sie die unmittelbare Verantwortung für Ihre Einheit an diesen ab.

Machen Sie sich selber klar und wissen Sie jederzeit, in welcher Funktion Sie an der Einsatzstelle aufschlagen bzw. in welche Rolle Sie wechseln und richten Sie Ihre Tätigkeiten danach aus. Wenn Sie die Zeit und »freie Spitzen« haben, können Sie andere unterstützen. Wenn nicht, lassen Sie es sein.

Wenn Sie merken, dass der Einsatz größer wird und Sie selbst überfordert sind oder bald sein werden, fordern Sie mutig und großzügig Führungsunterstützung an. So bekommen Sie Kopf und Hände frei zum Denken. Keine falsche Scheu – Sie sind nicht John Wayne und die Einsatzstelle kein Westernfilm, in dem Sie alleine klarkommen müssen. Wer führen will, muss frei von Arbeit sein!

Hören Sie als Einsatzleiter auf, sich um Details zu kümmern, auch wenn das sonst Ihre Art ist und Sie das gerne tun möchten. Ausnahme: Das Detail ist »kriegsentscheidend«. Zoomen Sie heraus; suchen Sie sich einen »Feldherrenhügel« und verschaffen Sie sich einen Überblick. Das kann ein erhöhter Platz sein, von dem Sie die Einsatzstelle einsehen können. Bei Einsatzauswertungen kann man regelmäßig staunen, wie jede Einsatzkraft nur eine sehr eingeschränkte Wahrnehmung des Geschehens hatte (Tunnelblick). Ein »Feldherrenhügel« mit etwas Abstand für den Einsatzleiter kann hier helfen.

Beherzigen Sie den Grundsatz, dass jede Führungskraft drei, höchstens fünf Einheiten führen kann. Andernfalls verlieren Sie den Überblick. Das ist eine Regel ohne Ausnahme; diese Größenordnung liegt in unserer Hirnstruktur begründet. Wenn nötig, fassen Sie Einheiten zusammen und unterstellen Sie z. B. ein unterbesetztes Löschfahrzeug einer anderen Feuerwehr oder eine Drehleiter dem Gruppenführer eines Löschfahrzeugs. Die Technik folgt Ihrer Taktik und nicht umgekehrt.

Halten Sie auch im Einsatz den Dienstweg für Befehle und Rückmeldungen ein. Dulden Sie niemals, dass selbsternannte Führungskräfte und Heißsporne über den Kopf des Einsatzleiters/des Polizeiführers hinweg fremde Einheiten abziehen und verheizen. Keine Einheit darf verloren gehen oder »freischaffend«, das heißt ungeführt an der Einsatzstelle tätig sein.

Ein Hinweis nur für die Feuerwehr: Seien Sie vorsichtig und zurückhaltend mit unausgegorenen Neuerungen, z. B. der sogenannten »Zentralen Atemschutz-Einsatzführung«. Arbeiten Sie nur mit solchen Taktiken, wenn wirklich allen Beteiligten klar ist, was das für jede einzelne Einheit bedeutet und wenn vorher damit geübt worden ist. Ansonsten ist es weltweit ein Führungsgrundsatz, dass anrückende Einheiten nicht zerrissen werden.

Ignorieren Sie eventuelle Befindlichkeiten in Ihren eigenen Reihen und bei betroffenen Bürgern. Dafür haben Sie unter den gegebenen Umständen keine Zeit. Konzentrieren Sie sich auf die Sache. Streitigkeiten und persönliche Anliegen können nach dem Einsatz ausdiskutiert werden. Wenn jemand Ärger macht, stellen Sie ihn beiseite oder stellen Sie ihm jemanden an die Seite.

Lassen Sie sich von Ihrer Mannschaft oder einem Kameraden Ihres Vertrauens bei Gelegenheit sagen (und achten Sie einmal selbst darauf), wie Sie im Einsatz auf andere wirken. Sind Sie selbst hektisch, wird sich Ihre Hektik auf andere übertragen. Bleiben Sie selbst ruhig, behalten auch Ihre Leute die Ruhe bzw. gewinnen sie zurück. Die Ruhe zu bewahren, ist überhaupt eine Kernaufgabe für Sie als Führungskraft. Wind machen sollte besser nur der Überdruck-Lüfter. Werden Sie hektisch, verändert sich Ihre Wahrnehmung und Sie machen ganz automatisch Fehler. Überlegen Sie sich gut, ob Sie an einer Einsatzstelle rennen müssen und ob Sie die Lageerkundung richtig durchgeführt haben.

Sie können sich Zeit für eine ordentliche Lageerkundung verschaffen, indem Sie Vorbefehle erteilen. Andernfalls kann es Ihnen passieren, dass Ihre Leute Sie vor vollendete Tatsachen stellen, wenn Sie von der Lageerkundung zurückkommen. Sie führen bzw. leiten den Einsatz dann nicht mehr, Sie verwalten nur noch den Status Quo. Legen Sie bei der Festlegung der Einsatzmaßnahmen besonderen Wert auf die Fahrzeugaufstellung, denn die kann später nur mit großem Aufwand korrigiert werden.

Bild 23: ***Praxis-Tipps zum Führen unter Extremstress***

Wenn Sie diese praktischen Tipps beherzigen, sollte Ihr Stresslevel im Einsatz mit der Zeit erheblich sinken. Grundvoraussetzung für Ihren eigenen Lernprozess ist, dass Sie selbst reflektiert sind. Andere können Ihnen durch wohlmeinende Rückmeldungen helfen. Wenn Sie sich allerdings nichts sagen lassen und »beratungsresistent« sind, werden Ihre zukünftigen Großeinsätze genauso stressig verlaufen, wie Ihre bisherigen.

Wichtige Ergänzung

Zuletzt ein Hinweis zur Vorbeugung: Nach dem Einsatz ist vor dem Einsatz. Warum nicht einmal in einer Planübung einen Einsatz unter den Bedingungen aus dem Beispiel vom Kapitelanfang durchspielen? Sie brauchen dazu nicht unbedingt eine Planspielplatte. Einsatznachbesprechungen sind überhaupt eine hervorragende Ausbildungsmethode, weil die meisten Teilnehmer einen Bezug zur Situation haben und weil man nicht lange erklären muss, aus welchem Grund man sich eigentlich mit der Thematik beschäftigt. Zunächst können Sie ganz zwanglos für sich selbst eine Nachbesprechung Ihres letzten schwierigeren Einsatzes organisieren. Sie brauchen lediglich ein ruhiges Plätzchen und ein Getränk Ihrer Wahl. Mit den neu gewonnenen Erkenntnissen, die Sie auf einem Zettel notieren können, haben Sie anschließend genug Stoff für einen spannenden Schulungsabend. Ein wenig Selbstkritik wird Ihnen dabei nicht schaden. Es lohnt sich jedenfalls, dieses Thema zu vertiefen, sich selbst besser kennenzulernen und dem Stress auf Dauer vorzubeugen. Vielleicht laden Sie sich zu einer Fortbildung einmal einen Notfallsanitäter oder Notarzt ein, der die körperlichen Zusammenhänge bei einer Stressreaktion erläutert und aus medizinischer Sicht einiges zum Thema zu sagen hat.

Literatur-Tipp

Kemper, Hans: Physische und psychische Belastungen im Einsatz, Ecomed Verlag, 2021.
Steinbauer, Martina; Jagsch, Reinhold; Kryspin-Exner, Ilse: Stress im Polizeiberuf – Verarbeitung belastender Ereignisse im Dienst, Verlag für Polizeiwissenschaft, 2002.
Fuhrmann, Andreas: Belastungen und Bewältigungsstrategien im Rettungsdienst -Wie und wann erleben MitarbeiterInnen Stress? An wen wenden sich belastete MitarbeiterInnen? AV-Akademikerverlag, 2016.

5.6 Helfen Sie uns aussteigen, wir helfen Ihnen löschen – langfristige Personalentwicklung

Zielsetzung der Einheit

Das Kapitel eröffnet mit einer Überschrift, die von einer augenzwinkernden Bemerkung eines Berufsfeuerwehrmannes hergeleitet ist. Dieser Kollege hatte das Durchschnittsalter seiner Löschfahrzeug-Besatzung auf deutlich über fünfzig errechnet und damit auf Mängel bei der Personalplanung und -entwicklung hinweisen wollen. Vielleicht gehören Sie zu denen, die in Ihrer Behörde oder Organisation dafür zuständig sind, oder Sie haben als Führungskraft zumindest für Ihre unterstellten Mitarbeiter eine Verantwortung in diesem Bereich. Das ist keine beneidenswerte Aufgabe in sich rasch ändernden Zeiten! Bei diesem Thema handelt es sich um eine längerfristige Angelegenheit, die häufig im »Tagesgeschäft« untergeht. Auch im ehrenamtlichen Bereich müssen Sie mit Ihrem Personal haushalten und es motivieren; neues Personal will zudem angeworben und ausgebildet werden. Aufgrund der aktuellen Schwierigkeiten im Ehrenamt fällt diese strategische Aufgabe oft unter den Tisch. Man hat auch hier genug mit dem »Tagesgeschäft« zu tun. Und Finanzspritzen und Plakataktionen sind nicht das Allheilmittel gegen Mitgliederschwund. Diese Einheit soll Ihnen die Notwendigkeit einer fundierten Personalplanung und -entwicklung verdeutlichen und einige praktische Denkanstöße geben. Erschöpfend kann dieses Thema hier allerdings nicht behandelt werden.

Die Wissenschaft der Planung besteht darin, den Schwierigkeiten der Ausführung zuvorzukommen.
Luc de Clapiers Vauvenargues

Der Entwicklung vorauseilen, um ihren organischen Verlauf zu sichern, ist das Geheimnis guter Führung.
John Lind

Willst du für ein Jahr vorausplanen, so baue Reis. Willst du für ein Jahrzehnt vorausplanen, so pflanze Bäume. Willst du für ein Jahrhundert vorausplanen, so bilde Menschen.
Dschuang Dsi

Erlebte Geschichte aus der Feuerwehr

Für ihn war es das schwärzeste Jahr seit seiner Ernennung zum stellvertretenden Wehrleiter. Die Vorbereitung der anstehenden Jahreshauptversammlung hatte die Zahl seiner grauen Haare auf dem Kopf schlagartig verdoppelt. Den Kopf auf die Fäuste gestützt, saß er vor dem Monitor seines Computers im Wehrleiterbüro und ließ das vergangene Jahr Revue passieren. Im Sommer nach den Ferien hatte sich die Jugendfeuerwehr auf ein Drittel der ursprünglichen Größe dezimiert. Die Ausbilder und Jugendwarte hatten sich für die Kids alle Beine ausgerissen. Aber nicht Unlust und Missstimmung, sondern Lehre und Studium nach der Schulzeit waren bei den jungen

Leuten die Ursachen für den Schwund. Die Hälfte der Jugendlichen war – zumindest vorübergehend – aus ihrem Heimatort weggezogen. Niemand würde es aussprechen, aber allen war bewusst, dass nach Abschluss der Ausbildungen wohl kaum einer der Jugendfeuerwehrleute in die Heimatgemeinde zurückkehren würde. Außerdem sollten fünf Aktive offiziell in die Alters- und Ehrenabteilung übergehen; drei weitere würden im Jahr darauf folgen und vier wurden noch unter die Aktiven gezählt, obwohl sie das zulässige Höchstalter für den Einsatzdienst bereits überschritten hatten. Unterm Strich blieben auch einige »Karteileichen« übrig, mit denen man mangels Aus- und Fortbildung im Einsatz nichts mehr anfangen konnte. Langsam stieg in ihm die Erkenntnis auf, dass der tägliche Verwaltungswahnsinn dazu geführt hatte, längerfristige Entwicklungen zu ignorieren. Jahrelang hatte er mit Ausschreibungstexten, dem Brandschutzbedarfsplan und Politikeranfragen gekämpft; strategische Führungsaufgaben blieben dabei auf der Strecke. Auch das Vereinsleben hatte darunter leiden müssen; nicht einmal die früher üblichen Ausfahrten des Feuerwehrvereins kamen mehr zustande. Irgendwann würden sie mangels Teilnehmern ganz ausfallen. War hier noch etwas zu retten? Sollte er im Rechenschaftsbericht schonungslos ehrlich sein oder wie jedes Jahr gute Miene zu traurigem Spiel machen? Er öffnete eine neue Datei und begann den Bericht noch einmal von vorn.

Theoretische Grundlagen

»Personalentwicklung« heißt die Vokabel, die in vielen Organisationen (einschließlich vieler Freiwilligen und Berufsfeuerwehren) ein Fremdwort zu sein scheint. Die Gründe dafür sind vielfältig: überbordender Alltagskram, fehlender Weitblick oder Ignoranz bei Führungskräften oder deren Vorgesetzten oder nicht beeinflussbare »Sachzwänge«. Zugegeben: Viele Einflussfaktoren auf die Personalsituation liegen tatsächlich außerhalb des Einflussbereichs der Verantwortlichen. Menschen sind heute mobiler geworden; man wechselt häufiger den Wohnort und die Dienststelle. Das darf allerdings nicht als Ausrede herhalten, die Personalentwicklung zu vernachlässigen. Aus eigenem Interesse muss betont werden, dass trotz demografischen Wandels und regionalen Veränderungen immer noch Gestaltungsmöglichkeiten bei diesem Thema bleiben.

Zielstellung einer Personalentwicklung ist in jeder größeren Organisation zunächst eine ausgeglichene Alterspyramide. Eine ungleiche Verteilung der Jahrgänge innerhalb der Organisation wird zu irgendeinem Zeitpunkt zu Konflikten führen. Manche Löschfahrzeug-Besatzung in deutschen Berufsfeuerwehren rühmt sich bereits, (als Staffel) gemeinsam über dreihundert Jahre alt zu sein. (Daher kommt die augenzwinkernde Kapitelüberschrift.) Ein zweites Ziel ist, den Kameraden/Kollegen/Mitarbeitern Entwicklungs- und Entfaltungsmöglichkeiten innerhalb der

Organisation zu bieten. Laut Umfragen ist es das, was junge Leute heute mehr denn je suchen, im Haupt- wie im Ehrenamt. Neben einem guten Gehalt sind es Freiräume und Möglichkeiten, die ein Arbeitgeber und Dienstherr heute bieten muss. Man will auf keinen Fall »stehenbleiben«. Und drittens muss diese Entwicklung ausgewogen und fair erfolgen. Es ist zum Beispiel fatal, Neuzugänge mit (auch finanziellen) Anreizen zu locken und dabei die Altgedienten zu vernachlässigen.

Was ist hier zu raten und zu tun? Ein erster Schritt ist immer, das Problem nicht weiter zu ignorieren und zum Thema zu machen. Viele Organisationen haben ein Image-Problem und wollen nicht eingestehen, dass es so nicht mehr weitergeht. Ein erster Schritt in die richtige Richtung sind auch ehrliche Rechenschaftsberichte gegenüber der Verwaltungsspitze. Freiwillige Feuerwehren und Hilfsorganisationen sollten sich in den eigenen Reihen eine Führungskraft suchen, die sich hauptsächlich mit dem Thema Personalentwicklung beschäftigt. Dazu gehört neben der Nachwuchsgewinnung auch die Fortbildungsplanung und Fragen der Auszeichnung und Beförderung. Vielleicht sollte das Ganze auch Teil der (Brandschutz-)Bedarfsplanung sein. Wenn Sie sich vergegenwärtigen, wo Ihre Organisation in zwei, fünf oder zehn Jahren stehen soll, kennen Sie auch Ihren Personal- und Ausbildungsbedarf. Daran hängen natürlich auch finanzielle/haushälterische Fragen.

In Ihrer Öffentlichkeitsarbeit sollten ehrenamtsbasierte Organisationen ihre Mitglieder gezielter werben. Auch kleine ländliche Gemeinden (ausgenommen reine Pendler-Wohnsiedlungen) haben immer noch eine ausreichende Zahl potenzieller Mitglieder im Ort wohnen. Nur erreichen Sie diese nicht mehr mit einer Freibierrunde beim Tag der offenen Tür, sondern durch gezieltes Ansprechen möglichst auf eine konkrete zukünftige Aufgabenstellung hin. Klassische Werbung ist tot! Vergessen Sie Breitenwerbung und konzentrieren Sie sich auf wenige Wunschkandidaten. Vor allem: Etablieren Sie Ihre Feuerwehr als Organisation, in der nicht jeder mitmachen darf, sondern in der Qualität und Charakter gefragt sind. Das mag in Ihren Ohren zunächst paradox klingen, weil man dadurch viele Kandidaten von vornherein aussortiert, löst aber mehrere Probleme auf einen Schlag. Zum Beispiel wird es dann nicht mehr zu einem so unüberwindlichen Problem, geeigneten Führungskräfte-Nachwuchs zu finden. Und schließlich – ohne die Wichtigkeit der Jugendfeuerwehr in Abrede zu stellen – sind die Jugendfeuerwehren vielerorts nicht mehr die Hauptquelle für den Nachwuchs der aktiven Abteilung.

In Berufsfeuerwehren sollte es wegen interner Ursachen gar nicht erst zu einer grob ungleichen Altersverteilung kommen. Hier ist Personalplanung – ähnlich wie bei der Polizei, wegen fester Rahmenbedingungen – eine einfachere Aufgabe. Natürlich gibt es externe Gründe, die zu einer personellen Schieflage führen. Dazu gehören v. a. Veränderungen im Dienstsystem wie beispielsweise nach der politischen Wende in den neuen Bundesländern. Heute ist man auch schneller bereit, sich eine andere Arbeitsstelle zu suchen, als das bei früheren Generationen der Fall gewesen ist. Das fällt umso mehr ins Gewicht, je näher die um Personal konkurrierenden Feuerwehren beieinanderliegen. Der Aufwand bei der Personalverwaltung und -entwicklung steigt dann manchmal exponentiell. Daher muss ein für die Planung und Personalentwicklung zuständiger Mitarbeiter in einer Berufsfeuerwehr in einer derart komplexen Materie den Rat und die Hilfe des Personalamts der Stadtverwaltung suchen, denn das rechtlich Machbare steht dem fachlich Sinnvollen nicht selten entgegen. Auf diese Stelle gehört ein sehr fähiger Mitarbeiter, der langjährige Erfahrungen im Amt mitbringt, der zum Thema Personalentwicklung geschult ist, der die Mitarbeiter kennt und der mit entsprechenden Befugnissen ausgestattet sein muss. Feuerwehr und Personalamt müssen einen »guten Draht« zueinander haben, müssen »an einem Strang« ziehen und gemeinsam für das »Große Ganze« denken. Die Beseitigung der Defizite ist hier nur auf längere Sicht möglich und es sind Vorlaufzeiten bei Neueinstellungen, Planstellenbesetzungen, Stellenbeschreibungen und Mitbestimmungspflichten zu berücksichtigen.

Bild 24: ***Leitsätze für eine erfolgreiche Personalentwicklung***

Alles in allem kann Personalentwicklung auch Freude machen, weil es eine anspruchsvolle Führungsaufgabe ist. Sind Sie damit fertig (wirklich fertig wird man allerdings nie), können Sie davon ausgehen, wichtige Weichen für die Zukunft gestellt zu haben und Sie können entspannt, weil vorbereitet, in die Zukunft gehen. Vergessen Sie nicht, ausgewählte und abgestimmte Arbeitsergebnisse gegenüber den Mitarbeitern zu erklären. Offenheit und Transparenz stehen der Führung auch hier gut zu Gesicht. Auch wenn nicht alle Details von jedem verstanden werden, können doch Vertrauen in die Führung und Verständnis für bestimmte Probleme auf lange Sicht entstehen und wachsen.

Aufgabenstellung

Überlegen Sie zunächst allein und dann auch im Kreise Ihrer Führungskräfte, wie es um die Personalplanung in Ihrem Hause bestellt ist.

1. Planen Sie in diesem wichtigen Bereich überhaupt oder diktiert Ihnen die tägliche Praxis, wie es mit Ihrem Personal weitergeht? Laufen Sie nur den gesellschaftlichen Entwicklungen hinterher oder sind Sie »vor der Lage«?
2. Analysieren Sie Ihre derzeitige Lage, d. h. Ihren Ausgangspunkt für künftige Planungen. Haben Sie noch Spielräume oder kriechen Sie schon auf dem Zahnfleisch? Was ist Ihr Kernproblem – die Anzahl der Leute, die Verfügbarkeit oder deren Qualifikation?
3. Bewerten Sie ehrlich, ggf. mit Hilfe einer Beraterfirma, was Werbeaktionen für Ihre Organisation tatsächlich gebracht haben. Befragen Sie neue Mitglieder, junge Leute innerhalb und außerhalb Ihrer Organisation, wie öffentliche Werbebotschaften bei ihnen ankommen.
4. Wo können Sie fachliche Hilfe beim Planen erhalten? Haben Sie jemanden, der sich hier einarbeiten kann und will? Können Sie von außen Hilfe erwarten? Gibt es in anderen Feuerwehren/Organisationen gut durchdachte Konzepte, die Sie übertragen können?

Für das Ehrenamt: Lesen Sie die oben aufgeschriebenen Hinweise noch einmal. Was halten Sie davon? Handeln Sie schon danach? Haben Sie Personalentwicklung in Ihrer Organisation schon zum Thema gemacht?

Literatur-Tipp

Hess, Michael: Crashkurs Personalentwicklung: Mitarbeitende fördern und binden, Haufe Fachbuch, 2022.
Wilk, Gabriele: Strategische Personalentwicklung in der Praxis: Instrumente, Erfolgsmodelle, Checklisten, Praxisbeispiele, Verlag Springer Gabler, 2015.
Becker, Manfred: Personalentwicklung: Bildung, Förderung und Organisationsentwicklung in Theorie und Praxis, Verlag Schäffer-Poeschel, 2013.

5.7 Grau ist alle Theorie – Sinn und Unsinn von Führungsmodellen

Zielsetzung der Einheit

Als Führungskraft im Rettungsdienst, in der Polizei oder der Feuerwehr haben Sie natürlich auch Führungsaufgaben im Einsatz. Hier wurden Ihnen im Rahmen Ihrer Ausbildung verschiedene Hilfsmittel zur Entscheidungsfindung an die Hand gegeben. Diese werden besonders wichtig, je komplexer die Einsatzlage ist und je mehr Sie unter Zeitdruck arbeiten. Wenn Sie ehrlich sind, werden Sie zugeben, dass Sie vieles davon nicht (mehr) anwenden und im Einsatz anders entscheiden, als es Ihnen beigebracht wurde. Entscheidungen »aus dem Bauch heraus« führen aber nicht zu optimalen Ergebnissen und schlimmstenfalls zu krassen Fehlentscheidungen, die lebensgefährliche Folgen haben können. Diese Lektion soll dazu anregen, über Sinn und Unsinn von Führungsmodellen neu nachzudenken und entsprechend Ihrer Führungsebene Konsequenzen zu ziehen.

Führung ist die Einflussnahme auf die Entscheidungen und das Verhalten anderer Menschen mit dem Zweck, mittels steuerndem und richtungsweisendem Einwirken vorgegebene und aufgabenbezogene Ziele zu verwirklichen. Leitung im Einsatz ist das gesamtverantwortliche Handeln für eine Einsatzstelle und für die dort eingesetzten Einsatzkräfte.
Feuerwehr-Dienstvorschrift 100

Theorie ist Wissen, das nicht funktioniert. Praxis ist, wenn alles funktioniert und man weiß nicht warum.
Hermann Hesse

Erlebte Geschichte aus der Feuerwehr

Mit neuen Ideen, guten Vorsätzen und viel Engagement kam er als frischgebackene Führungskraft von seiner Laufbahnausbildung für den gehobenen Dienst von der Feuerwehrschule. Die zwei Jahre Ausbildungszeit waren wie im Flug vergangen, seine akademische Vorbildung hatte ihm das Ganze nicht schwer erscheinen lassen und schließlich hatte er einen guten Abschluss erzielen können. Sein fester Vorsatz für das neue Amt: »Alles richtig machen, eingefahrene Gleise verlassen, wenn notwendig auch alte Zöpfe abschneiden.« Er hatte in der ersten Arbeitswoche sein Büro halbwegs eingerichtet, einen monströsen Wandkalender aufgehängt; die geschenkten Grünpflanzen gleichmäßig im Zimmer verteilt und bereits seinen Einstand in der

Freiwilligen Feuerwehr mit hauptamtlichen Kräften gegeben. Seine erste Dienstberatung mit verschiedenen Ämtern der Stadtverwaltung wurde von einem Einsatzalarm unterbrochen. Der Funkmeldeempfänger zeigte »Rauchentwicklung aus leerstehendem Bahnhofsgebäude«. Seine Ortskenntnis in der 60 000-Einwohner-Stadt war noch mangelhaft, das Navi war gewöhnungsbedürftig; trotzdem schaffte er es, mit dem Einsatzleitwagen der Erste an der Einsatzstelle zu sein. Die Rauchentwicklung war beträchtlich und schon von Weitem zu sehen gewesen. Die Wetterlage sorgte zum Glück dafür, dass nicht gleich die halbe Stadt verraucht war. Der Löschzug der Hauptamtlichen traf eine halbe Minute später ein. Gerade kam er von der Lageerkundung zurück; diese gründlich durchzuführen, war existenziell wichtig! Hinter dem Gebäude musste er sich durch eine dichte Brombeerhecke kämpfen. Er war dabei gedanklich die Gefahren der Einsatzstelle durchgegangen, hatte diese beurteilt, Varianten zur Brandbekämpfung erwägt und sich einen Entschluss zurechtgelegt. Er kannte das verlassene Gebäude nun gut genug, um eine grobe Skizze auf seiner Schreibmappe anfertigen zu können. Als er dabei war, einen korrekten Einsatzbefehl zu formulieren, kam der Zugführer des Löschzuges auf ihn zu, tippte kurz mit der Hand an den Helm und meldete »Feuer unter Kontrolle!« Darüber würde man im Nachgang noch reden müssen, denn bei einem solchen Objekt einfach die Schnellangriffsleitung zu benutzen, könnte sich als fataler Fehler erweisen.

Theoretische Grundlagen

Der sogenannte Führungsvorgang laut Feuerwehr-Dienstvorschrift 100 ist ein »zielgerichteter, immer wiederkehrender und in sich geschlossener Denk- und Handlungsablauf.« Und weiter heißt es: »Oft müssen sofort Entschlüsse gefasst und Befehle erteilt werden, ohne dass die Erkundung und Beurteilung der Lage umfassend abgeschlossen werden konnten.« Der erste Satz findet in der Lehre der Landesfeuerwehrschulen Berücksichtigung, dem zweiten wird – wenn überhaupt – durch Vorbefehle an der Einsatzstelle – Rechnung getragen. Der Führungsvorgang nach FwDV 100 wird einheitlich (mit kleinen Abweichungen) v. a. an den Feuerwehrschulen gelehrt, ist in der Fachliteratur umfassend beschrieben und hat dazu beigetragen, dass Generationen von Führungskräften in Deutschland gelernt haben, aufgrund einer rationalen Überlegung zu ihren Einsatzentscheidungen zu gelangen, die im Nachgang auch einer Hinterfragung standhalten. Auch im Rettungsdienst (für große Lagen) und für den Polizeieinsatz werden ähnliche Modelle mit unterschiedlichem Detaillierungsgrad gelehrt, die zumeist die Elemente Lageerkundung – Beurteilung – Entschluss – Befehl enthalten. Auch die im Ausland angewandten Führungsmodelle laufen meist mit Abweichungen auf dieses Schema hinaus.

Alle diese Modelle sind an sich praxistauglich und bewährt. Ein wesentlicher Vorteil insbesondere des Führungsvorgangs ist, dass man alle denkbaren Einsätze damit abarbeiten kann. Sowohl der Brand eines Papierkorbes, als auch das Zugunglück lassen sich mit dem Führungsvorgang bewältigen. Leider wird im Lehrbetrieb an manchen Ausbildungsstätten der Zeitdruck-Aspekt des Feuerwehreinsatzes außer Acht gelassen, was verständlich ist, muss man doch dem Führungskräfte-Nachwuchs zunächst den Ablauf an sich Schritt für Schritt beibringen. Da die Ausbildungszeiten im Ehrenamt sehr kurz sind, bleibt es dann dabei: An den Ausbildungs-Einrichtungen werden Details überbetont, seitens der Lehrgangsteilnehmer/der Auszubildenden wünscht man sich feste »Lehrmeinungen« und Musterlösungen zu Paradebeispielen X, Y und Z, die in der Praxis in Reinform so nicht vorkommen. Als Folge zieht man sich allzu vorsichtige und zögerliche Führungskräfte heran. Später, im »wahren Leben«, wird der Führungsvorgang dann ganz fallen gelassen; froh, den »theoretischen Ballast« los zu sein. Schade eigentlich! In ihrer Einsatzpraxis wenden junge und alte Führungskräfte den systematischen Führungsvorgang nicht an. Es ist, als hätte man nie einen Lehrgang besucht. Sie tun dann in der Regel das, was ihnen ihr »Bauchgefühl« vorgibt. Der Begriff Bauchgefühl ist hier natürlich mehrdeutig. Damit kann das Unterbewusstsein, der sogenannte gesunde Menschenverstand oder die eigene (Einsatz-)Erfahrung gemeint sein, wobei letzteres noch die beste Alternative wäre, wenn sie denn vorhanden ist.

Worauf ich hinaus will: Eine Entscheidung aufgrund des durchlaufenen Führungsvorgangs und eine Entscheidung aus Erfahrung müssen kein Widerspruch sein. In der Einsatzpraxis kann eine Führungskraft sogar auf unterschiedlichen Wegen zu ein und demselben Ergebnis gelangen. Was ich mir für die Zukunft wünsche: Dass Lehrgangsteilnehmern an den Feuerwehrschulen der Sinn und Zweck des Führungsvorgangs, nicht nur der Inhalt, deutlicher nahegebracht wird. Wir haben damit ein taugliches Werkzeug, ein Hilfsmittel; aber das Instrument ist nie die Arbeit an sich. Was ich mir außerdem wünsche: Dass wir einen goldenen Mittelweg finden zwischen einem wohldurchdachten, gründlich abgearbeiteten Führungsvorgang und einem feuerwehrmäßigen, gezielten »Losschlagen« an der Einsatzstelle. Hilfreich hier: Mehr Gewicht auf die Erteilung von Vorbefehlen, feste »Immer-richtig-Regeln« und Standard-Einsatzregeln. Die Polizei ist hier in der Regel besser aufgestellt, arbeitet man doch eher in festen Strukturen und oft nur innerhalb der eigenen Behörde. In der Polizei ist es daher leichter, Dinge im Vorfeld zu regeln und beispielsweise die Abschnittsbildung und Bereitstellungsräume festzulegen.

Zum dritten ist zu wünschen: Dass wir den Führungsvorgang, der einen Prozess der Informationsverarbeitung abbildet und der eigentlich aus der Verfahrenstechnik stammt, ein wenig »vermenschlichen«. Interessant für deutsche Feuerwehren ist in diesem Zusammenhang beispielsweise die Schulung der US-amerikanischen Führungskräfte. Ausgehend von der Erkenntnis, dass auch in den USA die Praktiker die im Klassenzimmer oder im Schulungsraum erlernten Führungsmodelle kaum anwenden, war man dort auf der Suche nach praxistauglicheren Erkenntnissen. Ursprünglich wurden die entsprechenden wissenschaftlichen Untersuchungen für das Militär durchgeführt. Wegen der Gefahren des Militärdienstes im Feld wurden anstelle des Militärpersonals Feuerwehr-Führungskräfte untersucht, die im Einsatzfall einem ähnlichen Stress ausgesetzt sein können. Gelehrt wurde in den USA bisher ein Entscheidungsfindungs-Prozess, der dem deutschen Führungsvorgang nach der Feuerwehr-Dienstvorschrift 100 ähnelt. In der Fachliteratur werden Modelle diskutiert und gelehrt, die erfahrungsorientierter sind (Smith, 2018). Sie basieren darauf, eine angetroffene Situation an der Einsatzstelle auf eine bereits bekannte Situation zurückzuführen und entsprechend zu bewältigen. Die Abbildung im Kapitel stellt die gedanklichen Schritte übersichtlich dar. Vielleicht ist es den Versuch wert, diesen Prozess einmal unter Führungskräften und anhand eines bekannten Szenarios an der Modellplatte oder in einer virtuellen Umgebung übungsmäßig zu durchlaufen.

Entscheidungsfindung durch Wiedererkennung (Recognition-primed Decision-making process)

1 Führe eine schnelle Lageerkundung durch.

2 Erkenne einen „typischen" Weg, das Problem zu lösen.

3 Konzentriere dich auf die wichtigsten Informationen und suche nach Erklärungen für ungewöhnliche Erscheinungen.

4 Finde eine einzige Lösungsvariante und schließe Varianten aus, die nicht funktionieren werden. Wiederhole diesen Vorgang, bis du eine Option gefunden hast, die zum gewünschten Ergebnis führt.

5 Überlege dir die möglichen Folgen deiner getroffenen Entscheidung.

6 Suche nach möglichen Problemen oder unerwarteten Situationen, die deinen Plan beeinflussen können und ziehe diese mit in Betracht.

7 Wenn du in Gedanken einen funktionierenden Plan gemacht hast, setze ihn in die Tat um.

Bild 25: ***Führungsvorgang an einem Beispiel in den USA (eigene Darstellung nach Gasaway, Richard B.: Unterstanding Fireground Command, Making Decisions Under Stress, in: Fire Engineering, July 2010, p. 76a.)***

Grundsätzlich kann man festhalten: Je komplexer die Einsatzlagen werden und je weniger Vorgaben (Einsatzplanung) gemacht werden können, desto höher ist das

Potenzial für Fehlentscheidungen und die Gefährdung von Menschen, Tieren, Sachwerten und der Umwelt. Daher müssen die Führungskräfte umso intensiver ausgebildet sein – auch im Führungsvorgang. Die Schlussfolgerungen aus den Gedanken dieses Kapitels finden Sie unten unter der praktischen Aufgabe.

Aufgabenstellung

Mit der praktischen Aufgabe könnte man den im Kapitel geäußerten Wünschen etwas näherkommen. Der erste und zweite praktische Hinweis gilt vorrangig für Führungskräfte, die im Bereich Aus- und Fortbildung tätig sind:

1. Falls Sie Ausbilder/Lehrkraft an einer Feuerwehr- oder Rettungsdienstschule sind oder Führungskräfte auf Gemeinde- oder Landkreisebene aus- und fortbilden, sollten Sie nicht nur das jeweilige Führungsmodell an sich lehren, sondern (wenn Sie das nicht bereits tun) zukünftig mehr Wert auf die Vermittlung von Sinn und Zweck des Führungsvorgangs legen.
2. Zweitens sollten Sie (wenn es Ihre Zeit erlaubt) neueste Erkenntnisse der Psychologie und der Neurologie in die Führungslehre mit einfließen lassen. Wie »ticken« Menschen, insbesondere unter Stress? Wie treffen wir tatsächlich Entscheidungen unter Zeitdruck? Wie ändert sich unsere Zeitwahrnehmung? Was ist ein »Tunnelblick« und ein »Feldherrenhügel«? Verschiedene Fachzeitschriften haben in den letzten Jahren über dieses Thema berichtet und zahlreiche wissenschaftliche Arbeiten wurden darüber verfasst.
3. Der dritte und vierte Hinweis gilt Führungskräften, die im Einsatzdienst stehen und dort im Rahmen ihrer Tätigkeit Verantwortung für Nachwuchskräfte tragen.
4. Es sollte eigentlich kein Luxus für Nachwuchs-Führungskräfte sein, eine Zeitlang mit einer erfahrenen Führungskraft im Einsatz nebenher »mitzulaufen«. Leider hat sich dieser »Brauch« in manchen Feuerwehren aus verschiedenen Gründen zurück entwickelt. Teilweise fehlt auf den Einsatzfahrzeugen (insbesondere HLF) ein Platz für einen Praktikanten. Diese gute Tradition sollte aus den oben genannten Gründen aber wiederaufleben! In jedem Beruf kennt man Einarbeitungszeiten. Gerade in unserer Branche, in der es regelmäßig um hohe Werte geht (Menschenleben, Tiere, Sachwerte, Umwelt), sollte man darauf nicht verzichten.
5. Die Gedanken aus dem obigen Text unterstreichen, wie wertvoll Einsatz- und Übungsauswertungen für den Feuerwehrdienst sind. Falls Sie diesen Bereich bisher vernachlässigt haben, fangen Sie neu damit an. Die Lehren – auch aus kleineren Einsätzen – sind oftmals unverzichtbar und heben das

fachliche Niveau aller Beteiligten. Hangeln Sie sich bei solchen Veranstaltungen am Führungsvorgang entlang, damit dieser auch für die Praktiker wieder zu Ehren kommt.

Wichtige Ergänzung

Beim letzten Punkt ist kreativer Medieneinsatz gefragt. Nutzen Sie eine Planspielplatte, wenn Sie eine haben oder leihen Sie eine aus. Alternativ bauen Sie ein Einsatzobjekt und eine Umgebung mit Lego-Steinen und eine Handvoll Einsatzfahrzeuge. Das geht auch ohne viel Aufwand (roter Stein stellt ein Feuerwehrfahrzeug dar, weiß Rettungsdienst, blau Polizei). Zeichnen Sie auf einer Schreibtischunterlage oder einem Flipchartblatt eine Umgebung mit Straßen und Bahnlinien je nach Szenario. Fortgeschrittene finden vielleicht einen Weg, eine virtuelle Realität einzusetzen, wie es an manchen Bildungseinrichtungen geschieht. Ein anderer Weg ist, Videomaterial von realen Einsätzen auszuwerten und daran den Führungsvorgang zu diskutieren. Wichtig bleibt bei allen Methoden, dass es einen Moderator gibt, der dafür sorgt, dass man sich nicht in Details verliert und wieder zurück zum Wesentlichen findet.

Eine gute Idee ist außerdem, die Fortbildung Seite an Seite mit den anderen beteiligten Organisationen durchzuführen. Warum nicht einen Polizeiführer, den Einsatzleiter der Feuerwehr und einen Notarzt/Organisatorischen Leiter Rettungsdienst gemeinsam abwechselnd ihren Ansatz für die Einsatzbewältigung erklären zu lassen? Testen Sie diese Methode zunächst im kleinen Kreis von Führungskräften und wenn es funktioniert, weiten Sie den Teilnehmerkreis aus.

Literatur-Tipp

Feuerwehrdienstvorschrift 100 – FwDV 100 »Führung und Leitung im Einsatz«.
Ferch, Herbert; Melioumis, Michael: Führungsstrategie – Großschadenlagen beherrschen, Verlag W. Kohlhammer (angekündigt).

6 Information und Kommunikation

6.1 Fragen zur Selbstreflexion

Tabelle 12: *Fragen zur Selbstreflexion 6: Information und Kommunikation*

Nr.	Frage	Ja / Nein / Weiß nicht
1	Haben Sie sich in Ihrer bisherigen Laufbahn schon einmal bewusst mit dem Thema »Kommunikation« beschäftigt?	
2	Haben Sie den Eindruck, dass Sie sich gut ausdrücken und verständlich machen können?	
3	Können Sie gut zuhören oder müssen Sie andere Menschen ständig informieren und belehren?	
4	Haben Sie sich schon einmal damit auseinandergesetzt, mit welchen Kommunikationsmitteln Sie führen?	
5	Haben Sie den Eindruck, dass die Sozialen Medien und Messenger-Dienste ihre Arbeitsweise verändert haben?	
6	Haben Sie eine Idee davon, welche Außenwirkung Sie mit Ihrer Organisation erzielen?	
7	Sind Sie der Auffassung, dass Ihre interne Kommunikation gut ist und ausreichend funktioniert?	
8	Meinen Sie, man muss in der Gruppe alles ausdiskutieren oder halten Sie davon gar nichts?	
9	Fällt es Ihnen schwer, vor anderen Menschen zu reden und glauben Sie, dass das so bleiben wird?	
10	Erleben Sie in Ihrem Dienstalltag unnötige Besprechungen und stört Sie das, weil es Ihnen wertvolle Zeit stielt?	
11	Fühlen Sie sich manchmal wie in einem Hamsterrad; frisst das »Tagesgeschäft« Sie auf?	
12	Meinen Sie, dass die Verwaltungsarbeit in den letzten Jahren in Ihrem Bereich zugenommen hat?	
13	Finden Sie, dass die Verwaltungsarbeit Sie von Ihren eigentlichen Aufgaben abhält?	

Tabelle 12: ***Fragen zur Selbstreflexion 6: Information und Kommunikation (Fortsetzung)***

Nr.	Frage	Ja / Nein / Weiß nicht
14	Haben Sie eine Idee oder ein Rezept, was man gegen die zunehmende Verwaltungsarbeit unternehmen kann?	
15	Sind Sie humorvoll; können Sie auch im Dienst/während der Arbeit Spaß haben?	
16	Können Sie damit umgehen, wenn Sie selbst das Zielobjekt von Scherzen werden? Können Sie über sich selbst lachen?	
17	Halten Sie es für legitim, wenn Ihre Unterstellten sich gelegentlich gröbere Scherze erlauben?	

6.2 Wo ist der Notfallort? – Die Bedeutung guter Kommunikation

Zielsetzung der Einheit

Das Thema »Information und Kommunikation« spielt in allen Blaulicht-Organisationen eine entscheidende Rolle. Bereits bei der Notrufabfrage beginnt ein komplexer Prozess der Informationsgewinnung und -weitergabe und im Einsatz selbst hängt der Erfolg zu einem Großteil an der Qualität des Nachrichtenaustauschs. Deshalb gibt es feste Regeln, wie man einen Befehl formuliert, wie man funkt und wie und was man melden muss. Das gilt als Selbstverständlichkeit und braucht keine Hinterfragung. Doch das Thema reicht viel tiefer: Auch im Dienstalltag, abseits des Einsatzgeschehens, braucht es klare Kommunikation. Wir denken dabei an Dienstanweisungen, an die interne Öffentlichkeitsarbeit und Dienstberatungen. Aber auch der Erfolg von Aus- und Fortbildungen hängt daran, wie der Stoff (das Eigentliche) »rübergebracht« wird. Und schließlich kennen wir es aus dem Privatleben: Wie viele Probleme (kaputte Beziehungen, Kränkungen und Konflikte) resultieren aus der Unfähigkeit, sich verständlich zu machen? Wenn Sie also bislang um die Beschäftigung mit der Materie »herumgekommen« sind und noch keine Denkanstöße dazu erhalten haben, ist dieses Kapitel ein guter Anfang.

Man kann nicht nicht kommunizieren.
Paul Watzlawick

Sie glauben es nicht, wie schwierig es ist, einfach und klar zu sein. Die Leute fürchten, als Einfaltspinsel gesehen zu werden. In Wirklichkeit ist es gerade umgekehrt.
Jack Welch

Wir sind geborene Polizisten. Was ist Klatsch anderes als die Unterhaltung von Polizisten ohne Exekutivgewalt.
Christian Morgenstern

Erlebte Geschichte aus der Polizei

Heute war Freitag und das war in früheren Zeiten der Tag gewesen, die Leute einmal bei einer Tasse Kaffee und einer Tüte frischer Brötchen zusammenzunehmen. Dienstversammlungen wären aber vertane Zeit – meinte er jedenfalls. Die Polizeiwache ist schließlich kein Kaffeekränzchen. Und in den kurzen Pausen wollen die Mitarbeiter keine dienstlichen Probleme wälzen. Für ihn war klar: Was wichtig ist, spricht sich auch ohne offizielle Bekanntmachung herum. Und schließlich gibt es neben WhatsApp noch den Schaukasten, den jeder einsehen kann. Nicht dass er ein Problem damit hätte, Informationen weiterzugeben. Überhaupt war er ein eher extrovertierter Typ. Aber irgendwie fehlte ihm für die Vorbereitung von Dienstversammlungen auch die Zeit. Und die sinnlosen Fragen von immer denselben Leuten und die ewigen Bedenken der Bedenkenträger kannte er im Vorfeld schon auswendig. Ausdiskutieren hat offenbar noch nie viel gebracht. Nicht, dass er nicht reden wollte. Das tat er aber lieber in den Pausen, beim Kaffee mit seinem alten Studienfreund, der jetzt für die Dienstplanung und die Führungsgruppe verantwortlich war und mit der Schreibkraft. Die gute Seele hatte es irgendwie hinbekommen, dass in der Teeküche jetzt ein Fünfhundert-Euro-Modell einer hypermodernen Espressomaschine ihren Dienst verrichtete. An der schicken Maschine begann der Dienstweg ganz pragmatisch: Chef – Sekretärin – irgendein Mitarbeiter. Nein, für ihn als Revierleiter bestand wirklich kein Bedarf, Informationen offiziell weiterzugeben. Sein Vorgänger hatte es auch so gehalten und war damit immer gut gefahren. Irgendwie sprach sich auch so alles herum und manche Probleme schienen sich von alleine zu erledigen. Die Unzufriedenheit über die Tatsache, dass nur »Auserwählte« wichtige Infos erhielten, bekam er gar nicht mit. – Der Freitag war ohne besondere Vorkommnisse verstrichen und für das Wochenende waren lediglich zwei kleinere Demonstrationen angemeldet und das regionale Fußballspiel würde sicher ohne Ärger über die Bühne gehen. Nach Feierabend fand er sich selbst im Auto mit seiner Frau auf dem Weg in die Großstadt. Seine Hände bearbeiteten das Lenkrad und in ihm selbst machte sich zunehmend Unzufriedenheit breit. Seine Gattin neben ihm schien ihre ganze Woche in einem Redeschwall Revue passieren zu lassen. Jetzt erinnerte er sich, wie sie am Dienstag bei geöffneter Kühlschranktür angedeutet hatte, dass sie über den Kauf von zwei neuen Gartenstühlen nachdenke. Ganz nebenbei hatte sie erwähnt, dass auch ein Besuch bei den Schwiegereltern anstehe. Langsam dämmerte ihm, dass der Freitag und Samstag dafür draufgehen würden und wenn Blicke töten könnten, hätte er eben den BMW-Fahrer im Rückspiegel ins Jenseits befördert. Ihre Andeutungen hatte er gar nicht für voll genommen; eine förmliche Anfrage ihrerseits hätte er mindestens erwartet. Gestern noch hatte er seiner Tochter bei ihren Schulproblemen geraten, endlich mit der Sprache rauszurücken und ihre Sorgen mal auszusprechen. Sein Ärger heute kam offenbar auch daher, dass er sich selbst nicht an die Regeln hielt. Das und die Aussicht, in Kürze drei Stunden in einem überfüllten schwedischen Möbelhaus zwischen Blumenvasen und Hängeregalen umherirren zu müssen, machten ihn umso wütender. Vielleicht lag es daran, dass er seine eigenen Erwartungen an ein gelungenes Wochenende hätte kommunizieren sollen?

Theoretische Grundlagen

Es ist tatsächlich, wie man vermuten kann: Ein Großteil unserer Ärgernisse im Alltag und im Dienst resultiert aus der Unfähigkeit, uns auszudrücken und verständlich zu machen. Demzufolge ist es lohnenswert, auf das Thema Kommunikation einige Gedanken zu verwenden:

Jeder kennt Sprichwörter, Redewendungen und Volksweisheiten, die das Thema aufgreifen und viele Wahrheiten auf den Punkt bringen: Der Ton macht die Musik. Wie man in den Wald hineinruft, so schallt es heraus. Kindermund tut Wahrheit kund. Lange Rede – kurzer Sinn. Lügen haben kurze Beine. Hunde, die bellen, beißen nicht. Manche Sprichwörter sind aus der Sicht der Kommunikationslehre zu hinterfragen: »Reden ist Silber, Schweigen ist Gold« ist offenbar nicht immer ein guter Ratschlag. In vielen Situationen wäre es die bessere Wahl, den Mund aufzumachen und seinen Gedanken Ausdruck oder Nachdruck zu verleihen.

In vielen Aus- und Fortbildungen zum Thema Kommunikation werden eher wissenschaftlich fundierte Inhalte präsentiert: Ausgesprochen nützlich ist das Sender-Empfänger-Modell, das meist den Sender verantwortlich hält, was beim Empfänger einer Nachricht ankommt. Das sog. Eisbergmodell besagt, dass ein Großteil unserer Kommunikation unterbewusst geschieht. Wie beim realen Eisberg liegt der größere Part unter der Wasseroberfläche (das Ungesagte, Unbewusste, Zwischenmenschliche) und nur der kleinere Teil ragt aus dem Wasser heraus (das tatsächlich Gesagte, die Sachinformation). Will man die Analogie weiterspinnen, nehmen viele Schiffe Schaden, weil sie das Eis unter Wasser ignorieren und sich den sprichwörtlichen Rumpf am Ungesagten aufreißen.

In etwa deckungsgleich mit dem Eisbergmodell, nur ausgefeilter, sind die »Ebenen der Kommunikation«: Nur ein geringer Teil jeglicher Kommunikation spielt sich auf der reinen Sachebene ab. Die sog. Beziehungsebene schwingt immer mit (sogar, wenn nur »fernmündlich« kommuniziert wird) und nimmt am Erfolg einer Konversation den deutlich größeren Anteil ein. Daher nehmen wir uns zumindest am Anfang eines Gesprächs immer etwas Zeit für die Beziehungspflege (»Hatten Sie ein schönes Wochenende?«) und kommen nicht unmittelbar »zur Sache«. Selbst bei der Notrufabfrage, die ein Disponent immer mit der Frage nach dem Notfallort beginnen will (falls das Gespräch abreißen sollte), ist es manchmal eine gute Idee, den Anrufer nicht zu unterbrechen, weil man so schneller zum Ziel kommt.

Kommunikationsebenen lassen sich auch einteilen in die verbale, die paraverbale und nonverbale Ebene. Die verbale Ebene umfasst Inhalt und Wortbedeutung mit folgenden Merkmalen: Satzbau, Sprachniveau, Slang, Fachbegriffe, Abkürzungen, Dialekt, Soziolekt (Gruppensprache), Wortschatz (umfangreich, gering), Flick- und Füllwörter, Wiederholungen, Schimpfwörter, Mehrdeutiges. Die paraverbale Ebene bezeichnet die Stimmeigenschaften und das Sprechverhalten mit den Merkmalen Geschwindigkeit, Lautstärke, Betonung, Stimmeinsatz (variabel, monoton), Sprechpausen, Stimmfarbe, Tonfall, Sprachmelodie. Die nonverbale Ebene bezeichnet die nichtsprachliche Kommunikation. Die Merkmale sind Mimik (Gesichtsausdruck), Gestik (Hand-, auch Kopf- und Beinbewegungen), Distanzzonen und Territorialität, Körperhaltung, Blickkontakt, Standort und Aktionsradius, gepflegtes Äußeres, stereotype Bewegungen und »Ersatzhandlungen«, Auftreten (selbstsicher, vorbereitet), vegetative Symptome (Schwitzen, Erröten).

Auch das sog. Nachrichtenquadrat greift die Tatsache auf, dass es bei der Kommunikation nicht reineweg um Informationsaustausch geht. Danach hat jede Nachricht vier Seiten: Neben der nackten Sachinformation enthält eine Nachricht immer drei weitere Dimensionen: Eine Selbstoffenbarung des Redenden, eine Information über die Beziehung zwischen Sender und Empfänger und ein Appell, dem Gesagten irgendwelche Taten folgen zu lassen. Eine Übung dazu findet sich in der Aufgabe am Ende des Kapitels.

Schließlich ist es auch hilfreich, einiges über die Verschriftlichung von Information zu wissen: »Papier ist geduldig.« »Wer schreibt, der bleibt.« Auch diese Grundsätze sind allgemein bekannt und in der Behördenwelt eingespielt. Dienstlich wichtige Dinge kommunizieren wir per E-Mail oder in einem (elektronischen) Aktensystem. In der Stabsarbeit halten wir die Balance zwischen mündlichen Absprachen (man kann schließlich nicht alles aufschreiben) und der schriftlichen Nachweisführung. Bedeutende Dinge halten wir schriftlich fest (in einer Stabssoftware, auf dem Vierfachvordruck und im Einsatztagebuch). Die Grundregel heißt: Je wichtiger, desto

Bild 26: ***Kommunikationsmodelle (Denkanstöße für die weitere Beschäftigung mit dem Thema)***

schriftlicher. Und: Je formeller, desto mehr Formulare. Beispiele sind schriftliche Befehle und die Vorschriften zum Meldewesen im Katastrophenschutz.

Während unsere Kommunikation im Einsatz meist vorbildlich funktioniert, scheint bei dienstlichen Beratungen und Versammlungen häufig das Gegenteil der Fall zu sein. Solche Zusammenkünfte können in fruchtlose Jammerveranstaltungen ausarten und zur Bühne für die Selbstdarstellung von Vorgesetzten oder Mitarbeitern werden. Man redet sich die Köpfe heiß und landet immer wieder bei Grundsatzfragen, die dann doch nicht geklärt werden. Deshalb sollten dienstliche Versammlungen nicht zu lange dauern und straff moderiert sein. Das bedeutet: Zu Beginn alle anzusprechenden Punkte bekanntgeben (Tagesordnung), bei Abschweifungen schnell zum Ziel des Ganzen zurückkehren, Rückfragen zügig ausdiskutieren oder auch vertagen (aber nicht wiederholt), am Ende Ziele und Aufgaben definieren. Ein Protokoll hilft bei all diesen Punkten. Scheuen sollte man sich aber trotzdem nicht davor, auch scheinbare Selbstverständlichkeiten vorzutragen. Die Erfahrung zeigt, dass aufgrund der unterschiedlichen Wahrnehmung und des verschiedenen Erfahrungsschatzes von Vorgesetzten und Mitarbeitern an ein und demselben Dienstort auch vermeintliche Selbstverständlichkeiten für einige ganz und gar nicht selbstverständlich sind. Es gibt hier ein Zuwenig und ein Zuviel. Häufigstes Manko von Dienstversammlungen/Beratungen/Meetings sind wahrscheinlich Vorgesetzte, die sich selbst gerne reden hören, unreflektiert über ihre Wirkung auf andere sind und damit jede sinnvolle Beratung zur endlosen Quälerei werden lassen. Wenn Sie es sich leisten können, geben Sie Ihrem Chef eine freundliche Rückmeldung, wie seine

Monologe wahrgenommen werden. Kommunikation ist nie eine Einbahnstraße und die Arbeitszeit wird heute immer kostbarer.

Aufgabenstellung

Übung 1: Die vier Seiten einer Nachricht
Wenn Sie bisher noch nichts über das Nachrichtenquadrat gehört haben, versuchen Sie einmal, an den drei folgenden Beispielen zu analysieren, was in einer Botschaft zum Sachinhalt gehört, was die Botschaft über den Sender sagt (Selbstoffenbarung), was die Botschaft über die Beziehung ausdrückt und worin der Appell besteht. Das erste Beispiel ist dabei der Klassiker, der in Seminaren zum Thema immer wieder präsentiert wird. In Beispiel zwei und drei stehen Sie als Führungskraft in Ihrer Funktion in der Feuerwehr, Polizei und Rettungsdienst im Mittelpunkt.

Beispiel 1: Ein Ehepaar im Auto hält im Stadtverkehr vor einer roten Ampel. Sie sitzt am Steuer und fährt relativ spät los, obwohl die Ampel schon ein paar Sekunden grünes Licht zeigt. Er zu ihr: »Deine Farbe war wohl nicht dabei?« Sie antwortet: »Fährst du oder fahre ich?«

Beispiel 2: Regulär hatten Sie ein langes Wochenende vor sich. Ihre Ehefrau/Freundin sagt zu Ihnen: »Schatz, ich hatte Dir doch gesagt, dass wir am Wochenende zu meinen Eltern fahren wollen. Wie kannst du dann schon wieder einen Dienst für deinen Kollegen übernehmen?«

Beispiel 3: Anruf in der Regionalleitstelle. Sie nehmen folgendes Telefonat entgegen: »Hier ist Schwester Karin von der Arztpraxis Mustermann. Ich hatte eigentlich einen Krankentransport bestellt. Jetzt habt ihr Fachkräfte von der Leitstelle einen Rettungswagen geschickt. Wisst ihr nicht, was der Unterschied zwischen einem KTW und einem RTW ist?«

Übung 2: Analyse einer Rede
Die im Kapitel beschriebenen Ebenen der Kommunikation kann man sehr gut an einer Rede oder einem Vortrag analysieren. Das kann eine selbst erlebte/gehörte Rede sein oder auch eine aus dem Internet. Diese muss nicht aus Ihrem dienstlichen Kontext stammen, sondern kann auch von einem Ihrer Vorbilder oder Ihrem Lieblings-Kabarettisten stammen. Schreiben Sie dazu die Merkmale aus dem Text oben untereinander auf ein Blatt Papier (in der Dreiteilung verbal, paraverbal, nonverbal) und vermerken Sie dahinter Ihre Beobachtungen.

Übung 3: Reflexion über Messenger/Social Media
Die Verwendung von Sozialen Medien und Messenger-Diensten hat zweifelsohne unsere private und dienstliche Kommunikation verändert. Technik tut aber nicht immer nur etwas für uns, sondern auch mit uns. Gehen Sie in sich und bedenken und besprechen Sie folgende Fragen: Welchen Einfluss haben die Medien auf meine dienstliche Kommunikation? Auf welchen Gebieten kommunizieren wir heute anders? Ist diese Entwicklung dienlich oder hat sich hier etwas Ungutes eingeschlichen? Müssen wir ggf. wieder zurück zu früher üblichen Kommunikationswegen?

Wichtige Ergänzung
Hilfreich beim Thema »interne Öffentlichkeitsarbeit« sind einige Grundkenntnisse über die Themenfelder Kommunikation und Motivation: »Bescheid wissen«, »teilhaben dürfen«, »mitreden können« sind nämlich grundlegende Motivationsfaktoren. Sie vermitteln Ihren Kameraden/Kollegen das Gefühl, mehr als nur Befehlsempfänger und Erfüllungsgehilfe für die Dienststelle zu sein. Die Alltagserfahrung und auch die Wissenschaft sagen uns, dass das Gesagte sich nicht zwingend mit dem Gehörten und das Gehörte sich nicht unbedingt mit dem Verstandenen deckt. Schon deshalb braucht es einen Rahmen, in dem Gelegenheit zum Abschweifen, zum Rückfragen und Nachdenken besteht. Diesen Rahmen kann bis zu einem gewissen Grad eine Dienstversammlung oder -beratung bieten. Ein halbleeres schwarzes Brett oder eine flapsig verschickte E-Mail kann echte Kommunikation nicht ersetzen. Und: Falls Sie Wert auf mitdenkende und mündige Kollegen legen, müssen Sie alle gemeinsam und gleichberechtigt informieren und nicht Einzelne selektiv und nach Laune mit mageren Informationen füttern. Durch mangelnden Austausch und eine schlechte Informationspolitik gedeihen Gerüchte, kursieren Halbwahrheiten und ein ungeeigneter patriarchalischer oder charismatischer Führungsstil wird begünstigt. Im Hinblick auf das Thema »interne Öffentlichkeitsarbeit« können Sie neu überdenken, auf welche Art und Weise Sie in Ihrer Organisation, Feuer-, Rettungs- oder Polizeiwache Informationen verteilen und was Sie dabei zukünftig gegebenenfalls besser machen können. Vielleicht ist es an der Zeit, einen Schaukasten/ein schwarzes Brett/Ihren jetzigen Aushang auf Vordermann bringen. Als Grundsatz sollte gelten, dass man alles Wichtige aus dem Schaukasten erfährt, auch wenn man länger krank war oder bei Dienstversammlungen verhindert gewesen ist. Ich empfehle eine Dreiteilung:

Tabelle 13: ***Informationsfluss***

Dienstliche Informationen, die aushängen *müssen:*	**Dienstliche Informationen, die aushängen *sollen:***	**Teils private Informationen, die aushängen *dürfen:***
Dienstpläne	Lehrgangsinformationen	Einladungen
Stellenausschreibungen	Baustelleninformationen	Dankschreiben
Infos zur Arbeitssicherheit	Schulungspläne	Wissenswertes
...	...	...

Literatur-Tipp

Watzlawick, Paul et al.: Menschliche Kommunikation – Formen, Störungen, Paradoxien, Verlag Hogrefe, 12. Auflage, 2011.
Blanz, Mathias et al.: Kommunikation – Eine interdisziplinäre Einführung, Verlag W. Kohlhammer, 2013.

6.3 Wer sind wir und wenn ja, wie viele? – Selbstverständnis und Außenwirkung

Zielsetzung der Einheit

Wir leben in einer globalisierten Welt. Unsere Zeit wird immer schnelllebiger und althergebrachte Werte sind in einem ständigen Wandel begriffen. Auch das Selbstbild staatlicher und privater Organisationen ist davon betroffen. Es ist aber dieses Selbstverständnis, das hintergründig und unbewusst über die alltäglichen und kleinen Aktivitäten und Entscheidungen bestimmt und das auch das Erscheinungsbild nach außen prägt. Diese Einheit soll Ihnen dabei helfen, Ihr persönliches Bild und das Ihrer Mitarbeiter von Ihrer Organisation zu hinterfragen. Denn nicht alles, was modern ist, ist gut und richtig. Setzen Sie sich kritisch mit dem gegenwärtig sehr modernen Ansatz auseinander, Behörden und Hilfsorganisationen v. a. als Dienstleister zu verstehen. Weil dieser Denkansatz besonders in der Welt der Feuerwehr Fuß gefasst hat, konzentriert sich dieses Kapitel auf die öffentlichen Feuerwehren.

Werden Nationen alt, sterben die Künste aus und der Kommerz setzt sich auf jeden Baum.
William Blake

Die menschliche Seele benötigt mehr Ideale als Realitäten. Mit der Realität lebst du, mit den Idealen existierst du. Nun, wollt ihr, dass wir den Unterschied berechnen? Die Tiere leben, die Menschen existieren.
Victor Hugo

Vornehme Naturen sind schlechte Geschäftsleute.
Honoré de Balzac

Erlebte Geschichte aus der Feuerwehr

Der Gang zum Briefkasten hatte sich heute gelohnt; seine Bewerbungen hatten ihm zumindest eine aussichtsreiche Einladung zum Vorstellungsgespräch eingebracht. Für den Einstellungstest bei der Berufsfeuerwehr wurde ein Assessment-Center eingerichtet. Nach einer flüchtigen, aber freundlichen Begrüßung nahm er etwas nervös den angebotenen Platz in dem nüchternen Beratungsraum ein. An Selbstbewusstsein fehlte es ihm nicht, trotzdem kam er gegen die innere Unruhe nicht an. Er hatte Fragen erwartet, die sich auf seine bisherige Arbeit in der Feuerwehr und sein Ehrenamt im Rettungsdienst bezogen. Immerhin hatte er einiges vorzuweisen und seine Lehrgangszertifikate und Teilnahmebescheinigungen füllten beinahe einen Ordner. Stattdessen sollte er lediglich darlegen, welche Vorteile es aus seiner Sicht brächte, eine Berufsfeuerwehr zu privatisieren. Dieser Gedanke war ihm bis dahin noch gar nicht untergekommen; entsprechend unsicher fiel seine Antwort aus. Improvisierend lavierte er sich durch mögliche Vor- und Nachteile. Wie er sich selber kannte, verriet sein Gesichtsausdruck aber zu viel über seine Gedanken. Nach fünf Minuten eines nicht sehr befriedigenden Gesprächs änderte sich der Tonfall seines Gegenübers. Ob das gespielt war, konnte er nach diesem kurzen Gespräch nicht einschätzen. Was er davon halte, dass nun auch vermehrt Frauen in den Berufsfeuerwehren eingestellt würden und wie er sich im Falle einer »Anmache« verhalten würde. Er versuchte eine politisch korrekte Antwort hinzubekommen; gegen Frauen in der Feuerwehr hatte er nun wirklich nichts. Im Gegenteil, er kannte aus seiner Freiwilligen Feuerwehr im Heimatort einige Beispiele, bei denen die Frauen den Männern gezeigt hatten, wo der Hammer hängt. Sein Gesprächsleiter spielte Ungeduld, wurde zudringlich und meinte, er solle endlich mal mit der Sprache herausrücken. Notfalls würde man eben seine Freundin anrufen, um an eine ehrliche Meinung zu kommen. Nur mit Mühe gelang es ihm, die Ruhe und die Fassung zu bewahren und sich solche Praktiken zu verbitten. Fertig mit sich und der Welt und wie benebelt verließ der den Raum, den er vor fünfzehn Minuten trotz seiner Aufregung auch mit etwas Vorfreude betreten hatte. Immer noch nicht ganz Herr seiner Sinne drehte er den Zündschlüssel seines Kleinwagens; er würde benachrichtigt werden.

Draußen im Vorraum warteten derweil immer noch fünf weitere Kandidaten in schicken Anzügen und politisch korrektem Gesichtsausdruck. Der biegsamste von ihnen würde die Stelle wohl bekommen.

Theoretische Grundlagen

Ob Assessment-Center bei Einstellungstests eine gute Idee sind, soll hier nicht zur Debatte stehen. Viel wichtiger ist die größere Frage nach dem Selbstverständnis bzw. dem Selbstbild unserer Organisationen als ein Unternehmen, das bei solchen Veranstaltungen abgefragt wird – ein Selbstbild, das viele frisch gebackene Führungskräfte wie einen Keim in sich tragen. Sollte sich dieser Keim auswachsen, steht unseren öffentlichen Feuerwehren ein tiefgreifender Wandel bevor, dessen Früchte uns möglicherweise nicht schmecken werden. Die im gesamten Verwaltungsbereich und auch im Feuerwehrwesen verwendeten Begrifflichkeiten deuten jedenfalls auf einen stillen Paradigmenwechsel im Selbstverständnis der Behörden und Organisationen hin. Eine Vielzahl von Veröffentlichungen spricht vom Wandel der öffentlichen Verwaltungen zu modernen Dienstleistungsunternehmen. Im Jahresprogramm einer Fortbildungseinrichtung (SKVS, 2008) war zu lesen:

»Die zunehmende Profilierung der öffentlichen Verwaltung als modernes Dienstleistungsunternehmen erfordert es, die eigene Kompetenz und Leistungsfähigkeit in der Öffentlichkeit wirkungsvoll zu »verkaufen«, ein Konzept, das in den Verwaltungen auf breite Akzeptanz stößt und unter dem Stichwort »Verwaltungsmarketing« zusammengefasst wird. Schließlich gilt es nicht nur, dem Legitimationsdruck einer kritisch eingestellten Öffentlichkeit entgegenzuwirken, sondern auch die Konkurrenzfähigkeit gegenüber Wirtschaftsunternehmen unter Beweis zu stellen.«

In diesem kurzen Text stecken gleich mehrere Fragwürdigkeiten, wenn nicht ausgewachsene Unsinnigkeiten. Zumindest alle öffentlichen Feuerwehren sind (unselbständige) Teile von Verwaltungen. Bei einer Umdeutung von »Verwaltung« in »Unternehmen« ändern sich dann konsequenterweise auch im Dienstalltag die Begrifflichkeiten. An der Sprache wird erkennbar, wessen Geistes Kind man ist. Denn die »Dienstleistungs-Fraktion« in unseren Reihen entlehnen ihr Sprachgut meist dem Wirtschafts-Englisch. (Häufig würde man allerdings im englischsprachigen Teil der Welt die Dinge niemals so ausdrücken.) So wurde in einer Feuerwehr-Fachzeitschrift eine Leitstelle zum »Callcenter der Gefahrenabwehr«, bei der Einsatzabwicklung werden »Best-practice-Beispiele« und bei der Fahrzeugbeschaffung die »Nice-to-have-Variante« gesucht. Das Entfernen der Autoscheiben beim Verkehrsunfall wird zum »Glasmanagement« gekrönt, die Zusammenarbeit der Feuerwehr mit Firmen zu »Public-private-partnership«, eine gewöhnliche Weiterbildung zur »Inhouse-Schulung«; der Feuerwehrhelm mit Zubehör mutiert zum »Head-protection-system«. Ein Autor in der Zeitschrift BRANDSchutz (Pulm, 2008):

»Die moderne Feuerwehr ist ein Dienstleistungsunternehmen, das von der Gemeinde vorgehalten wird, um bei Bedarf dem »Kunden« jederzeit und binnen weniger Minuten bei der Bewältigung einer Krise zur Seite zu stehen. Sie ist eine »high reliability organisation« innerhalb der Gemeindeverwaltung – innerhalb des »Konzerns« Stadt, und in dieser Art einzigartig und unersetzlich.«

Was vielen Anwendern der modernen Begriffe möglicherweise nicht bewusst ist: Namen sind nie nur »Schall und Rauch«. Mit den modifizierten Wörtern geht eine stillschweigende Neufassung der Inhalte einher. Der Feuerwehr, die in ihrem Selbstverständnis (je nach Art der Organisation) bisher eine Mischung aus öffentlicher Verwaltung, lokalem Verein mit sozialer Verantwortung und auch Einrichtung mit militärischen Zügen und Grundsätzen gewesen ist, blüht scheinbar eine Zukunft als Wirtschaftsunternehmen. Was wird daraus werden?

Zunächst enthält die Idee, den Bürger als »Kunden« im wirtschaftlichen Sinne zu behandeln und Einsatzhandlungen und Dienstbetrieb nach Effektivität und Effizienz zu beurteilen, viel Positives. (Das hat jede gute Führungskraft allerdings schon immer getan.) Der Einfachheit halber unterstellen wir hier, dass in der sogenannten »freien Wirtschaft« der Bürger tatsächlich als Kunde auch König ist. Einig sind wir uns hier alle: Die vormals verbreitete Sichtweise des Bürgers als Bittsteller gegenüber dem Staat ist nicht mehr zeitgemäß. Die moderne Betrachtungsweise des Bürgers als Kunden ist jedoch auf der anderen Seite eine unzulässige Vereinfachung.

Bei den vergleichsweise wenigen kostenpflichtigen Feuerwehreinsätzen (z. B. dem Auspumpen eines Kellers oder einer Baumfällung ohne den Aspekt der Gefahrenabwehr) mag der Bürger als Kunde in Erscheinung treten; ansonsten ist er in jedem originären Feuerwehreinsatz zuerst und zumeist Patient, Opfer, Betroffener. Beim Wasserpumpen aus dem Keller mag er sich für diese Aufgabe genauso gut eine Firma wählen können, aber als eingeklemmte Person beim Verkehrsunfall definieren bereits die hoheitlichen Rechte, mit denen sich die Feuerwehr Zugang zur Einsatzstelle verschafft, die Person als Patienten und nicht als Kunden. (Nicht zuletzt ist der Bürger auch Steuerzahler, der die Leistungen der Feuerwehr auf diese Art bereits mitfinanziert hat.)

Eine gewichtige Kritik an diesen ach so modernen Ansichten kommt von außerhalb der Feuerwehr, vom ehemaligen Bundesdatenschutzbeauftragten Peter Schaar in seinem Buch »Das Ende der Privatsphäre« (Schaar, 2007):

»Vielfach wird [...] von »Kundenorientierung« gesprochen, wobei sich die Verwaltung als Dienstleistungsunternehmen versteht. Völlig unbestritten ist natürlich, dass der Bürger bei seinen Kontakten zum Staat unterstützt werden muss, dass über seine Anträge zügig entschieden werden sollte und dass seine Fragen prompt und richtig beantwortet werden müssen. Beschreibt dieses Rollenverständnis aber das Verhältnis von Bürger und Staat wirklich zutreffend? [...] Der Begriff »Kunde« führt [...] vielfach auf eine falsche Fährte. Nach dem Menschenbild des Grundgesetzes, wie die Verfassungen aller modernen Demokratien (in denen von »Kunden« übrigens keine Rede ist), hat der Staat die Menschenwürde zu gewährleisten. Den Bürgern stehen Grundrechte zu, die von staatlicher Stelle zu akzeptieren und zu schützen sind. Schließlich darf nicht vergessen werden, dass die Bürger in ihrer Gesamtheit [...] der Souverän sind, von dem alle Macht ausgeht.«

Schlussfolgerung: Die Feuerwehr als Organisation lässt sich niemals komplett mit einem Wirtschaftsunternehmen gleichsetzen, es sei denn das deutsche Feuerwehrwesen würde in private Hände gegeben. Bis heute wird eine Feuerwehr nicht auch nur annähernd den Auslastungs- und Kostendeckungsgrad eines Betriebes erreichen und wie eine Firma zu führen sein. Der Grund hierfür liegt in der besonderen Art und Weise der Feuerwehrarbeit, die ohne den sozialpolitischen und militärischen Aspekt und die spezifische Berufsethik nicht vorstellbar und in der freien Wirtschaft ohne Vergleich ist. Die Wirtschaftswelt lebt nicht von Freiwilligkeit, Ehrenamt und Nächstenliebe. Ohne diese Kernpunkte aber ist zumindest Freiwillige Feuerwehr, wie sie in Deutschland gewachsen ist, undenkbar.

Und die Führungskräfte in Berufsfeuerwehren tun gut daran, sich genau zu überlegen, was man aufgibt, wenn man sich von der besonderen Berufsethik verabschiedet oder diese untergräbt, die sich ja auch im Beamtenrecht widerspiegelt. Die unkritische, vollständige und allzu euphorische Übertragung wirtschaftlicher Sichtweisen auf ehrenamtsbasierte Organisationen kann also nicht folgenlos bleiben.

Die Teilbereiche der Feuerwehrarbeit sind insgesamt kein Experimentierfeld für neue Ideen. Die Folgen einer leichtfertigen Anbiederung an den Zeitgeist müssen abgeschätzt werden. Eine einschneidende Folge liegt auf der Hand: Wer die Feuerwehr als Dienstleistungsunternehmen versteht, muss sich neue Gedanken über Finanzfragen machen. Ein weiterer Grund, der gegen eine Umstellung der Feuerwehr als Business spricht: Wer Veränderungen bewirken will, muss seine »Mitarbeiter« auf diesem Weg mitnehmen; Überzeugungsarbeit leisten. Die Umgestaltung einer Feuerwehr in Richtung eines Unternehmens ist aber den Kameraden bzw. Kollegen nicht zu vermitteln und von der Mehrheit der Mitglieder schlichtweg unerwünscht. Daher gerät eine Überbetonung von Kosten-Nutzen-Verhältnissen, Haushaltsrechnungen und Kostendeckungsgrad unter Außerachtlassung der Besonderheiten des Ehrenamts und der Berufsethik zum Totengräber der Organisation in ihrer bisherigen Ausprägung. Beispielsweise ist es wichtig, bei der Neubeschaffung von Fahrzeugen und Ausrüstung, bei Auszeichnungen und Beförderungen den ideellen Wert für die

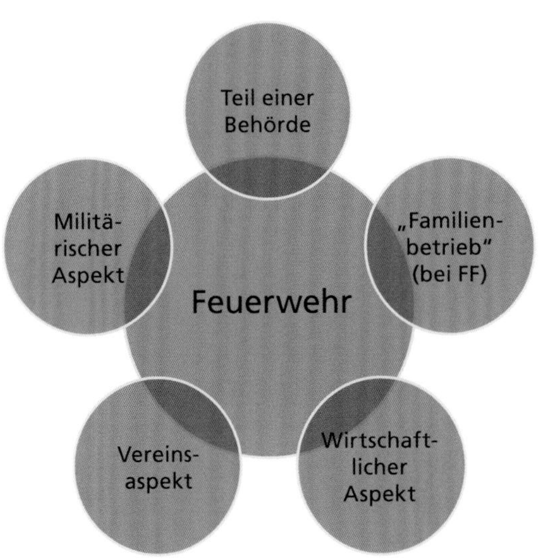

Bild 27: ***Selbstbild: Aspekte der Feuerwehrarbeit***

Wehrmitglieder zu berücksichtigen. Und der alte Grundsatz der Menschenführung in Berufsfeuerwehren »leben und leben lassen« ist auch in modernen Zeiten immer noch eine ausgezeichnete Idee, auch wenn höhere Führungskräfte oft nicht verstehen (wollen), was damit gemeint ist.

Im Bereich der Menschenführung müssen Managementkonzepte aus der Wirtschaft kritisch auf ihre Eignung für die Feuerwehr geprüft werden, da in diesem Bereich heute in großem Stil Methoden vermittelt werden, die ethisch fragwürdig sind und gemeinsame Werte eher zerstören, anstatt sie zu befördern. Ungeschönt und grob vereinfacht ausgedrückt: Es wird an Büchern und Seminaren eine Menge Müll verkauft. Wertezerstörende Gedanken finden sich leider heute in allen Bereichen der Literatur für Führungskräfte, im Bereich der Menschenführung allgemein und in allen Teilbereichen, z. B. der Psychologie und der Rhetorik. Die Gefahr liegt darin, dass solche Methoden von profilierungssüchtigen Führungskräften nur angewandt werden, weil es gerade modern ist. Dazu eine Meinung aus einer deutschen Berufsfeuerwehr (aus meiner Internet-Befragung von 2010 auf feuerwehrzukunft.de):

»Ich bin nicht von der »früher war alles besser« Fraktion, aber Feuerwehr ist ein sehr traditionsgeprägter Bestandteil der Gesellschaft. Die Demontage ist in vollem Gange – vorangetrieben von der eigenen Führung. Wer Feuerwehr kommerzialisieren will, züchtet sich selbst Krankheiten heran. Und dagegen gibt es kein probates Mittel.«

Auf diesem Weg können auch ausgewählte, gute Denkansätze aus der Wirtschaftswelt in ihrer Umsetzung gehindert werden, weil besonders ältere Wehrmitglieder mit Recht in eine Verweigerungshaltung übergehen. Schlussfolgernd müssen neue Methoden auf ihre Praxistauglichkeit und ihre Bewährtheit geprüft werden, zumal sich auch die Wirtschaft von einigen »neuen« Konzepten bereits wieder verabschiedet (Stichwort Outsourcing). Zu warnen ist vor Denkansätzen, die die gemeinsamen Werte einer Feuerwehr in Frage stellen und den tradierten Konsens über die Motivation zur Mitarbeit untergraben. Wo stehen Sie?

Aufgabenstellung

Übung: Aspekte der Feuerwehrarbeit

Die Behörden und Organisationen der Gefahrenabwehr sind weit mehr als nur »Dienstleister«. Sie nehmen eine öffentliche Aufgabe wahr, unterliegen eigenen Rechtsvorschriften und sind daher auch mit hoheitlichen Rechten ausgestattet. Die Feuerwehren dürfen – wie die Polizeien auch – Grundrechte von Bürgerinnen und Bürgern einschränken. In folgender Tabelle können Sie eintragen, bei welchen Tätigkeiten und Gelegenheiten jeweils welche Merkmale zum Tragen kommen:

Tabelle 14: ***Vielseitigkeit der Arbeit der Feuerwehr/der Polizei/des Rettungsdienstes***

	Feuerwehr	Polizei	Rettungsdienst
Merkmale einer Verwaltung	▪ Im Schriftverkehr ▪ Bei Verwaltungsakten ▪ ...	▪ Im Beamtenrecht ▪ ... ▪ ...	▪ Einsatzabrechnung ▪ ... ▪ ...
Merkmale eines Unternehmens	▪ Bei kostenpflichtigen Einsätzen ▪ ... ▪ ...	▪ »Bürgernähe« ▪ ... ▪ ...	▪ Qualitätsmanagement ▪ ... ▪ ...
Merkmale aus dem Militär	▪ Befehlsgebung im Einsatz ▪ ... ▪ ...	▪ Befehlsgebung im Einsatz ▪ Meldewege ▪ ...	▪ ... ▪ ... ▪ ...
Merkmale eines Vereins	▪ Mitgliederstruktur ▪ ... ▪ ...	▪ Kameradschaftspflege durch Vereine für Polizeiangehörige	▪ ... ▪ ... ▪ ...

Tabelle 14: ***Vielseitigkeit der Arbeit der Feuerwehr/der Polizei/des Rettungsdienstes (Fortsetzung)***

Feuerwehr	Polizei	Rettungsdienst
▪ ... ▪ ... ▪ ...	▪ ... ▪ ... ▪	▪ ... ▪ ... ▪ ...

6.4 Gedruckte Lachnummern – Sinn und Unsinn von Leitbildern

Zielsetzung der Einheit

Die große Kapitelüberschrift heißt »Information und Kommunikation«. Wir kommunizieren rund um die Uhr nach innen und außen unsere Wertvorstellungen und unser Selbstverständnis. Manchmal besteht offenbar die Idee/die Notwendigkeit, ganz Grundsätzliches in einem sog. Leitbild festzuschreiben und dann auch weiterzuentwickeln. Viele Behörden, Feuerwehren und Hilfsorganisationen legen sich eines zu, das oft ausgesprochen blumig klingt und häufig von einer anderen Einheit oder Stadt abgeschrieben wurde. Es enthält großartig klingende, hochgestochene Vorsätze und meist müssen Modeworte, wie die heute oft bemühte »Nachhaltigkeit« oder »Wertschätzung« herhalten. In der täglichen Praxis spielt dieses Leitbild dann allzu oft keine Rolle und je weiter Theorie (Leitbild) und Praxis (Führungsverhalten) auseinanderliegen, desto mehr Zynismus kann bei denjenigen entstehen, die in der Organisation die Arbeit an der Basis leisten. In dieser Lektion soll daher der Sinn und Zweck der Übung (ein Leitbild zu erstellen) hinterfragt werden. Sie sollen überdenken, was es bei der Einführung oder Umsetzung eines Leitbilds zu beachten gibt.

Fortschritt sollte bedeuten, dass wir ständig die Welt ändern, um sie der Vision anzupassen; Fortschritt bedeutet in Wirklichkeit, dass wir die Vision ändern.
Gilbert Keith Chesterton

Vision ist die Kunst, Unsichtbares zu sehen.
Jonathan Swift

Alles Populäre ist falsch.
Oscar Wilde

6

Der Idealismus wächst mit dem Abstand zum Problem.
Rolf Miller

Erlebte Geschichte aus der Feuerwehr

Scheinbar in jeder deutschen Berufsfeuerwehr ist ein Mitarbeiter dafür zuständig, Gäste und frische Praktikanten zu Kennenlern-Zwecken durch die eigene Stadt zu fahren. Mit einem solchen Kollegen fuhr ich im klapprigen Dienst-Kleinwagen mit viel zu großen Blaulichtern durch eine ostdeutsche Großstadt, um einen ersten Eindruck von meinem Praktikumsort zu erhalten. Die Ausführungen drehten sich um Eckpunkte der Stadtgeschichte, Einkaufsmöglichkeiten und nützliche Insider-Informationen. Ich war schwer beeindruckt; auf den ersten Blick gab es nur Positives und auch die Feuerwehr der Großstadt war auf Hochglanz poliert. – Die ersten Schichten waren gefahren und zwischen mir als Praktikanten und der eingeschworenen Wachschicht war schon etwas Vertrauen gewachsen. Vertrauen kann man offensichtlich nicht verlangen, sondern muss verdient und erarbeitet werden. Das dauert seine Zeit und umgekehrt kann man gewonnenes Vertrauen binnen kürzester Zeit zerstören. In meinem Schichtdienst auf einer der Außenwachen nahm mich ein Kollege aus der Wachschicht in der Bereitschaftszeit beiseite. Aus seinem Spind kramte er, sichtlich angefressen, eine Hochglanzbroschüre. Die Stadtverwaltung hatte ein Leitbild für die Feuerwehr entworfen (oder irgendwoher kopiert), drucken lassen und per Hauspost an alle Mitarbeiter ausgehändigt. Die Erregung des Kollegen bezog sich auf die Tatsache, dass das Leitbild zu seinem täglichen Erleben so schlecht passte wie ein Eisbär unter eine Kokospalme. Wie ich im Dienstalltag später feststellen musste, glänzten Charakter und Fachwissen vieler seiner und meiner Vorgesetzten vor allem durch eines: Abwesenheit. Angesichts dieser Tatsache übten diese sich nicht etwa in Bescheidenheit, wie es angebracht gewesen wäre, sondern verteilten nach allen Seiten Fußtritte, vorzugsweise nach unten. Das Leitbild mit seinen blumigen Formulierungen und edlen Zielen geriet unter diesen Vorzeichen zur puren Lachnummer. Im besten Fall wurde es ignoriert, im schlimmsten Fall trug es zu Zynismus und Sarkasmus unter den (schlecht) Geführten bei.

Theoretische Grundlagen

Leitbilder sind modern. Das Zitat von Oscar Wilde oben ist natürlich eine Provokation: Modernes ist häufig populär. Populäres ist häufig falsch. Unser aller gesetzlicher Auftrag ist allen klar; nun muss das moralische Fundament der Aufgabenerfüllung und die Visionen der Vorgesetzten nochmals schriftlich niedergelegt werden. Um die Negativfolgen aus dem Beispiel der Einleitung zu vermeiden und aus einem Leitbild ein gutes Führungsmittel zu machen, hier einige praktische Tipps:

Die Tatsache, dass in den Blaulicht-Organisationen immer mehr Leitbilder geschrieben und veröffentlicht werden, hat zwei Seiten. Zu große Euphorie ist nicht angebracht, denn der Fortschritt in dieser Angelegenheit kann auch als Armutszeugnis gedeutet werden. Offenbar muss man den Leuten das, was früher unbesprochen funktionierte, heute schriftlich vor die Nase halten. Das Gleiche gilt übrigens auch für andere Bereiche, z. B. für Absprachen innerhalb der eigenen Organisation oder mit anderen Behörden. Was sich bisher nach dem Motto »Ein Mann – ein Wort« erledigte, braucht heute vermehrt Anschreiben, Formulare oder zumindest den berühmten »Dreizeiler« als E-Mail. Ein weiteres Beispiel ist das große Thema Psychosoziale Notfallversorgung und Krisenintervention. Zweifellos sind die Angebote auf diesem Gebiet ein begrüßenswerter Fortschritt und notwendig. Allerdings müssen diese Hilfsangebote oft das ausbügeln und ersetzen, was früher wie selbstverständlich Stress abgebaut und ein Aufarbeiten belastender Ereignisse ermöglicht hat: ein kollegiales Arbeitsklima unter den Einsatzkräften bzw. sozialer Zusammenhalt in der Bevölkerung.

Leitbilder, Absichtserklärungen und andere Werkzeuge können Charakterbildung bei Führungskräften nicht ersetzen. Mit Augenzwinkern könnte man sagen: Wer keinen Charakter hat, muss sich eine Methode zulegen. Das kann natürlich nicht als erstrebenswert gelten. Leitbilder sollten deshalb nur dort eingeführt werden, wo ein wenigstens halbwegs gutes Arbeitsklima herrscht und die Führungskräfte die Werte des Leitbildes selber leben. Sonst werden Sie nicht zum Anreiz für bessere Leistungen, sondern zur Zündquelle für Zynismus und zornige Debatten.

In Leitbildern sollte auf das moderne Gerede vom Bürger als Kunde und der Feuerwehr als seinem Dienstleister verzichtet werden (siehe voriges Kapitel). Diese Gleichsetzung entspricht nicht der Wirklichkeit bzw. der Rechtslage und ist eine überflüssige Anbiederung an den Zeitgeist. In einer zunehmend materialistischen Welt wird alles zum Geschäft. Wenn Sie in Ihrer Organisation Wert auf Werte legen, fördern Sie traditionelle Vorstellungen in Ihrem Ehrenamt bzw. Beruf. Überlegen Sie genau, aus welchen geistigen Quellen Sie schöpfen. Wenn Sie Ihren Mitarbeitern »wertschätzend« begegnen möchten, dann schreiben Sie nicht darüber – tun Sie es!

Seien Sie nicht zu optimistisch, was die Wirkung von Leitbildern angeht. Wirklich gute Mitarbeiter benötigen eigentlich kein gedrucktes Hochglanz-Dokument. Sie haben es unaufgefordert und ohne Ihr Zutun als Vorgesetzter bereits verinnerlicht. Und die Schlechten werden sich auch nicht um ein Leitbild scheren. Es mag pessimistisch klingen, ist aber leider Realität: Die Unmotivierten, die Faulpelze sind weit davon entfernt, die wohlklingenden Vorgaben in ihrem täglichen Dienst mit Leben zu erfüllen. Wenn die Leistungsschwachen überhaupt durch etwas dazu bewegt werden können, dann durch das gelebte Vorbild der Vorgesetzten mit mehr

Charakter- als Gehaltsvorsprung und mit Sicherheit weniger durch ein gedrucktes Leitbild.

Zusammenfassend: Leitbilder sind keine schlechte Idee. Aber sie müssen eingeführt und nicht nur ausgeteilt werden. Die Einführung muss von unten nach oben laufen (bzw. so initialisiert werden). Über Sinn und Zweck muss so lange diskutiert werden, bis zumindest die Führungsriege ihn verstanden hat. In Führungskräfteschulungen soll der Text immer wieder Grundlage für die eigene Hinterfragung sein. Und bevor man überhaupt über die Erstellung nachdenkt, sollten zuerst allzu offensichtliche Widersinnigkeiten und hässliche Führungsfehler in der Organisation ausgemerzt werden. Erst dann sollten Sie Bilderrahmen oder gravierte Platten mit dem Text des Leitbildes aushängen.

Aufgabenstellung

Nehmen Sie Ihr Leitbild einmal zur Diskussionsgrundlage in Ihrer nächsten Dienstversammlung. Im Kreis Ihrer Führungskräfte können Sie abgleichen, wie weit Anspruch und Realität, Theorie und Praxis bei Ihnen auseinander gehen. Beantworten Sie gemeinsam die Frage, wie Sie ein Dokument in ein Stück Kultur für die tägliche Arbeit umwandeln können. Gehen Sie das Leitbild Punkt für Punkt durch. In ▶ Bild 28 findet sich ein Beispiel für ein relativ kurzes Leitbild der Feuerwehr Akron/ Ohio aus den USA. Wenn Sie möchten, vergleichen Sie es mit einem deutschen Leitbild einer beliebigen Feuerwehr. Welche Gemeinsamkeiten und Unterschiede sehen Sie?

"Unsere Mission ist es, die Lebensqualität in unserer Stadt zu verbessern, durch Bereitstellung eines erstklassigen Rettungsdienstes, eines exzellenten Programms für den Vorbeugenden Brandschutz, einschließlich Brandschutzerziehung und Brandursachenermittlung; durch Bereitstellung einer Feuerwehr, die für alle Notfälle gerüstet ist, einschließlich Gebäudebrände, Gefahrgutunfälle, alle Arten von Rettungen und verschiedene andere Notfälle und Katastrophen. Wir werden diese Mission erfüllen, indem wir großen Wert auf die Sicherheit und Gesundheit unserer Mitarbeiter legen. Wir halten einen hohen Standard aufrecht im Bereich der Ausbildung, der Gesundheitsvorsorge und der Kommunikation."

Bild 28: ***Leitbild Feuerwehr Akron/ Ohio (Quelle: Jahresbericht 2007, Feuerwehr Akron/ Ohio)***

Wichtige Ergänzung

Was Ihnen so vielleicht noch nicht klar ist: Es existieren auch ungeschriebene, heimliche Leitbilder in den Köpfen der Mitglieder und Mitarbeiter. Man definiert sich über das, was man nicht ist und sein will und formuliert Ziele und Werte auf eine negative Weise. Wir können »nicht allen helfen«, sind nicht »die Wohlfahrt« und grenzt sich auf eine dümmliche Art und Weise von anderen Organisationen ab, mit denen man sonst Hand in Hand arbeitet. Hier werden manchmal mit Eifer T-Shirts, Schilder und Aufkleber produziert, ohne dass die dienstliche Leitung ihren Segen dazu gegeben hätte. Folgende Leitsätze prangen dann auf diesen Erzeugnissen: »Leg dich nie mit der Feuerwehr an. Wir können es wie einen Unfall aussehen lassen.« »Fühle dich sicher – schlafe mit einem Feuerwehrmann.« »Wenn dir das zu heiß ist, bewirb dich bei der Polizei!« »110 – die Männer, die man ruft. 112 – die Männer die kommen.« Bevor Sie ein positives Leitbild mit visionären Zielen und einem hohen Moralanspruch entwerfen, nehmen Sie den täglichen Kampf gegen die dummen und herabsetzenden Äußerungen von der Basis auf.

6.5 Wo die Toten besser dran sind – Reden schreiben und halten

Zielsetzung der Einheit

Diese etwas sonderbare Kapitelüberschrift bezieht sich auf die Tatsache, dass vor einer Menschenmenge zu reden, für viele Menschen ein großes Problem darstellt. Nicht wenige halten das für gänzlich undenkbar. Auch Führungskräften fällt es oft nicht leicht, etwas Sinnvolles zu einem bestimmten Anlass zu sagen. Umfragen zufolge kommt die Angst, vor einer Menschenmenge reden zu müssen, noch vor der Angst vor dem eigenen Tod. Diese Hemmung ist so verbreitet, dass ein ganzes Kapitel diesem Thema gewidmet ist. In der Praxis sind diejenigen, die sich gerne reden hören, häufig nicht die, die etwas zu sagen haben. Wenn Sie also zu denen gehören, die nicht gerne große Reden halten, können Sie dies gerne als Ermunterung verstehen. Trotzdem gehört es immer wieder zu Ihren Aufgaben als Führungskraft, vor einer kleineren oder größeren Gruppe von Menschen zu sprechen. Je weiter Sie in der Hierarchie aufsteigen, desto mehr Gewicht wird man Ihren Worten beimessen. Aus dieser Einheit können Sie einige nützliche Grundsätze ableiten, die Ihnen bei Ihrer nächsten Redegelegenheit helfen können. Das Kapitel ist allerdings keine umfassende Abhandlung zu diesem Thema; dafür gibt es spezielle Fachbücher. Außerdem macht auch hier (lebenslange) Übung den Meister.

Der Weise spricht. Der Kluge redet. Der Dumme schwatzt.
Lisa Wenger

Um eine gut improvisierte Rede halten zu können, braucht man mindestens drei Wochen.
Mark Twain

Ein jeder Mensch sei schnell zum Hören, langsam zum Reden, langsam zum Zorn.
Die Bibel, Jakobus 1,19 (Luther 2017)

Erlebte Geschichte aus dem Rettungsdienst

Das Festzelt auf dem gemeindlichen Fußballplatz war an diesem lauen Sommerabend brechend voll. Alle Anwesenden hatten eine lange Arbeitswoche hinter sich und freuten sich auf ein »geselliges Beisammensein« und die angekündigte Live-Musik. Die Gäste sollten sich den angenehmen Teil des Abends aber scheinbar erst verdienen, indem sie einigen pflichtgemäßen Grußworten von verschiedenen Kommunalpolitikern und befreundeten Organisationen lauschen sollten. Anlass dieses besonderen Abends war das Jubiläum der größten ortsansässigen Hilfsorganisation, die gleichzeitig größter Arbeitgeber im Ort war. Als Herr XY hinter das Rednerpult trat, war schon eine geschlagene halbe Stunde an Grußworten über die Zeltbesucher niedergegangen. Wer irgendwie konnte, hatte sich schon leise aus dem Festzelt gestohlen und sich zu den ausgestellten Fahrzeugen verdrückt, um zu rauchen oder sich die Beine zu vertreten. Ganz offensichtlich unbewusst hatte unser Redner Kurt Tucholskys »Ratschläge für einen schlechten Redner« verinnerlicht und in seiner Rede auf die Praxis angewandt. Gleich am Anfang schlug er einen weiten Bogen zurück bis vor den Anfang und begann seinen Vortrag mit einem kurzen Abriss über die menschliche Hilfsbereitschaft in den letzten drei Jahrtausenden, einschließlich einer dünnen theologischen Annäherung an die Geschichte vom Barmherzigen Samariter aus dem Neuen Testament. Vorher hatte er alle anwesenden Prominenten nebst Gattinnen gehörig durch eine langatmige Aufzählung begrüßt. Schon dabei konnte man erahnen, dass Langeweile und Langatmigkeit für unseren Festredner besondere Tugenden zu sein schienen. Die Ankündigung, dass er nunmehr zur Organisationsgeschichte des letzten Jahrhunderts käme, schien den Feiergelaunten mittlerweile wie eine Drohung. Auf eine spontane Kürzung des Redepensums aufgrund der vorgerückten Stunde war nicht zu hoffen, da er jedes Wort peinlich genau vom Manuskript ablas. Die Zeltbesucher versuchten anhand des Papierstapels auf dem Rednerpult auf die verbleibende Länge der Rede zu schließen, in der Hoffnung, das Papier wäre nur einseitig bedruckt und die Schrift möglichst groß. Wie bei Tucholsky ironisch erwähnt, blickte unser Mann am Podium nach jedem Satz misstrauisch hoch, ob das Partyzelt nicht etwa vorzeitig geräumt worden wäre. Den Ratschlag, den er auch berücksichtigte, war, in langen verschachtelten Sätzen zu sprechen, weil er nun einmal so geschrieben hatte und sich genötigt fühlte, abzulesen, weil ihm das freie Reden nicht so lag und er nun angesichts der Bedeutung des Anlasses auch nichts weglassen konnte, was etwa hätte weggelassen werden können, auch um den Preis, dass die Rede etwas länger dauern könnte und so weiter und – das brauche ich nicht zu erklären; Sie verstehen mich. Schließlich kam unser hoher Funktionär doch noch zum Ende seiner Ansprache, setzte nach mehreren grammatikalischen Ehrenrunden und nach ausgedehntem rhetorischem Sinkflug zur Landung an und überreichte sein Standard-Blumengebinde an den Ortsvorstand, als er erneut über den Brillenrand blickte und das Mikrofon ergriff. Er lachte kurz, damit jeder verstünde, dass nun noch ein Witz käme und niemand etwa aufgrund der Überraschung einen Herzanfall erleide. Dieser platte Witz und die abschließenden üblichen Wünsche für den »weiteren guten Verlauf« der Veranstaltung waren derart nichtssagend und geistlos, dass der tosende Beifall mit Sicherheit der allgemeinen Erleichterung und nicht der exzellenten Rede zuzuschreiben war. Ganz betäubt und benebelt von der eigenen Redekunst und den ironischen Begeisterungsrufen stolperte unser Gastredner von der Tribüne zur stark geschminkten Ehefrau an der klapprigen Biertischgarnitur.

Theoretische Grundlagen

Menschen ängstigen sich vor den unterschiedlichsten Dingen. Es gibt Befürchtungen in Bezug auf gesellschaftliche Entwicklungen und Ängste, die Einzelpersonen besonders plagen. Das kann v. a. die Angst vor Spinnen oder Flugangst sein. Zu letzterer Gruppe gehört die Angst, vor einer Gruppe von Menschen reden zu müssen. Laut dem »Gedankenleser« Thorsten Havener kommt Umfragen zufolge erst danach die Angst vor dem eigenen Tod. Ganz vernünftig folgert er, dass bei einer Beerdigung die Person im Sarg besser dran sei, als derjenige, der die Grabrede hält.

Reden halten gehört nun aber einmal – zumindest gelegentlich – zu den Aufgaben einer Führungskraft. Leider fühlen sich mehr Vorgesetzte zum Reden berufen, als den Kollegen und Kameraden lieb sein kann. Vor deren Persönlichkeit würden Psychologen das Attribut »unreflektiert« setzen. Das heißt: Sie merken nicht, wie sie wirken, wie das Gesagte ankommt und vor allem, wann der Zeitpunkt zum Aufhören gekommen ist. Sie verbreiten heiße Luft und halten das auch noch für ihr Schicksal oder gar ihre Berufung. Bei vielen Reden ist der zeitliche Aufwand umgekehrt proportional zum inhaltlichen Ertrag. Einfach ausgedrückt: Es kommt nichts dabei raus. Daher der alte Witz: »Sind Sie einsam? – Gehen Sie zu einer Besprechung!« Besprechungen, in denen nur der Chef redet, verdienen den Namen nicht und sollten »Bevortragung« heißen. Sehr zum Leidwesen aller Zuhörer können solche Versammlungen oft sehr qualvoll werden, vor allem wenn die Sonne zum Fenster hereinscheint und vom Feierabend keine Spur ist.

Eine erste Schlussfolgerung für jede Art von Rede lässt sich hier schon ableiten: »In der Kürze liegt die Würze.« und »Weniger ist mehr.«. Natürlich gibt es einige nützliche Hinweise. Wie bei den anderen Kapiteln auch, kann das Thema leider nicht erschöpfend behandelt werden. In aller Kürze einige erprobte Praxistipps:

Dieser Ratschlag wird Sie vielleicht überraschen, aber: Zuallererst sei gewarnt vor zu vielen Profitipps zum Reden-halten. Wir sind Menschen und individuell ganz verschieden. Ihre Eigenarten und Eigenheiten können und brauchen Sie sich nicht vollständig abzugewöhnen. Vielleicht sind es nur ein paar wenige Marotten, auf die Sie achten sollten (v. a. beim Reden ständig an die Decke zu schauen oder der Gebrauch von Flick- und Füllwörtern). Ansonsten kann es sogar erfrischend sein, wenn man Ihre Individualität sieht und hört. Auch Ihren Dialekt brauchen Sie nicht ganz zu verleugnen, solange man Sie verstehen kann. Wenn Sie von Beruf Feuerwehrmann oder Automechaniker sind, erwartet niemand rhetorischen Schliff wie bei Altkanzler Helmut Schmidt.

Wenn Sie unter Redeangst oder »Lampenfieber« leiden, können Sie dieser Angst wie folgt beikommen: Der Weg aus der Angst heraus geht immer durch die Angst hindurch. Reden ganz zu vermeiden, wird Ihnen nicht gelingen und bleibt Ihnen nicht erspart. Das bedeutet, dass Sie sich dem Angstauslöser in kleinen Schritten aussetzen müssen und sich dann weiter steigern. In der Praxis sollten Sie also Gelegenheiten zum Reden vor Anderen suchen oder selbst schaffen; Sie sollten vor einer kleinen, vertrauten Gruppe von Menschen beginnen und sich dann steigern, bis Sie in der Lage sind, vor einer großen, unbekannten Gruppe sprechen zu können.

Vor Ihrer Rede sollten Sie – wenn es die Gelegenheit hergibt – ein wenig mit Ihren Zuhörern ins Gespräch kommen, v. a. an der Eingangstür, im Foyer, im Schulungsraum oder in der Fahrzeughalle. Das baut Spannung ab und stellt eine Beziehung her. Aus der anonymen Zuhörermasse kann so bestenfalls eine Zusammenkunft von Freunden werden, wo es um die Sache geht und die Person des Redenden auf einmal nicht mehr so wichtig ist. Sie lernen die Anliegen und Bedürfnisse Ihrer Zuhörerschaft kennen und können in Ihrer Rede darauf Bezug nehmen. Möglicherweise haben Sie Lampenfieber, das sich damit sehr gut abbauen lässt.

Auch wenn Sie gut vorbereitet sind, kann dies die Aufregung lindern. Zum Beispiel können Sie sich kleine Karteikarten mit den Hauptpunkten der Rede anfertigen. Aber bitte niemals (!) etwas auswendig lernen; Echtheit geht vor Korrektheit. Abgelesen werden sollte nur, wenn es um den genauen Wortsinn geht, wie etwa bei einer Pressekonferenz in einer Einsatzsituation oder wenn eine wörtliche Verlautbarung verkündet werden muss. Dafür wiederum sollten Sie aber ein spezielles Training absolvieren.

Wenn Sie während der Rede einmal ins Stocken geraten oder der Faden abreißt, ist das überhaupt nicht schlimm. Es zeigt lediglich, dass Sie ein menschliches Wesen sind. Mir selbst geht es so: Wenn ich etwas Wichtiges zu sagen habe, ist es auch kein Problem, das vor einer Menge zu vertreten. Schwierig wird es, wenn ich reden soll, ohne etwas zu sagen zu haben. Für manche Menschen ist das wiederum kein Problem, für andere gar das tägliche Brot. Diese Art von Rednern nehmen wir uns aber nicht zum Maßstab.

Vielleicht ist es ein Wesensmerkmal von Deutschen, dass wir beim Reden etwas trocken, zu sachlich und sogar langweilig rüberkommen. Dem ist leicht abzuhelfen, indem Sie mit erlebten Geschichten und kleinen Begebenheiten arbeiten. Hier kann Ihre Zuhörerschaft emotional »andocken« und die Rede wird ungleich länger im Gedächtnis bleiben. Unterschätzen Sie nicht die Wirkung von realen Erlebnissen und ehrlichen Berichten auf Ihre Zuhörerschaft. Manchmal sind auch intelligente Witze erlaubt; seriöser Humor eigentlich immer.

Wenn Sie das Thema vertiefen möchten und besser werden wollen, beschäftigen Sie sich außerdem einmal bewusst mit Körpersprache und paraverbaler Kommunikation. Hier gibt es viele gute Anregungen zum Beispiel in Form kurzer Videos im Internet. Nutzen Sie jede sich bietende Gelegenheit, um sich zu verbessern. Übung macht den Meister. Je öfter Sie reden, desto mehr werden Sie auch mit bewussten Pausen arbeiten. Sie werden merken, ob Ihre Rede tatsächlich ankommt. Sie werden aus dem Stegreif reden lernen und Ihre Zuhörerschaft vielleicht sogar »fesseln« können.

Schließlich: Lassen Sie sich ermutigen. Man wird Ihnen die Mühe danken, wenn Sie Ihre Scheu überwinden. Sie müssen kein Konferenzredner werden. Aber wenn Sie bei einem freudigen Anlass oder am Todestag eines Kollegen kein einziges Wort hervorbringen, ist das kein gutes Zeugnis für Sie als Führungskraft.

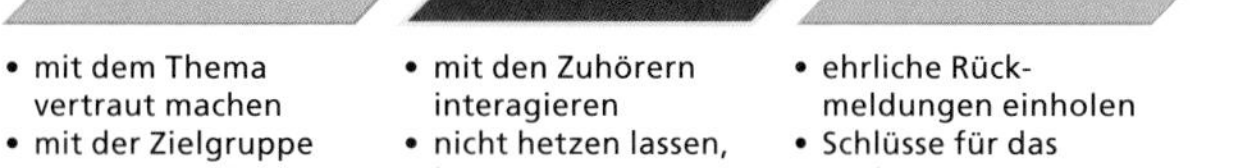

vor der Rede

- mit dem Thema vertraut machen
- mit der Zielgruppe vertraut machen
- Stichpunkte machen
- Technikeinsatz klären und testen
- wenn möglich, mit den Zuhörern interagieren

während der Rede

- mit den Zuhörern interagieren
- nicht hetzen lassen, langsam sprechen
- Sprachmarotten vermeiden
- Mimik und Gestik beachten
- Geschichten und Humor einsetzen

nach der Rede

- ehrliche Rückmeldungen einholen
- Schlüsse für das nächste Mal ziehen

Bild 29: ***Tipps für Reden und Vorträge***

Aufgabenstellung

Die Liste oben mit den guten Ratschlägen ist sehr kurz. Sie können sich selbst auf unterhaltsame Weise weitere Tipps erarbeiten: Geben Sie im Internet in einer Suchmaschine Ihrer Wahl folgenden Text ein: »Witze Reden« oder »Witze Reden halten«. Lesen Sie die Witze im Suchergebnis durch, selektieren Sie sinnvolle und angemessene Witze heraus, überlegen Sie, was damit wohl ausgesagt werden soll und formulieren Sie für sich weitere praktische Hinweise. Lesen Sie den Text in der Einleitung noch einmal durch. Wenn Sie einen allgemeingültigen Grundsatz entdecken, notieren Sie diesen. Mindestens fünf Prinzipien sollten Sie aus dem Text herauslesen können.

Wichtige Ergänzung

Auf dem Buchmarkt kann man fertige Musterreden für jeden Anlass kaufen. Sollten Sie eine solche Rede verwenden wollen (was nicht empfehlenswert ist), sollten Sie die fertige Rede keinesfalls ablesen, sondern lediglich Stichpunkte dazu machen und weitgehend frei sprechen. Wenn ein Vortrag oder eine Rede von Herzen kommt, können Sie sich getrost einige Schnitzer leisten. Das wird Ihnen kein Mensch übelnehmen. Außerdem sollten Sie über das, was Sie im Innersten beschäftigt, frei reden können. Die meisten Menschen haben kein Problem damit, stundenlang über ihr Hobby zu referieren. Wieso sollte das in Ihrem Beruf oder Ehrenamt anders sein? Also, keine falsche Scheu! Sie können außerdem jedes Mal dazulernen, wenn Sie einen Menschen Ihres Vertrauens nach der Rede um Kritik bitten.

Literatur-Tipp

Tucholsky, Kurt: Ratschläge für einen schlechten Redner. In: Gesammelte Werke Bd. III, Rowohlt, Reinbeck, 1960.

6.6 Akten müssen reifen – Kampf dem Verwaltungswahnsinn

Zielsetzung der Einheit

Er lässt sich zwar schwer beziffern, aber der Trend ist nicht zu leugnen: Der Verwaltungsaufwand hat im Bereich der Polizei, des Rettungsdienstes und der Feuerwehr in den letzten Jahren enorm zugenommen. Das ist teilweise auch ganz normal und verständlich in einer immer komplexer werdenden Welt. In vielen Fällen liegt dieser Zuwachs aber auch in dem gefühlten oder tatsächlichen Zwang, sich ständig und gegen alles absichern zu müssen oder in vorauseilendem Gehorsam gegenüber irgendwelchen Vorschriften, die so eng gar nicht auszulegen sind. Mittlerweile scheint sich der Trend verselbständigt zu haben und die Unterstützung durch elektronische Datenverarbeitung hat dazu geführt, dass man meint, noch mehr regeln und verschriftlichen zu müssen (weil es ja so einfach ist). Jede Führungskraft erlebt das Gleiche: Die Aufgaben im Verwaltungsbereich stehlen Ihnen die Zeit für Ihre fachliche Arbeit und für strategische Planung. Der Sinn der Arbeit verflüchtigt sich hinter den Horizont, das Eigentliche gerät aus dem Blick. Lernen Sie in dieser Lektion, wie Sie wenigstens etwas schlauer mit diesem Umstand umgehen. Sie erhalten Tipps zum intelligenteren Umgang mit E-Mails und dem Internet und lernen den Begriff der »selektiven Ignoranz« kennen, der Ihnen im Alltag eine Menge Zeit und Nerven sparen kann.

Was bei uns anderen die Gesundheit fördert, die Bewegung, das macht ein Ministerium krank.
Heinrich Heine

In Deutschland arbeiten die Arbeiter, damit die Beamten etwas zu schreiben haben.
Kurt Tucholsky

Als Präsident und Minister kommt man nicht mit Menschen, sondern nur mit Papier und Tinte in Berührung. Man schickt seine Verfügungen in die Welt, und während man meint, mit dem Abarbeiten der vorliegenden Akten seine Pflicht redlich zu erfüllen, richtet man mit dem toten Buchstaben, der unverstanden und unbiegsam zwischen Menschen geworfen wird, die man nicht kennt, häufig mehr Unheil und Streit an, als die ganzen Vorteile unseres Regierungswesens aufwiegen können.
Otto Fürst Bismarck

Erlebte Geschichte aus der Feuerwehr
Donnerstag, 21 Uhr, Dienstabend in der Freiwilligen Feuerwehr XY. Die praktische Ausbildung zum Thema Leitern und Leinen war anstrengend, hat aber Freude gemacht. Eigentlich reicht es für heute. Der Wehrführer kommt im Schulungsraum kurz zum »organisatorischen Teil«: »Kameraden, wir sind gleich durch; bleibt noch eine Sache: Wir müssen eure Führerscheine kontrollieren.« Kamerad A: »Wozu denn das?« Wehrführer: »Es hat Unfälle gegeben; es ist jemand ohne Führerschein das Löschfahrzeug gefahren.« Kameradin B: »Wo denn; bei uns etwa?« Wehrleiter: »Nein, irgendwo in Norddeutschland. Also, wir machen eine Liste mit Namen, Führerscheinklassen und Ablaufdatum.« Kamerad C: »Und wer will die Liste sehen?«

Wehrführer: »Die Gemeindeverwaltung. Also bitte jeder nachher seinen Führerschein bei mir vorlegen. Es darf inzwischen gegessen werden.« Kamerad D: »Wenn ich keine Fahrerlaubnis mehr habe, melde ich mich schon. So viel Vertrauen muss doch da sein.« Wehrleiter: »Das reicht nicht. Wir kontrollieren jetzt.« Kamerad E: »Was ist, wenn ich meinen Führerschein morgen abgeben muss und du hast heute kontrolliert?« Wehrführer: »Dann gibt's eins auf die Mütze. Die Gemeinde will die Liste nächste Woche.« Stellvertretender Wehrführer, von der Seite: »Warum belehren wir das nicht am Jahresanfang und verpflichten jeden, sich einfach bei Verlust zu melden?« Wehrführer, genervt: »Das ist zu einfach, die anderen Ortsfeuerwehren machen auch eine Liste.« Kamerad F, etwas bockig: »Ich habe meinen gar nicht mit.« Wehrführer: »Dann machst du zuhause ein Foto und schickst mir eine Nachricht aufs Handy.« Kameradin B, mit Augenzwinkern: »So ein Foto kann man auch manipulieren. Außerdem ist das gegen den Datenschutz.« Kamerad A: »Wie machen wir das mit den DDR-Führerscheinklassen – gibt es da eine Übersicht, welche Klasse welcher heutigen entspricht?« Wehrführer: »Da werde ich mich nochmal bei der Gemeinde oder im Internet schlau machen.« – Die Diskussion setzt sich noch eine viertel Stunde fort. Am Ende hat die Hälfte der Kameraden die Führerscheine vorgelegt; den anderen würde der Wehrführer hinterher telefonieren. Da meldet sich Kamerad D erneut: »Also ich mache bei dem Blödsinn nicht mit. Früher hieß es mal »Ein Mann – ein Wort« und jetzt komme ich mir vor wie im Kindergarten. Ich habe meine Zeit doch nicht im Lotto gewonnen.« Wehrführer: »Dann lass es halt bleiben. Schick mir aber wenigstens eine kurze Begründung als Dreizeiler per E-Mail, damit ich was vorlegen kann.«

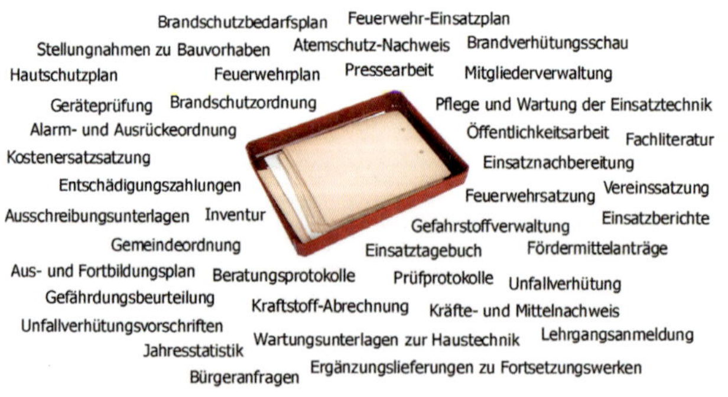

Bild 30: ***Verwaltungsarbeit in einer Freiwilligen Feuerwehr (Auswahl)***

Theoretische Grundlagen

Was sind die wirklichen Probleme unserer Organisationen? Demografischer Wandel? Führungsschwäche? Nachwuchssorgen? Schlechte Tageseinsatzbereitschaft? Befragt man Praktiker aus Blaulicht-Organisationen, ist es v. a. die überbordende Verwaltungsarbeit, die den Ehrenamtlichen die Freude am Ehrenamt verhagelt und den Hauptamtlichen die Zeit für die wirkliche Arbeit stiehlt. In meinen Umfragen auf feuerwehrzukunft.de haben etwa 1 000 Praktiker in den Jahren 2009 und 2010 bestätigt, dass die Verwaltungsarbeit in den letzten Jahren »enorm« zugenommen habe. Es wird nur deshalb darüber nicht gesprochen, weil es so ein verbreitetes Phänomen ist, sich schleichend entwickelt und unvermeidlich erscheint. Die Ursachen dafür: Ein steigender Zwang zur rechtlichen Absicherung (tatsächlich oder gefühlt), Anpassung an ständig wechselnde Rahmenbedingungen, unreflektierte Führungskräfte.

Die Folgen sind im Alltag überall zu spüren: Weniger Zeit für das Wesentliche (die eigentliche fachliche Arbeit, strategische Planung oder alltägliche Gespräche mit Kollegen und Kameraden), überhastete Problemlösungen »zwischen Tür und Angel«, Demotivierung der Leistungsträger, schließlich sogar Ämterniederlegungen im Ehrenamt. Meiner Erfahrung nach wird über dieses Phänomen so gut wie nie gesprochen und keine Organisation hat dieses Thema bisher in der Fläche thematisiert. Der Grund dafür: Wir stellen nur die Fragen, auf die wir im Stande sind, eine Antwort zu geben.

Die weitere Digitalisierung der Verwaltungsarbeit ist nur eine Scheinlösung, weil man eine Art Blindleistung produziert: Man erweckt den Eindruck, jetzt verwaltungstechnisch »vor die Lage« zu kommen und kann »nebenher« noch mehr erledigen. Die auf diese Art geschaffenen kurzfristigen Freiräume werden schnell wieder von neuer Arbeit zugeschüttet. Digitalisierung ist auch deshalb so verführerisch, weil der Arbeitsanfall auf einem Speichermedium verborgen liegt. Wären alle Programme und Dokumente physisch vorhanden, würde man die Aktenberge vor Augen haben, durch die man sich heute kämpfen muss – und würde zurecht das Handtuch werfen.

Wir sind uns also einig: Uns muss daran gelegen sein, den Verwaltungsaufwand irgendwie zu reduzieren. Im Gesamtsystem Ihrer Behörde, Ihrer Feuerwehr oder im Rettungsdienst gibt es für Sie beeinflussbare und nicht beeinflussbare Faktoren. Nicht beeinflussen können Sie v. a. Anfragen, die seitens Ihrer Aufsichtsbehörden an Sie herangetragen werden. Auch Einsatzberichte, Protokolle und Stellungnahmen müssen geschrieben werden. Beeinflussen können Sie hingegen v. a. die tägliche Praxis in Ihrer Verwaltungsarbeit, das heißt Ihre Arbeitstechniken. ▶ Bild 30 liefert einen Ausschnitt der Dokumente und Tätigkeiten, die eine Führungskraft einer mittelgroßen Feuerwehr im Laufe eines Jahres auf den Schreibtisch bekommen kann. Einige Unterlagen und Vorgänge gab es vor zehn Jahren noch gar nicht. Der Mehraufwand an Verwaltung entsteht auch dadurch, dass viele Unterlagen laufend zu aktualisieren sind.

Welche Tipps lassen sich nun für die Reduzierung des Verwaltungsaufwands ableiten, ohne die Rechtssicherheit Ihrer Arbeit zu gefährden? Eine wichtige Warnung zum Anfang: Vergessen Sie die vielen auf dem Markt erhältlichen Zeitmanagement-Bücher. Damit lernen Sie in erster Linie, wie Sie die anfallenden Arbeiten noch schneller erledigen. Das hat zur Folge, dass noch mehr auf Ihrem Schreibtisch bzw. Ihrem Rechner landen wird. Ihr Hamsterrad dreht sich dann zwar schneller, damit ist Ihnen als Hamster aber nicht geholfen. Nachfolgend daher einige Tipps, wie Sie aus dem Hamsterrad aussteigen, wie Sie wenigstens selbst die Drehgeschwindigkeit bestimmen können oder statt Ihrer selbst Ihre Vorgesetzten merken lassen, was diese mit ihrer Arbeitsverteilung anrichten.

Die ersten beiden Hinweise beziehen sich auf Beratungen/Besprechungen: Für viele Beamte und Angestellte aus den Führungsetagen unserer Organisationen sind Besprechungen der einzige und daher willkommene Anlass, ihrer grünen Schreibtischunterlage einmal für kurze Zeit zu entkommen. Wenn das für Sie selbst nicht gilt und Sie den Eindruck haben, dass Besprechungen Ihnen wertvolle Arbeitszeit stehlen, liegen Sie damit vermutlich richtig. Sehen Sie deshalb zu, dass Besprechungen zeitlich limitiert und straff moderiert sind und die Ergebnisse schriftlich festgehalten werden. Ansonsten meiden Sie Besprechungen/Beratungen, wo es nur geht. Suchen Sie einen wichtigen Grund, dem Ganzen fernzubleiben und bitten Sie um eine Kopie des Protokolls per E-Mail.

Gerade im Bereich der Freiwilligen Feuerwehren und in dort angesetzten Beratungen wird ein wichtiges Prinzip der Informationsgesellschaft häufig missachtet: Es sollten nicht die Informationen präsentiert werden, die aus der Sicht des Informierenden wichtig sind, sondern vor allem die, die der Empfänger abfragt und gerade für seine Arbeit benötigt. Insofern kann ein gut gestaltetes Internetportal (v. a. der Aufsichtsbehörden oder Feuerwehrschulen) mehr zur Ehrenamtsförderung beitragen als groß angelegte Werbekampagnen.

Die folgenden Hinweise beziehen sich auf Ihre Mediennutzung bzw. Ihr Kommunikationsverhalten. Zuerst zwei Hinweise zum Umgang mit E-Mails: Diese Art zu kommunizieren ist eine feine Sache, wenn Sie intelligent eingesetzt wird. Denken Sie einmal darüber nach, wie Sie die Vorteile dieses Mediums für Ihre Ziele nutzen können. E-Mails können Ihnen viel Arbeit vom Hals schaffen. Dieses Ziel erreichen Sie niemals, wenn Sie es machen, wie von mir in einer Feuerwehr beobachtet: Alle Mails ausdrucken, in einem Ordner abheften und archivieren. Diesen Mails ergeht es, wie den zwanzig Jahre alten Schuhen auf Ihrem Dachboden: Niemand weiß, dass sie überhaupt noch vorhanden sind. Der vielleicht größte Vorteil von E-Mails ist, dass Sie ihnen erlauben, den Zeitpunkt der Bearbeitung weitgehend selbst festzulegen. (Bei der Nutzung von Messenger-Diensten ist das nicht der Fall. Die »blauen Haken« sind gefährlich, weil jede Nachricht den Anschein der Dringlichkeit erhält.) Vielleicht spricht nichts dagegen, für das Abarbeiten Ihrer Mails einen oder zwei bestimmte Wochentage festzulegen. Soweit möglich, können Sie folgende Grundregel etablieren: Gehen Sie nicht zu Besprechungen, wenn Sie die Angelegenheit auch durch einen Anruf klären können. Nehmen Sie keinen Anruf an, wenn Sie die Gelegenheit auch per E-Mail klären können. Einzige Ausnahme: Ihnen selbst ist ausdrücklich an einem Treffen oder einem Gespräch gelegen.

Abschließend ein Tipp, der Ihre gesamte Grundeinstellung zur Informationsflut und zum Verwaltungswahnsinn angeht: Gewöhnen Sie sich an, ausgewählte Dinge einfach zu ignorieren. Es geht nicht anders; Sie tun dies ohnehin schon. Kultivieren Sie »selektive Ignoranz«. Es wird eine Weile dauern, bis sich alle Ihre Kollegen und privaten Bekannten daran gewöhnt haben. Aber danach besitzen Sie deutlich mehr Freiräume als vorher. Lassen Sie sich auch keine Termine und Verabredungen aufdrängen. Versenden Sie bei E-Mails keine Lesebestätigungen. Hören Sie keine Mailbox-Nachrichten ab. Wenn Sie ein gewissenhafter Mensch sind, sollte bekannt sein, dass Sie wichtige Angelegenheiten auch als solche bearbeiten. Und auch wenn Ihr Verantwortungsbereich noch so klein ist: Jeder muss Ihnen zugestehen, dass Sie Ihre Prioritäten selbst setzen dürfen.

Selektive Ignoranz ist auch das Mittel der Wahl in fachlichen Dingen. Hier eine willkürliche Auswahl von hochinteressanten Unwichtigkeiten, die unsere Fachwelt immer wieder in Atem halten: Viele Fachzeitschriften berichten gerne und ausgiebig von neuen (herrlich bunten) Fahrzeugen und Gebäuden in unseren Organisationen. Ignorieren Sie diese Seiten. Es sei denn, Sie sind Technikfan oder Sie müssen selbst ein Fahrzeug beschaffen oder ein Gebäude errichten. Viele Verbände geben Fachinformationen in Form von Newslettern, Merkblättern und Handkarten heraus, häufig als Ergebnis der Arbeit eines Arbeitskreises. Die flattern dann in elektronischer Form in Ihr Postfach. Wenn Sie Ehrenvorsitzender des Feuerwehrvereins einer kleinen Ortsteilwehr sind, können Sie die neue Fachinformation über Hydranten-Entlüfter getrost löschen. Sind Sie Leiter der Bergwacht in einem kleinen entlegenen Ferienort, müssen Sie die neue Taktikregel für Anschlagsszenarien nicht auswendig kennen.

Das Internet hat sich zum Tummelplatz für die absurdesten Belanglosigkeiten entwickelt. Viele Feuerwehren berichten auf ihren Webseiten über hochdramatische Papierkorbbrände und herzerweichende Katzenrettungen. Verschwenden Sie keine Zeit mit dem Lesen solcher Berichte, es sei denn, der Papierkorb stand in einem Baumarkt, der in Folge der Löschbemühungen mit abbrannte und die Katze gehörte Ihrer Gattin, die seit dem Einsatz an Depressionen leidet. Die Grundregel heißt: Je intensiver die Messenger Nutzung, desto dümmer geht es zu. Und: Je weniger

Vertrauen vorhanden ist, desto mehr Verwaltung wird benötigt. Wer keinen Charakter hat, muss sich eine Methode zulegen.

Das Konzept der selektiven Ignoranz erscheint auf den ersten Blick vielleicht als Aufmüpfigkeit oder sogar Provokation und passt nicht in die Kultur Ihrer Organisation oder Behörde. Allerdings ist dies der einzige Weg, dem Verwaltungswahnsinn halbwegs Herr zu werden. Nur so erreichen Sie persönliche Spielräume (im wahrsten Sinne des Wortes). Denn Kreativität und Innovation gedeihen nur in Abgeschiedenheit, Ruhe und in Freiräumen. Und je seltener diese Randbedingungen in unserer Gesellschaft und in unser aller Arbeitsleben werden, desto mehr müssen wir sie suchen; desto wertvoller werden sie.

Ein Warnhinweis: Manch einer Ihrer Kollegen, Kameraden und Vorgesetzten wird sich durch Ihre neue Ignoranz und/oder Ihre Freiräume angegriffen oder in Frage gestellt fühlen. Damit müssen Sie leben. Im Ernstfall erklären Sie besser nichts, sondern gehen einfach Ihren Weg. Im Zweifelsfall stellen Sie sich dumm. Das sollte Ihnen als intelligentem Menschen nicht allzu schwerfallen.

Aufgabenstellung

In diesem Kapitel folgt eine merkwürdige Aufgabe für ein Fachbuch: Greifen Sie zu Ihrem Handy und öffnen Sie Ihre Messenger-App. Beantworten Sie folgende Fragen: Wodurch kann in der App zwischen der Wichtigkeit und Dringlichkeit von Nachrichten unterschieden werden? Wie sinnvoll war Ihre letzte (dienstliche) Kommunikation? Welcher Anteil der Chats hat sich binnen weniger Tage von selbst erledigt? Was wäre geschehen, wenn Sie nicht geantwortet hätten? Ist der Dienst/die App für Sie ein reguläres Führungsmittel geworden? Können und sollten Sie an Ihren Gewohnheiten etwas ändern?

Wichtige Ergänzung

»Zurück zum Wesentlichen. Zurück zur eigentlichen Arbeit.« Vielleicht ist dieses Motto auch für Sie das Gebot der Stunde. Vielleicht kennen Sie die bekannte Geschichte des Geschäftsmannes, der in einem Zwangsurlaub am Meer auf einen Fischer trifft (vgl. Böll, 1963):

Ein Geschäftsmann macht auf Anweisung seines Arztes einen Urlaub am Meer. Bereits am ersten Tag erhält er morgens einen wichtigen Anruf aus seinem Büro. Danach ist es mit der Ruhe vorbei. Um wieder einen klaren Kopf zu bekommen, macht er einen Spaziergang an den Strand. Dort liegt ein kleines Fischerboot. Ein Fischer sitzt neben seinem Fang, einigen prächtigen Fischen. »Wie lange haben Sie gebraucht, um die Fische zu fangen?« fragt der Geschäftsmann. »Nicht sehr lange.« antwortet der Fischer. »Wieso bleiben Sie nicht länger auf dem Wasser und fangen mehr Fische?« will der Geschäftsmann wissen. »Wissen Sie, es reicht für meine Familie. Auch meinen Freunden kann ich sogar noch davon abgeben.« »Ja, und was machen sie mit dem Rest Ihrer Zeit?« Der Fischer denkt eine Weile nach und lächelt: »Ich schlafe oft aus, spiele mit meinen Kindern, sitze bei meiner Frau, abends gehe ich ins Dorf. Dann trinken wir Wein und ich spiele Gitarre. Ich bin sehr beschäftigt!« Der Geschäftsmann lacht und richtet sich auf: »Hören Sie. Ich bin Manager mit einem Uniabschluss. Lassen Sie mich Ihnen helfen: Sie sollten länger rausfahren. Bald können Sie sich ein größeres Boot kaufen. Von dem Gewinn wiederum können Sie ein weiteres Boot kaufen, und so weiter. In ein paar Jahren haben Sie eine ganze Flotte von Fischerbooten!« Er spricht weiter: »Sie müssen nicht mehr an Zwischenhändler verkaufen, sondern eröffnen einen Markt. Sie können auch eine kleine Konservenfabrik aufmachen. Sie können alles selbst kontrollieren, vom Fang bis zum Verkauf der Fische. Vielleicht können Sie in die Stadt ziehen und eine Unternehmenszentrale aufbauen.« Der Fischer schaut ungläubig und fragt zurück: »Mein Herr, wie lange soll das Ganze denn dauern?« Darauf der Geschäftsmann: »Wenn Sie gut sind, so etwa 10 bis 20 Jahre. Vielleicht schaffen Sie es sogar bis an die Börse. Sie können irgendwann Millionen verdienen!« Darauf der Fischer: »Millionen verdienen – und dann?« »Dann können Sie es sich leisten, sich zur Ruhe zu setzen. Sie können ausschlafen, haben Zeit für Ihre Kinder. Sie können Zeit mit Ihrer Frau verbringen. Und abends können Sie ins Dorf gehen, Wein trinken und Gitarre spielen!«

Literatur-Tipp

Dueck, Gunter: Schwarmdumm – So blöd sind wir nur gemeinsam, Verlag Campus, 2015.

6.7 Unqualifiziert blödeln – Die Rolle von Humor

Zielsetzung der Einheit

Am Ende des Buches angelangt, beschäftigen wir uns mit einem sehr ernsten Thema, nämlich mit dem speziellen Humor von Feuerwehrleuten, Rettungsdienstlern und Polizisten. Dieser ist unbestreitbar von besonderer Art, in der Berufsbranche weltweit gleichermaßen vorhanden und erscheint Außenstehenden (Zivilpersonen) oft als derb, kindisch und übertrieben. Gut möglich, dass ein und derselbe Streich von Berufskollegen im In- und Ausland gleichermaßen gespielt wird und dieser als gleichermaßen lustig empfunden wird. Von höherrangigen Vorgesetzten wird diese spezielle Art von Späßen kritisch beäugt, kann man sich doch diese Art des Umgangs

6

auf den Chefetagen keinesfalls leisten. Es wäre aber unklug, den berufstypischen Humor als unwichtig abzutun oder ganz unterbinden zu wollen, weil er gleich mehrere wichtige Funktionen erfüllt. In diesem letzten Kapitel geht es mit einigem Augenzwinkern um die Rolle, die Humor innerhalb und außerhalb des Dienstes spielt. Mit der Kenntnis dieser Rolle können Sie sich eine eigene Meinung dazu bilden.

Der Humor nimmt die Welt hin, wie sie ist, sucht sie nicht zu verbessern und zu belehren, sondern mit Weisheit zu ertragen.
Charles Dickens

An dem Punkt, wo der Spaß aufhört, beginnt der Humor.
Werner Finck

Die verborgene Quelle des Humors ist nicht Freude, sondern Kummer.
Mark Twain

Erlebte Geschichte aus der Berufsfeuerwehr

Abends gegen fünf – das Thermometer in der Fahrzeughalle zeigt 35 Grad im Schatten. Außer bei den Einsätzen war man gezwungen, der Hitze wegen alles etwas langsamer angehen zu lassen. Ein Scherzkeks aus der Wachschicht verkündete beim gemeinsamen Kaffee, wenn es derartig heiß sei, dürfe man eben nicht mehr in den Schatten gehen. Viertel nach fünf – als derselbe Kollege über den Hof zum Fahrradunterstand läuft, bewegt er sich zu nahe an der Hauswand. Über ihm öffnet sich leise ein Fenster und ein Schwall kalten Wassers ergießt sich über den Kollegen. Das wird als Kriegserklärung interpretiert, obwohl ihn der Eimerinhalt nicht einmal vollständig getroffen hat. Ein Wettrüsten beginnt. An beinahe allen Fenstern der Ruheräume und Büros stehen jetzt gefüllte Wassereimer und beim gemeinsamen Abendessen überbietet man sich im Androhen von Präventivschlägen. Für die meisten Kollegen lässt sich die Schicht aber nicht zu Ende bringen, ohne sich durch die Wache oder über den Hof zu bewegen. Daher kommt es bereits um 18:30 Uhr zu weiteren Attacken. Ein Einsatz unterbricht das abendliche »Eimern.« Man verfügt um diese Zeit noch über trockene Einsatzkleidung, was bei einem Brandeinsatz unerlässlich ist. – Nach der Rückkehr in die Wache ist allerdings nichts vergessen; man rüstet weiter auf und ein übellauniger Kollege, der auch sonst keinen Spaß versteht, interpretiert die Wasserspiele als Eingriff in seine Persönlichkeitsrechte und beginnt voller Rachsucht, seinem eigenen Eimer allerlei Zutaten beizumengen: Spülmittel für die Verbesserung der Eindringtiefe in die Kleidung, rohe Eier für den Hafteffekt und Eiswürfel für die überraschende Wirkung. Damit Waffengleichheit herrscht, fühlen sich die Anderen ermuntert, größeres Besteck aufzutragen. Schläuche werden ausgerollt und die Sonnenterrasse wird (von unten aus dem Hof) mit spontanen Regenschauern bedacht. Aber Feuerwehrschläuche lassen sich auch durch Treppenhäuser legen. In das Wachleiterbüro dringt bereits ein dünnes Rinnsal, als sich der Zugführer genötigt sieht, der Sache nachzugehen. Er bewegt sich durch das Gebäude, wie ein Polizist beim Zugriff. Überall im Haus findet er unschuldig dreinblickende, lauernde Gestalten, die in greifbarer Nähe irgendeinen Wasservorrat haben. In der Fahrzeughalle schraubt jemand an dem Schaltkasten für das Hallentor des Rüstwagens, um die Elektronik trockenzulegen. Keine Gefahr – zum Glück gibt es ja die Notentriegelung. Einer der Gruppenführer gibt ihm den brüderlichen Rat, sich nicht weiter durchs Objekt zu bewegen, als sich über ihm die Rutschschachttüren öffnen und ein Schwall Wasser auf ihn niedergeht. Woher konnte man oben wissen, dass er gerade jetzt an der Rutschstange stand? – Ohne »ein Fass aufzumachen« ging er sich umziehen; am Ende war es eine willkommene Erfrischung und er wusste, dass er sich sonst auf seine Truppe verlassen konnte. Am nächsten Morgen, beim ersten Kaffee des Tages, erfuhr er dann, dass auch nach Mitternacht ein schlafender Kollege von einem Eimer getroffen worden war. Dieser murmelte etwas von Genfer Konvention und Haager Landkriegsordnung und »Rache ist Blutwurst«, als er seine Matratze zum Trocknen auf die Terrasse schleppte. Nach der Schicht würde es ihm wie immer schwerfallen, sich zu resozialisieren und in den privaten Modus umzuschalten, damit er unter Zivilisten (seiner Familie) nicht allzu sehr auffallen würde.

Theoretische Grundlagen

Wie in der Einleitung zum Kapitel beschrieben, ist Humor in den Blaulichtberufen weit verbreitet, wird meistens nur von Insidern als lustig empfunden und verdient eine besondere Würdigung in einem eigenen Kapitel, weil er gleich mehrere Funktionen erfüllt. Dieser Nutzen liegt selbst den Akteuren meist verborgen, ist aber deshalb nicht weniger real. Bevor wir uns mit dem Nutzwert von Humor beschäftigen, zunächst einige Definitionen:

Humor bedeutet die Eigenschaft einer Ausdrucksform (gesprochenes oder geschriebenes Wort) spaßig, heiter oder witzig zu sein. Wenn jemand Humor hat, ist er zu eben diesen Ausdrucksformen in der Lage und/oder kann diese verstehen. Sympathisch wirkt es, wenn der Humor sich auch auf sich selbst bezieht, wenn also jemand auch über sich selbst lachen kann.

Ironie bezeichnet eine Art von Humor, die eher fein und intelligent ist, im Gegensatz zum platten Witz oder groben Scherz. Ironie tendiert mehr zum Spott und kann offen oder verdeckt kommuniziert werden. Sie setzt bei dem, der sie einsetzt, einen gewissen Grad an Intelligenz voraus.

Sarkasmus hingegen ist ein Ausdruck für eine Art von Spott, die verletzend, beißend und verhöhnend ist. Sarkasmus erfüllt oft den Zweck, jemanden zu verletzen oder lächerlich zu machen und aus ihm spricht oft eine eigene Verletzung.

Zynismus ist mehr eine Geisteshaltung, die sich des Sarkasmus bedient, die aber mit Humor an sich nichts mehr zu tun hat. Ein Zyniker hat ein stark negatives Welt- und Menschenbild, welches hilfreichen Humor eigentlich ausschließt. Deren Aussagen mögen witzig erscheinen, sind aber nicht humorvoll, sondern durchaus ernst gemeint.

Es gibt eine Reihe von weiteren Unterscheidungen, auf die nicht im Detail eingegangen werden soll. In den Blaulicht-Organisationen jedenfalls existiert eine bestimmte Unterart von Humor, nämlich ganz schlichte, einfache Scherze, die man treffend als Blödeln bezeichnen kann. Es sind mindestens drei Aufgaben, die diese internen Späße und Neckereien im Kollegen- bzw. Kameradenkreis erfüllen:

Erstens hat Humor eine Testfunktion: In unseren gefahrengeneigten Berufen muss man sich im Einsatzfall bedingungslos und blind aufeinander verlassen können. Dieser Grundsatz gilt in einer Feuer-, Polizei- oder Rettungswache deutlich mehr, als in einer Werkhalle, einer Stadtverwaltung oder in einem Dienstleistungsbetrieb. Von jetzt auf gleich kann das eigene Leben von meiner Kollegin/meinem Kollegen abhängen und umgekehrt. Darum muss diese zwingend nötige Verlässlichkeit mindestens einmal einem Test unterzogen werden. Sagen wir, jemand ist Dienstanfänger und verbringt seine ersten Tage im gemeinsamen Dienst mit einer Fahrzeugbesatzung, auf einem Einsatzfahrzeug, einer Hundertschaft oder einer Wachschicht. Diese erste Zeit ist die Testphase für den Neuling. Kleine Sticheleien, Provokationen oder »Testballons« sind eine Methode, den Dienstanfänger herauszufordern und ihn aufgrund seiner Reaktion (oder auch Nicht-Reaktion) auszuforschen. Was ist das für einer? Wie reagiert sie oder er? Versteht er oder sie Spaß? Das alles zielt auf eine viel wichtigere Frage hin. Kann ich mich auch auf Dich verlassen, wenn der Spaß vorbei ist und es eines Tages ernst wird (im Einsatz)? Dieser Tag und jene Stunde werden garantiert kommen und weil man das weiß, wüsste man gerne im Voraus, mit wem man es da zu tun hat, mit wem man Seite an Seite oder Rücken an Rücken im Einsatz stehen wird.

Es gibt nun zwei Wege aus diesem Anfangstest heraus, einen längeren und einen kürzeren. Der lange Weg: Man reagiert als Neuling beleidigt, weinerlich oder sogar böse. Das ist für die Gruppe das Signal, dass man das Spiel nicht verstanden hat und man sich selbst viel zu ernst nimmt. Für die Anderen kommt das einer Einladung gleich, mit den Späßen fortzufahren, um den Test doch noch zu einem Ergebnis zu bringen. Im schlimmsten Fall streicht das Opfer die Segel, geht sich bei der zuständigen Führungskraft oder weiter oben in der Hierarchie beschweren und muss gegebenenfalls letztlich die Truppe verlassen. Der kurze und hier empfohlene Weg: Man nimmt den Spaß an, lacht auch mal über sich selber, auch wenn einem nicht zum Lachen ist und spielt den Ball gelegentlich zurück. Das signalisiert: Der Test wurde bestanden, ich verstehe Spaß und passe in die Truppe. In diesem Fall hören die kleinen Provokationen wie von Geisterhand auf, weil alle ihren Spaß hatten. Schlagfertigkeit kann helfen. Es ist ein soziales Spiel und es geht dabei nicht ums Gewinnen, sondern ums Mitspielen.

Zweitens hat Humor eine Ventilfunktion: Diesmal liegt der Grund nicht in der Tatsache, dass man sich aufeinander verlassen können muss, sondern in dem Elend, welches der Dienst in Blaulichtorganisationen zwangsläufig mit sich bringt. Der tägliche Kontakt mit menschlichem Leid, mit Verzweiflung und Problemen ist unvermeidlich und lässt sich durch Niemanden vollständig verarbeiten. Selbst bei einem kameradschaftlichen Kollegenkreis, einem verständnisvollen Vorgesetzten, bei bester psychosozialer Versorgung und Seelsorge bleibt ein negativer Grundton und die Konfrontation mit der nächsten Portion Sinnlosigkeit im menschlichen Dasein ist möglicherweise nur einen Notruf entfernt. Diese Umstände einfach wegzulächeln und zu ignorieren, ist kaum möglich und auch nicht gesund. In Berufen mit viel Kundenkontakt und dem Zwang, andauernd überfreundlich sein zu müssen, haben die Mitarbeiterinnen und Mitarbeiter ein deutlich erhöhtes Risiko, psychisch zu erkranken. Unsere Seele (der Gemütszustand) und unser Körper (das Lächeln) müssen im Einklang sein, sonst wird die Arbeit ungeheuer anstrengend und wirkt krankmachend. Daher ist es besser, der Verzweiflung offen zu begegnen und einfach mit Humor zu sagen: Ich lasse mich auch einmal unqualifiziert darüber aus, ich nehme nicht alles so ernst; ich lasse erkennen, dass mir manchmal alles zu viel wird.

Drittens hat Humor eine Unterhaltungsfunktion: In vielen Berufen, wo schwere und monotone Arbeit zum Alltag gehört (v. a. in der Baubranche), gibt es ganz spezifische Scherze unter Kollegen. Diese machen die harte, eintönige Arbeit erträglich und muntern auf, wenn man sie richtig zu nehmen weiß. (Das sogenannte Baustellenradio ist aus demselben Grund so beliebt.) Diese Scherze leistet man sich kaum in der Chefetage, weil dort die Arbeit nicht so monoton ist. Trotzdem sollte auch dort das Verständnis für die Späße in der Mannschaft vorhanden sein. Wo immer möglich, sollte »von oben« nicht dazwischengefahren werden, wenn es nicht gefährlich, diskriminierend oder schädlich wird. Einige Hinweise, wann eine Intervention doch angebracht ist, finden sich in den Ergänzungen.

Halten wir fest: Humor erfüllt mindestens drei wichtige Funktionen. Er hat eine Testfunktion, eine Ventilfunktion und eine Unterhaltungsfunktion. Alle drei sind vollkommen legitim und werden nicht ohne Schaden abgewürgt. Außerdem ist es ein guter menschlicher Zug (auch bei hochrangigen Vorgesetzten und Persönlichkeiten),

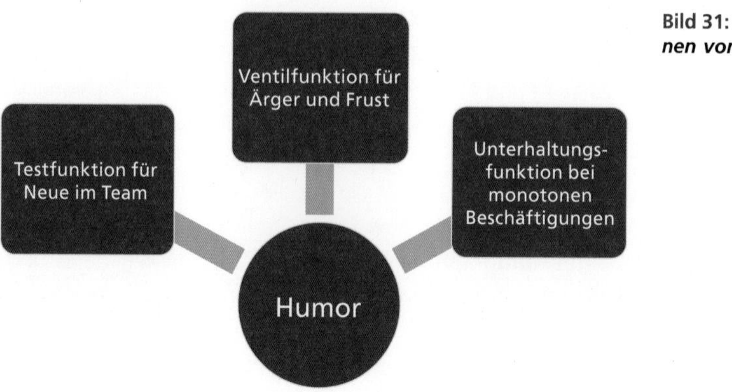

Bild 31: ***Funktionen von Humor***

über sich selbst und über andere lachen zu können. Im Gegenteil ist es im Dienstalltag ein Warnzeichen, wenn das Scherzen aufhört und man keinen Spaß mehr versteht.

Aufgabenstellung

Echter Humor ist ein Anzeichen für Intelligenz. Dumme Menschen haben wenig Humor. Beschäftigen Sie sich einmal ausführlicher mit den Begriffen Humor, Ironie, Sarkasmus, Zynismus. Schlagen Sie in einem Wörterbuch die Bedeutung nach, wahlweise suchen Sie im Internet. Was ist der Unterschied zwischen den Begriffen; was ist Ihr Verständnis von Humor und was würden Sie tolerieren?

Wichtige Ergänzung

Einige Einschränkungen müssen trotz der oben aufgezählten positiven Gedanken doch gemacht werden: Der Gipfel des Humors ist erreicht, wenn alle lachen können. Gehen die Späße immer nur auf Kosten einer einzelnen Person, dient das Ganze nicht mehr den oben genannten, legitimen Zwecken, sondern artet möglicherweise in Mobbing aus. Hier braucht es dann einen Vorgesetzten, der steuernd eingreift und das Ganze in bessere Bahnen lenkt. Humor kann auch die Grenzen des Legitimen überschreiten. Das geschieht, wenn jemand diskriminiert wird, jemand außerhalb der Gruppe Ziel von humoristischen Angriffen wird, fremdes Eigentum beschädigt wird oder wenn die Aktionen gegen die Unfallverhütungsvorschriften verstoßen. Natürlich muss hier ein Vorgesetzter dem nicht mehr legitimen Spaß ein sofortiges Ende bereiten.

Bonuskapitel – Schulungsmöglichkeiten

Menschenführung als Unterrichtsfach in Feuerwehr, Rettungsdienst und Polizei – einige Leitsätze:

1. Orte
   Das Thema Menschenführung ist gegenüber den Fachthemen an den Aus- und Fortbildungseinrichtungen insgesamt unterrepräsentiert. Eine stärkere Integration ist notwendig und wünschenswert. An jeder Feuerwehr-, Polizei- oder Rettungsdienstschule sollte ein festes Zeitkontingent für das Thema zur Verfügung stehen. In der laufenden Fortbildung sollte sich das Thema wiederfinden.
2. Gesamtkonzept
   Das Leitungspersonal der Aus- und Fortbildungseinrichtungen und der Dienststellen, an denen die Fortbildung stattfinden soll, muss das Thema gegenüber den anderen Führungsthemen (besonders zur Einsatzlehre und zur Personalführung) klar abgrenzen und einen Zeitansatz für die Unterrichtsdurchführung festlegen.
   Es ist vorab zu klären, inwieweit andere Themen (v. a. Berufsethik, Führen unter Stress, Einsatznachbereitung) in das Thema Menschenführung integriert werden können und sollen.
   Ggf. ist eine Einigung erforderlich, auf welche philosophischen/psychologischen Grundlagen im Unterricht zurückgegriffen werden soll. Bspw. kann mit der Transaktionsanalyse oder dem Big-Five-Persönlichkeitsmodell gearbeitet werden. Ein guter Unterricht kann aber ebenso gut ohne tiefere Kenntnisse in diesen Bereichen und ohne Spezialwissen durchgeführt werden.
3. Rahmenbedingungen
   Optimale Rahmenbedingungen haben einen nicht zu unterschätzenden Einfluss auf den Lernerfolg und die Akzeptanz der Thematik. Dazu gehört v. a. die Wahl geeigneter Räume oder Veranstaltungsorte (bspw. für Teambildung oder Workshops). Manche Lehrgänge/Unterrichte werden bewusst anstelle von Dienstkleidung in ziviler Kleidung durchgeführt.
4. Lehrkräfte
   Lehrkräften und geeigneten unterrichtenden Führungskräften muss ausreichend zeitlicher, fachlicher und technischer Freiraum gewährt werden, um den Unterricht vorzubereiten, durchzuführen und nachzubereiten.

Für jede Klasse/Lerngruppe sind zwei Lehrkräfte vorzusehen, die sich in der Unterrichtsdurchführung abwechseln.
Niemandem sollte ein Thema »übergestülpt« werden. Auf geeignete Gastdozenten kann zurückgegriffen werden. Dabei ist aber absolut wünschenswert, dass diese eine Vorstellung von der Berufswelt von Rettungsdienst/Polizei/Feuerwehr mitbringen oder erwerben konnten.

5. Zeitansatz
   In der Ausbildung aller Führungsebenen ist ein Zeitansatz von drei Tagen bis zu einer ganzen Woche absolut gerechtfertigt. Auf den obersten Führungsebenen sind drei Wochen ein sinnvoller Zeitansatz.
   In der Fortbildung ist ein ganzer Lehrgangstag, besser modulartig wiederkehrend (halbjährlich oder jährlich) sinnvoll. Dafür können die Fortbildungstage auf einer Feuer-, Rettungs- oder Polizeiwache genutzt werden. Es empfiehlt sich, den Unterricht in Blöcken zu gestalten und nicht zu viel Inhalt in eine Unterrichtseinheit hineinzupacken. Ein Einzelthema für einen halben oder ganzen Lehrgangstag ist ausreichend.
6. Themen
   Sinnvoll ist es, im Vorfeld beim potenziellen Teilnehmerkreis Themenwünsche abzufragen oder aus der eigenen beruflichen Praxis herzuleiten. Für jedes Einzelthema soll es einen »Aufhänger« aus der beruflichen Praxis geben. Das kann ein Einsatzbeispiel oder eine Konfliktsituation sein.
7. Pädagogische Hinweise
   Bewährt hat es sich, einen bzw. jeden Lehrgangstag wie folgt ablaufen zu lassen: Beginn mit einem Impulsvortrag, am zweiten Lehrgangstag mit einer Wiederholung, eine Gruppenarbeit in Räumen oder im Freien, Auswertung der Gruppenarbeit und Zusammenführen der Ergebnisse, Abschluss mit einem Gedankenimpuls zur konkreten Umsetzung des Erlernten im Alltag und/oder einer »Hausaufgabe«. Die Erstellung eines festen Zeitplans für den Lehrgangstag ist notwendig, v. a. wenn bei Gruppenarbeiten »die Zeit davonläuft«.
   Gruppengespräche müssen moderiert werden, v. a. es muss ein verwertbares Ergebnis herausgearbeitet werden. Teilnehmer, die sich im Unterricht (vielleicht zu Recht) über Missstände oder Führungskräfte beklagen, müssen auf eigene Gestaltungsmöglichkeiten verwiesen werden.
   Die Einbindung aller Teilnehmer soll auf Freiwilligkeit beruhen. Niemand soll zu Meinungsäußerungen oder Rollenspielen genötigt werden.

8. Lehr- und Lernunterlagen
   Bei den Lehr- und Lernmitteln soll ein breites Spektrum von Möglichkeiten ausgenutzt werden: Elektronische Tafeln und Flipcharts, Wiederholungsübungen und Wissenslandkarten, Fragebögen und klassische Handouts/Skripte mit markanten, zusammenfassenden Abbildungen für jedes Thema.
9. Sonstige Hinweise
   Sollte in der Ausbildung eine Übernahme von Lehrinhalten in Prüfungen vorgesehen werden, empfehlen sich Fragen zu »harten Fakten«. Beispielsweise können aus dem Unterricht im Bereich Führungsstile in einer Prüfung die Vorgaben der Dienstvorschriften abgefragt werden.
   Obwohl es sich beim Thema Menschenführung weniger um Faktenwissen handelt, können sogar auch auf diesem Gebiet Multiple-Choice-Fragen die Prüfungsauswertung erleichtern.

Die Latte liegt hoch – Schlusswort

»Hörst du, dass sich ein Berg bewegt, so glaube es. Hörst du, jemand habe seinen Charakter geändert, so glaube es nicht.«
Arabische Weisheit

Persönlichkeiten, nicht Prinzipien, bringen die Zeit in Bewegung.
Oscar Wilde

Was ich nicht wissen kann: Wie geht es Ihnen nach dem Lesen dieses Buches oder einzelner Kapitel? Haben Sie etwas gelernt? Habe ich Sie beruhigt oder beunruhigt? Haben Sie ein paar gute Vorsätze gefasst?

Was ich vorhersagen kann: Wenn Sie die behandelten Themen nicht zu Ihrem ganz eigenen Dauerthema machen, sind die guten Vorsätze nach einer Woche vergessen. Bitte setzen Sie sich aber nicht unter Druck, sondern gehen Sie das Ganze entspannt an.

Was ich Ihnen voraussagen kann: Die Anforderungen an und der Druck auf Führungskräfte werden in Zukunft noch weiter ansteigen. Ihr Führungsvorsprung durch Wissen und Status wird weiter zusammenschmelzen.

Was das für Sie bedeutet: Ihren Vorsprung in Sachen Charakter, sozialer und emotionaler Kompetenz müssen Sie ausbauen, wenn Sie erfolgreich werden oder bleiben wollen. Gesucht werden außergewöhnliche Persönlichkeiten, die mit Werten führen, die gerne auch die althergebrachten sein können.

Was Ihnen passieren kann: Wenn Sie alle Tipps dieses Buches berücksichtigen und umsetzen, so allerhand. Keinesfalls sollten Sie mit Beifall rechnen, sondern vielmehr auf Schwierigkeiten, Auseinandersetzungen und sogar Kämpfe gefasst sein. Nehmen Sie das als Zeichen dafür, dass Sie auf dem richtigen Weg sind.

Was ich Ihnen und mir wünsche: Dass wir uns auch zukünftig in unseren Einsatzorganisationen wiederfinden, in denen sich noch Begeisterung für die Sache entfachen kann, in denen Berufsehre und Kameradschaft noch etwas zählen und die dadurch besser für den Bürger in Not zur Stelle sein können, als es eine Firma jemals können wird.

Ich wünsche Ihnen außerdem, dass Sie sich bei Ihrem Eintritt in den Ruhestand bzw. am Ende Ihrer beruflichen Laufbahn sicher sein können, das Beste versucht und das Möglichste getan zu haben. Dass sich jemand an Sie erinnert, dass Ihnen jemand nachtrauert und Ihnen der Abschied schwerfällt. Dass es Ihnen ergeht, wie wenn die Stimme Ihres Navigationsgeräts im Auto Ihnen bestätigt: »Sie haben ihr Ziel erreicht.«

Literatur- und Quellenverzeichnis

Akron: City of Akron; Fire Department, 2007 Annual report, online abrufbar unter: https://www.akronohio.gov/cms/resource_library/files/b55 b75 e259 a9a5eb/fire2007annualreport.pdf, letzter Zugriff: 04.12.2018.

Backhaus, Arno: Lache, und die Welt lacht mit dir. Schnarche, und du schläfst allein, Brendow Verlag, 1997.

Bonhoeffer, Dietrich: Widerstand und Ergebung. Briefe und Aufzeichnungen aus der Haft. TB Siebenstern, Gütersloh 1985.

Böll, Heinrich: Anekdote zur Senkung der Arbeitsmoral. In: Welt der Arbeit, 22. November 1963.

Buchanan, Edward W.: Volunteer Training Officers Handbook, PennWell Corporation, 2003.

Bundesministerium der Verteidigung: A-2600/1, überführte ZDv 10/1, Innere Führung – Selbstverständnis und Führungskultur der Bundeswehr, Anlage 1 – Leitsätze für Vorgesetzte, 28.01.2008.

Gasaway, Richard B.: Understanding Fireground Command. Making Decisions Under Stress. In: Fire Engineering, 07/2010.

Gris, Richard: Die Weiterbildungslüge: Warum Seminare und Trainings Kapital vernichten und Karrieren knicken, Campus Verlag, 2008.

Kramp, Bernd; Nydegger, Daniel: Ethik in der Feuerwehr, W. Kohlhammer GmbH (Rotes Heft, Band 100), 2015.

Müller, Jens: Zukunft der Feuerwehr im ländlichen Raum, Auswirkungen von aktuellen Megatrends auf ländliche Freiwillige Feuerwehren, Selbstverlag, 2009.

Peter, Laurence J.; Hull, Raymond: Das Peter-Prinzip, Rowohlt Verlag, 1972.

Poppenhusen, Margot; Wetterer, Angelika (Hrsg.): Bundesministerium für Familie, Senioren, Frauen und Jugend: Mädchen & Frauen bei der Feuerwehr. Empirische Ergebnisse – praktische Maßnahmen, Nomos Verlag, 2008, online abrufbar unter: https://www.bmfsfj.de/bmfsfj/service/publikationen/maedchen-und-frauen-bei-der-feuerwehr/95752, letzter Zugriff: 30.10.2018.

Pulm, Markus: »Keeping the wheels in motion« – eine Herausforderung an die Feuerwehr. In: BRANDSchutz/Deutsche Feuerwehr-Zeitung 05/2008.

Schaar, Peter: Das Ende der Privatsphäre. Der Weg in die Überwachungsgesellschaft, Verlag C. Bertelsmann, 2007.

Smith, Gregory T.: Identifying the Knowledge and Skills Needed for Successful Critical Thinking and Decision Making on the Fire Ground, Cedar Rapids, 2012, online abrufbar unter: https://www.hsdl.org/?abstract&did=728516, letzter Zugriff 01.11.2018.

Spurgeon, Charles H.: Guter Rat für allerlei Leute. Reden hinterm Pflug, CLV-Verlag, 2018.

Zweckverband Studieninstitut für kommunale Verwaltung Südsachsen (SKVS): Aus- und Fortbildungsprogramm 2008, Mugler Verlags- und Vertriebsgesellschaft, online abrufbar unter: https://www.skvs-sachsen.de/pdf/prozess9.pdf, letzter Zugriff 01.11.2018